Marc Puskeiler

Radarbasierte Analyse der Hagelgefährdung in Deutschland

Wissenschaftliche Berichte des Instituts für Meteorologie und
Klimaforschung des Karlsruher Instituts für Technologie (KIT)
Band 59

Herausgeber: Prof. Dr. Ch. Kottmeier

Institut für Meteorologie und Klimaforschung
am Karlsruher Institut für Technologie (KIT)
Kaiserstr. 12, 76128 Karlsruhe

Eine Übersicht über alle bisher in dieser Schriftenreihe erschienenen Bände
finden Sie am Ende des Buchs.

Radarbasierte Analyse der Hagelgefährdung in Deutschland

von
Marc Puskeiler

Dissertation, Karlsruher Institut für Technologie (KIT)
Fakultät für Physik, 2013
Referenten: Prof. Dr. Christoph Kottmeier, PD Dr. Michael Kunz

Impressum

Karlsruher Institut für Technologie (KIT)
KIT Scientific Publishing
Straße am Forum 2
D-76131 Karlsruhe
www.ksp.kit.edu

KIT – Universität des Landes Baden-Württemberg und
nationales Forschungszentrum in der Helmholtz-Gemeinschaft

KIT Scientific Publishing 2013
Print on Demand

ISSN 0179-5619
ISBN 978-3-7315-0028-5

Radarbasierte Analyse der Hagelgefährdung in Deutschland

Zur Erlangung des akademischen Grades eines

DOKTORS DER NATURWISSENSCHAFTEN

von der Fakultät für Physik

des Karlsruher Instituts für Technologie (KIT)

genehmigte

DISSERTATION

von

Dipl.-Met. Marc Puskeiler

aus Göppingen, Baden-Württemberg

Tag der mündlichen Prüfung: 19. April 2013

Referent: Prof. Dr. Christoph Kottmeier

Korreferent: PD Dr. Michael Kunz

Kurzfassung

In der vorliegenden Arbeit wird die räumliche und zeitliche Variabilität von Hagelgewittern in Deutschland untersucht und eine umfangreiche Klimatologie über das Auftreten von Hagelstürmen in Deutschland in den Jahren 2005 bis 2011 erstellt.

Aufgrund ihrer geringen räumlichen Ausdehnung und ihrer kurzen Lebensdauer können Hagelstürme mit herkömmlichen Beobachtungsdaten, wie beispielsweise Meldungen von Wetterstationen oder einzelnen Beobachtungen, nicht in hoher Auflösung detektiert werden. Daher werden für die Untersuchung räumlich und zeitlich hoch aufgelöste, flächendeckende zwei- und dreidimensionale Radardaten verwendet. Zunächst müssen diese Datensätze umfangreichen Korrekturen unterzogen werden, um Fehler und Ungenauigkeiten zu eliminieren. Ebenso erfolgt eine Kombination mit Blitzdaten um Fehlechos auszuschließen. Für die korrigierten Radardatensätze, die für Deutschland seit dem Jahr 2005 zur Verfügung stehen, werden Methoden zur Erkennung von Hagel entwickelt und getestet. Zum Abgleich, ob Hagel am Boden aufgetreten ist, werden Versicherungsdaten von Gebäude- und Landwirtschaftsversicherungen verwendet. Die besten Detektionsverfahren werden mit Hilfe von Gütemaßen ermittelt.

Anschließend wird auf Basis der zur Verfügung stehenden meteorologischen Messdaten eine Klimatologie der Anzahl und Intensität von Hagelgewittern in Deutschland in einer hohen räumlicher Auflösung von 1×1 km^2 erstellt. Darüber hinaus erfolgt eine Untersuchung des Auftretens von Hagelgewittern in Abhängigkeit von verschiedenen Umgebungsbedingungen wie der großräumigen Strömungsrichtung, der Luftfeuchtigkeit oder des Konvektionspotentials. Ebenfalls erfolgt eine Betrachtung des Zusammenhangs zwischen orografischen Randbedingungen und dem Auftreten von Hagelstürmen.

Dabei zeigt sich eine hohe räumliche Variabilität der Hagelstürme sowie eine starke Abhängigkeit von der Jahreszeit, orografischen und atmosphärischen Randbedingungen. Am Ende erfolgt eine Betrachtung der Abhängigkeit von beobachteten Hagelkorngrößen sowie die Ableitung einer Schadenwahrscheinlichkeit von Radarsignalen.

Inhaltsverzeichnis

1 Einleitung und wissenschaftliche Fragestellungen

Jedes Sommerhalbjahr treten in Deutschland zahlreiche Gewitter auf, die häufig mit schweren Wettererscheinungen wie Sturmböen, Blitzschlag und Starkniederschlägen bis hin zu Hagel verbunden sind. Diese stellen in weiten Teilen Deutschlands, vor allem im Süden, ein erhebliches Risiko mit einem enormen Schadenpotential dar. Nach Schadendaten der SV Sparkassenversicherung AG von 1986 bis 2011 werden in Baden-Württemberg 36% aller Elementarschäden an Gebäuden durch Hagel verursacht. Hagel ist damit die am häufigsten auftretende und mit den meisten Kosten verbundene Elementarschadenursache.

Hagel entsteht in hochreichenden konvektiven Zellen als Folge verschiedener komplexer Prozesse über mehrere Größenordnungen der Raum- und Zeitskalen. Voraussetzungen für die Entwicklung hochreichender Feuchtkonvektion sind eine feucht-warme und damit energiereiche Luftmasse, eine instabile Schichtung der Atmosphäre und ein Auslösemechanismus. Wichtige Auslösemechanismen sind beispielsweise die Erwärmung der bodennahen Luftschichten durch Sonneneinstrahlung, großräumige Hebung der Luftmassen vorderseitig eines Höhentiefs oder die Überströmung orografischer Hindernisse. Wegen der Vielfalt dieser Auslösemechanismen auf verschiedenen Skalen unterliegt Konvektion großen räumlichen Variabilitäten. Besonders die Orografie ist ein wichtiger Faktor, der den Entstehungsort von Gewittersystemen stark beeinflusst. Je nach Hindernishöhe, Schichtungsstabilität und Strömungsgeschwindigkeit kommt es zu einer Um- oder Überströmung eines Gebirges, die mit einer bodennahen horizontalen Strömungskonvergenz und -divergenz verbunden ist, die wiederum Konvektion fördern oder abschwächen kann (Houze, 1993).

Durch Konvektion können in der Atmosphäre in Cumulonimbuswolken Aufwindgeschwindigkeiten von über 40 m s^{-1} auftreten (Xu und Randall, 2001). Dabei werden durch Phasenübergänge des Wasserdampfes erhebliche Mengen an Energie in Form von latenter Wärme frei, die letztendlich die Energie der konvektiven Systeme bestimmt.

Durch verschiedene Prozesse in der Wolke bilden sich Wassertropfen und Eiskristalle, deren Größe unter anderem von der zur Verfügung stehenden Feuchtigkeit und der Aufwindgeschwindigkeit abhängt. Durch mikrophysikalische Vorgänge lagert sich in einer Mischwolke weiteres Flüssigwasser an die vorhandenen Eiskristalle an, aus denen bei idealen Bedingungen Graupel- und Hagelkörner entstehen können. Bei hohen Vertikalgeschwindigkeiten und großer Aufenthaltsdauer in einer Wolke können solche Partikel bis in große Höhen transportiert werden und enorme Durchmesser erreichen. Hagel tritt daher meist nur in langlebigen Gewittersystemen wie Multizellen, Superzellen und mesoskaligen konvektiven Systemen auf. Abhängig von der großräumigen Strömung können diese Systeme über viele Stunden bestehen und ihre Zugbahn mehrere Hundert Kilometer lang werden. Die größten in Deutschland beobachteten Hagelkörner erreichten Durchmesser bis 11 cm (ESSL, 2006). Solche extremen Hagelereignisse sind allerdings sehr selten.

Fast jedes Jahr treten in Deutschland schwere Hagelereignisse auf, bei denen ganze Landstriche von den Auswirkungen betroffen sein können. So hat beispielsweise am 26. Mai 2009 ein mesoskaliges konvektives System große Hagelschäden in einem Streifen mit einer Länge von fast 500 km vom Bodensee bis an die tschechische Grenze verursacht. Für die Vereinigte Hagelversicherung VvAG, die landwirtschaftlich genutzte Flächen versichert, war dies der schadenträchtigste Tag ihrer Firmengeschichte. Im Bereich der stärksten Schäden waren sämtliche versicherte Flächen betroffen.
Ein weiteres Beispiel für das hohe Schadenpotential von Hagelgewittern stellt eine Superzelle dar, die am 28. Juni 2006 direkt über Villingen-Schwenningen (Baden-Württemberg) zog. Hagelkörner mit einer Größe von bis zu 9 cm verursachten erhebliche Schäden an Bauwerken, Kraftfahrzeugen und in der Landwirtschaft. Innerhalb von kurzer Zeit entstanden Schäden an Gebäuden in Höhe von über 200 Millionen Euro, wobei über 70% der versicherten Gebäude im Stadtgebiet beschädigt wurden.

Solche Hagelunwetter sind Wettersysteme, die räumlich und zeitlich auf einer sehr begrenzten Skala ablaufen. Die Breite der Zugbahnen beträgt meist lediglich einige Kilometer. Vom Beginn der Entwicklung eines Hagelsturms bis zu seiner maximalen Intensität vergeht oft weniger als eine Stunde. Viele Prozesse der Gewitter- und Hagelentstehung sind bis heute nicht hinreichend verstanden. Eine genaue Detektion der Dauer und Intensität sowie der räumlichen Erstreckung ist mit den zur Verfügung stehenden Beobachtungsmethoden ebenfalls nur ungenau oder gar nicht möglich, da die Dichte von Beobachtungsstationen für die Raumskala von Hagelstürmen nicht ausreichend ist.

Durch das kleinräumige Erscheinungsbild ergibt sich eine erhebliche räumliche Variabilität der Intensität und Häufigkeit von Hagelgewittern, was bereits durch mehrere Studien belegt werden konnte (z.B. Zimmerli, 2005; Puskeiler, 2009; Pocakal et al., 2009; Kunz und Puskeiler, 2010). Die Ursachen für die großen regionalen Unterschiede können dabei vielfältig sein. So zeigen einige Arbeiten einen direkten Zusammenhang zwischen Orografie und Auslösung hochreichender Feuchtkonvektion (z.B. Houze, 1993; Chu und Lin, 2000; Chen und Lin, 2005; Kottmeier et al., 2008; Brombach, 2012). Je nach vorherrschenden Umgebungsbedingungen können sich Gewitter direkt über den höchsten Erhebungen, aber auch stromauf oder stromab im Lee von Gebirgen bilden. Verschiedene Wetterlagen und damit verbunde Strömungsbedingungen sowie Eigenschaften der vorherrschenden Luftmassen hinsichtlich des Konvektionspotentials sind mit regional unterschiedlicher Hagelwahrscheinlichkeit verbunden (z.B. Kapsch, 2011; Mohr und Kunz , 2013). Nach Kapsch (2011) treten Hagelgewitter in Deutschland beispielsweise sehr häufig in Verbindung mit einer südwestlichen Anströmung und bei feuchten Luftmassen auf. Die Einflüsse verschiedener Umgebungsbedingungen auf die räumliche Verteilung von Hagelgewittern sind für Deutschland im Detail auch heute noch unklar. Auch sind die Regionen, in den Hagel besonders häufig und besonders intensiv auftritt, bis heute nicht in hoher räumlicher Auflösung detektiert und identifiziert. Aufgrund des groben Messnetzes und der nur wenigen archivierten flächendeckenden Messdaten liegt bislang keine Klimatologie von Hagelereignissen für Deutschland vor.

In dieser Arbeit soll erstmals analysiert werden, wo Hagel in Deutschland am häufigsten auftritt und wo die höchsten Intensitäten zu erwarten sind. Dazu ist es zunächst notwendig, Methoden zu entwickeln, mit denen das Auftreten von Hagel am Boden genau detektiert werden kann. Flächendeckende Informationen über auftretenden Niederschlag liefern Radardaten, die durch den Radarverbund des deutschen Wetterdienstes in vergleichsweise hoher räumlicher und zeitlicher Auflösung für ganz Deutschland zur Verfügung stehen. Außerdem werden Blitze, die gemäß der Definition (Geer, 1996) bei jedem Gewitter auftreten und mit hoher Genauigkeit detektiert werden können, in die Analysen mit einbezogen. Diese flächendeckenden und hochaufgelösten Datensätze werden in Kombination mit Reanalysedaten (ERA-Interim), großräumigen Wetterlagen und Beobachtungsmeldungen (European Severe Weather Database - ESWD) auf das Auftreten von Hagel hin untersucht. Zur Erkennung, ob tatsächlich Hagel am Boden aufgetreten ist, werden die Methoden mit Hilfe von Schadendaten von Versicherungen kalibriert und validiert. Damit ist es möglich, Hagel bestmöglich aus verschiedenen vorliegenden meteorologischen Datensätzen zu detektieren.

Für die Entwicklung und Anwendung der Methoden zur Detektion von Hagel sind viele Korrekturen und Anpassungen der vorliegenden Datensätze notwendig. In den Radardaten sind zahlreiche Fehler und Ungenauigkeiten enthalten, die berücksichtigt werden müssen. Der relativ kurze Zeitraum von nur 7 Jahren, in dem die Radardaten durch den DWD archiviert wurden, und die grobe Einteilung der Radarreflektivität in wenige Klassen bringen einen Genauigkeitsverlust mit sich. Mit Hilfe verschiedener Methoden war es dennoch möglich, relevante Informationen über das Auftreten von Hagel aus den Radardaten abzuleiten, für die eine gute Übereinstimmung zu den Schadendaten gezeigt werden kann.

Mit Hilfe verschiedener statistischen Methoden werden Hagelereignisse im Zeitraum von 2005 bis 2011 detektiert und auf systematische Effekte hin untersucht. Dabei entstand eine Klimatologie der mit dem Radar detektierten Hagelereignisse über diese 7 Jahre. Aus den Auswertungen ergeben sich einige grundlegende Fragestellungen:

- Wie sieht die Klimatologie von Hagelstürmen über Deutschland aus?

- Wie hoch ist die räumliche und zeitliche Variabilität der Häufigkeit und Intensität von Hagelgewittern?

- Von welchen Einflussgrößen ist diese Variabilität abhängig und welche sind die wichtigsten?

- Gibt es einen Zusammenhang zwischen den orografischen Randbedingungen und der Häufigkeit und Intensität von Hagelgewittern?

- Wie robust sind die Ergebnisse der Analysen insbesondere im Hinblick auf den kurzen Untersuchungszeitraum?

- Können direkte quantitative Vergleiche zwischen meteorologischen Messdaten und Beobachtungsdaten beziehungsweise Schadendaten hergestellt werden?

Diese Fragestellungen werden anhand der räumlichen Verteilung der Tage mit detektiertem Hagel bei unterschiedlichen Umgebungsbedingungen, in unterschiedlichen Zeiträumen und in Abhängigkeit von den regionalen orografischen Einflüssen untersucht. Dazu erfolgt eine monatsweise Betrachtung sowie eine Auswertung der Ergebnisse für unterschiedliche Anströmrichtungen, Feuchtegehalte und Konvektionspotentiale sowie ein Vergleich zwischen meteorologischen Parametern und beobachteten Hagelereignissen.

Das Kapitel 2 bietet einen Überblick über die Entstehung und Charakteristik von Konvektion. Dabei werden auch die möglichen Einflüsse der Orografie auf die Auslösung von Gewittern und die verschiedenen Organisationsformen der Gewittersysteme diskutiert. Neben einer Einführung in die Funktionsweise und das Messprinzip des Radars erfolgt ein Überblick über die wenigen vorliegenden Studien und Analysen der räumlichen und zeitlichen Variabilität von Hagelgewittern. Im Kapitel 3 werden die zur Verfügung stehenden Datensätze vorgestellt, die mit den im Kapitel 4 beschriebenen Detektions- und Berechnungsmethoden ausgewertet werden. Das Kapitel 5 diskutiert die Ergebnisse der statistischen Analysen in Bezug auf die räumliche und zeitliche Variabilität des Auftretens von Hagelgewittern und deren Abhängigkeit von bestimmten meteorologischen und orografischen Randbedingungen sowie verschiedene Zusammenhänge zwischen meteorologischen Signalen und dem Auftreten von Hagel. Abschließend werden die Ergebnisse im Kapitel 6 zusammengefasst, bewertet und deren Robustheit diskutiert.

2 Theoretische Grundlagen und Konzepte

Hagel entsteht in Verbindung mit hochreichender Konvektion, die sich in Form von Wolken der Gattung Cumulonimbus bis zur Tropopause erstrecken kann. Das Auftreten von Konvektion wird durch viele unterschiedliche Faktoren beeinflusst und gesteuert. In diesem Kapitel werden zunächst die dabei auftretenden Vertikalbewegungen beschrieben (Abschnitt 2.1.1) und die besonderen Einflüsse der Orografie dargestellt (Abschnitt 2.1.3). In Kapitel 2.2 erfolgt ein kurzer Überblick über die verschiedenen Arten von Gewittersystemen und deren charakteristische Eigenschaften im Hinblick auf die Entstehungsbedingungen von Hagel. Dabei wird auch kurz auf die Ladungstrennung und Blitzentladung innerhalb der Cumulonimbuswolken eingegangen, da für die Arbeit auch Blitzdaten berücksichtigt werden. Abschnitt 2.3 diskutiert die mikro- und makrophysikalischen Prozesse, die zum Wachstum von großen Hagelkörnern führen, sowie die Charakteristik von Hagelgewittern. Die grundlegende Funktionsweise und das Messprinzip eines Niederschlagsradars sowie Verfahren zur Detektion von Hagel aus Radardaten werden in Kapitel 2.4 vorgestellt.

2.1 Ursache und Entstehung hochreichender Konvektion

Allgemein beschreibt der Begriff Konvektion die Massenbewegung innerhalb eines Fluids, die zu Transport und Vermischung der Eigenschaften des Fluids führt. In der Meteorologie bezeichnet Konvektion vor allem die Vertikalbewegung von Luftteilchen. Diese Vertikalbewegung tritt beispielsweise durch großräumige Hebung vorderseitig eines Trogs oder durch vertikale Druckstörungen bei der Überströmung von Gebirgen auf. Die durch solche Mechanismen ausgelöste Konvektion bezeichnet man als erzwungene Konvektion. Werden Vertikalbewegungen durch freien Auftrieb ausgelöst, der durch die Erwärmung bodennaher Luftschichten in Folge von Sonneneinstrahlung oder durch Kaltluftadvektion in der Höhe entsteht, spricht man von freier Konvektion. Konvektion tritt typischerweise in Form von Thermikschläuchen oder -blasen mit einem Durchmesser von einigen Metern bis zu einigen 100 Metern auf (Straub, 2007; Hasel, 2006). Bei ausreichend feuchter Atmosphäre bilden sich konvektive Wolken, die von flachen Cumuli mit einer horizontalen und vertikalen Ausdehnung von etwa 1 km über hochreichende Cumulonimben mit etwa 10 km horizontaler und vertikaler Erstreckung bis hin zu mesoskaligen konvektiven Systemen reichen, die sich horizontal über mehrere 100 km ausbreiten können. In diesen größeren Systemen werden teilweise sehr hohe Vertikalgeschwindigkeiten mit über 40 m s^{-1} erreicht (z.B. Crook, 1996; Xu und Randall, 2001).

2.1.1 Vertikalbewegungen in der Atmosphäre

Zur Beschreibung der konvektiv bedingten Vertikalbewegungen in der Atmosphäre wird häufig die Paketmethode (engl. lifted parcel theory, z.B. Doswell und Markowski, 2004) verwendet. Dabei wird ein virtuelles Luftpaket betrachtet, das vertikal bewegt wird. Durch die Druck- und Dichteänderungen beim Aufstieg oder beim Absinken ergeben sich annähernd adiabatische Temperaturänderungen des Luftpakets, die zur Kondensation von Wasserdampf führen können. Vertikalbeschleunigungen in der Atmosphäre werden meistens durch Dichteunterschiede ausgelöst. Wärmere Luft mit geringerer Dichte erfährt in einer Umgebung mit kälterer Luft und höherer Dichte einen positiven Auftrieb, der das Luftpaket in vertikaler Richtung beschleunigt. Bei labiler Schichtung nimmt die Geschwindigkeit des aufsteigenden Luftpakets zu und es entfernt sich zunehmends von seinem Ausgangsort.

Ein Luftpaket beginnt selbstständig aufzusteigen, wenn es wärmer als die Umgebungsluft ist. Die Höhe, in der das der Fall ist, wird als Niveau der freien Konvektion (engl. Level of Free Convection - LFC) bezeichnet. Es steigt dann auf bis zum Gleichgewichtsniveau (engl. Equilibrium Level - EL), wo seine Temperatur wieder die Umgebungstemperatur erreicht hat. Dort ist kein positiver Auftrieb mehr vorhanden und die Bewegung kommt zum Erliegen.

Der Auftrieb kann aus der vertikalen Komponente der Bewegungsgleichung hergeleitet werden. Diese lautet unter Vernachlässigung von Reibung und Erdrotation:

$$\frac{\mathrm{d}w}{\mathrm{d}t} = \frac{\partial w}{\partial t} + \mathbf{v} \cdot \nabla w = -\frac{1}{\rho}\frac{\partial p}{\partial z} - g. \qquad [2.1]$$

In der Gleichung beschreibt w die Vertikalgeschwindigkeit, $\mathbf{v}$ den Geschwindigkeitsvektor, ρ die Luftdichte und p den Luftdruck. Daraus ergibt sich durch Multiplikation mit der Dichte

$$\rho \frac{\mathrm{d}w}{\mathrm{d}t} = -\frac{\partial p}{\partial z} - \rho g. \qquad [2.2]$$

Zur Herleitung des Auftriebs wird ein horizontal homogener Ruhezustand mit konstanter Dichte $\bar{\rho}$ und konstantem Druck $\bar{p}$ definiert, der im hydrostatischen Gleichgewicht ist:

$$-\frac{\partial \bar{p}}{\partial z} - \bar{\rho} g = 0. \qquad [2.3]$$

Subtrahiert man die Gleichung (2.3) von (2.2) ergibt sich mit ρ' und p' als Abweichungen von Dichte und Druck vom Ruhezustand folgende Beziehung:

$$\rho \frac{\mathrm{d}w}{\mathrm{d}t} = -\frac{\partial p'}{\partial z} - \rho' g. \qquad [2.4]$$

Daraus folgt

$$\frac{\mathrm{d}w}{\mathrm{d}t} = -\frac{1}{\rho} \frac{\partial p'}{\partial z} - \frac{\rho'}{\rho} g = -\frac{1}{\rho} \frac{\partial p'}{\partial z} + B_T. \qquad [2.5]$$

Der Term

$$B_T = -\frac{\rho'}{\rho} g \qquad [2.6]$$

ist hierbei der thermische Auftrieb, der erste Term auf der rechten Seite der Gleichung (2.5) ist die vertikale Druckgradientkraft der Druckstörung. Diese Kraft resultiert aus Geschwindigkeitsgradienten und Dichteanomalien.

Die Dichte $\rho(x,y,z,t)$ kann bei den vorliegenden Bedingungen durch einen horizontal konstanten Wert $\overline{\rho}(z)$ ersetzt werden, wobei sich

$$B_T = -\frac{\rho'}{\bar{\rho}} g \approx \left(\frac{T_v'}{\overline{T}_v} - \frac{p'}{\overline{p}} \right) g \qquad [2.7]$$

ergibt. Dabei ist

$$T_v = (1 + 0{,}609q) \cdot T \qquad [2.8]$$

die virtuelle Temperatur mit der spezifischen Feuchte q.

Wenn die Dichte eines Luftpakets geringer (größer) ist als die Dichte der Umgebungsluft ($\rho' < 0$), wird eine aufwärts (abwärts) gerichtete Beschleunigung induziert. Vereinfacht betrachtet kann für Geschwindigkeiten, die deutlich kleiner als die Schallgeschindigkeit sind, durch Skalenanalyse gezeigt werden, dass thermische Einflüsse viel stärker zur Dichteänderung beitragen als Druckabweichungen (Markowski und Richardson, 2010). Daher können für grobe Betrachtungen näherungsweise die Druckstörungen vernachlässigt werden und der Auftrieb folgendermaßen beschrieben werden:

$$B_T \approx \frac{T_{v_p} - T_{v_{env}}}{T_{v_{env}}} = \frac{T_v'}{T_v} \qquad [2.9]$$

Dabei ist $T_{v_{env}}$ die virtuelle Temperatur der Umgebungsluft und T_{v_p} die virtuelle Temperatur des betrachteten Luftpaketes.

Erfolgt eine genaue Betrachtung des Auftriebs, spielen auch Druckstörungen eine Rolle, die in Gleichung (2.9) vernachlässigt wurden. Diese Druckstörungen können Ihre Ursachen in der Konvektion selbst oder in großräumigen dynamischen Prozessen haben. Durch Konvektion verursachte Druckstörungen werden hier als p_b', dynamische Druckstörungen als p_d' bezeichnet (List und Lozowski, 1970). Die gesamte Druckstörung wird also durch

$$p' = p_d' + p_b' \qquad [2.10]$$

mit den Komponenten

$$\alpha_0 \nabla^2 p_d' = -e_{ij}^2 + \frac{1}{2}|\omega|^2 \qquad [2.11]$$

und

$$\alpha_0 \nabla^2 p_b' = \frac{\partial B_T}{\partial z} \qquad [2.12]$$

beschrieben. Dabei bezeichnet $\alpha_0 = 1/\rho_0$ ein konstantes spezifisches Volumen,

$$e_{ij}^2 = \frac{1}{4}\sum_{i=1}^{3}\sum_{j=1}^{3}\left(\frac{\partial u_i}{\partial x_j} + \frac{\partial u_j}{\partial x_i}\right)^2 \qquad [2.13]$$

ist der Deformationstensor mit den Komponenten $u_1 = u$, $u_2 = v$, $u_3 = w$, $x_1 = x$, $x_2 = y$ und $x_3 = z$, der die Veränderung der Form des Luftpakets infolge von räumlichen Variationen des Geschwindigkeitsfelds (Streckung und Scherung) beschreibt und

$$\omega = \nabla \times \mathbf{v} \qquad [2.14]$$

ist die dreidimensionale Vorticity des Aufwinds. Demnach sind die dynamischen Druckstörungen hauptsächlich von der Charakteristik des dreidimensionalen Windfelds abhängig. Eine genauere Betrachtung unter Berücksichtigung des Einflusses der Orografie erfolgt in Kapitel 2.1.3. Dynamische Druckstörungen können bei der Auslösung und Intensivierung von Gewittern ein wichtige Rolle spielen. Sie können beispielsweise auch das Resultat aus horizontalen Divergenzbereichen in der Höhe sein oder durch atmosphärische Wellen ausgelöst werden (List und Lozowski, 1970).

Die durch den Auftrieb selbst verursachten Druckstörungen p'_b hängen nach Gleichung (2.12) von der vertikalen Änderung des Auftriebs ab und sind dadurch nach Gleichung (2.9) ebenfalls von den entsprechenden Temperaturdifferenzen zwischen aufsteigender Luft und Umgebungsluft abhängig.

2.1.2 Konvektive verfügbare Energie

Wird der thermische Auftrieb über die vertikale Distanz integriert, über die er wirkt, ergibt sich daraus die Energie, die durch Konvektion freigesetzt werden kann (engl. Convective Available Potential Energy - CAPE). Die CAPE beschreibt die Obergrenze der potentiellen Energie, die ein Luftpaket bei seinem Aufstieg durch die Wirkung des Auftriebs erreichen kann. Betrachtet man ein Luftpaket unterhalb des LFC, muss in der Regel Energie aufgewendet werden, um das Luftpaket auf die Höhe des LFC zu heben. Diese negative Energie wird als konvektive Hemmung (engl. Convective Inhibition - CIN) bezeichnet. CAPE und CIN sind unter Vernachlässigung der Druckstörungen in Gleichung (2.7) folgendermaßen definiert:

$$CAPE = \int\limits_{LFC}^{EL} B_T \mathrm{d}z = \int\limits_{LFC}^{EL} g\frac{T'_v}{T_v}\mathrm{d}z \qquad [2.15]$$

$$CIN = \int\limits_{h_0}^{LFC} B_T \mathrm{d}z = \int\limits_{h_0}^{LFC} g\frac{T'_v}{T_v}\mathrm{d}z. \qquad [2.16]$$

Dabei ist h_0 die Höhe, ab der das Luftpaket seinen Aufstieg beginnt, am Boden ist $h_0 = 0\ m$.

In einem thermodynamischen Diagrammpapier (z.B. Stüve oder SkewT-logp) werden CAPE und CIN durch die Fläche zwischen den Kurven der Umgebungstemperatur und der Temperatur des aufsteigenden Luftpaketes visualisiert (Abb. 2.1). Typische Werte für die CAPE in Süddeutschland nach Kunz (2007) sind in Tabelle 2.1 dargestellt.

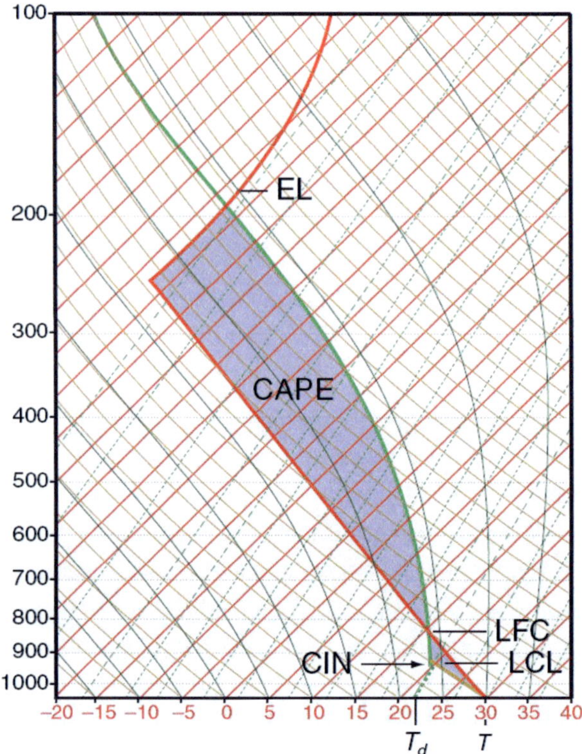

Abb. 2.1: Thermodynamisches Diagramm (skewT-logp): Dargestellt ist der Temperaturverlauf der Umgebungsluft mit der Höhe (rot) und die Temperaturkurve des aufsteigenden Luftpakets (grün). Die dünnen grünen Linien stellen die Pseudoadiabaten dar, die den Temperaturverlauf eines gesättigten Luftpakets bei Vertikalbewegungen beschreiben. Die Trockadiabaten (orange) und die Linien mit konstantem Sättigungsmischungsverhältnis (grün gestrichelt) sind ebenfalls dargestellt. Die dünnen roten Linien sind die Isothermen.

Mit Hilfe der CAPE kann auch die maximale Vertikalgeschwindigkeit in einer Gewitterzelle abgeschätzt werden. Dafür wird die vertikale Komponente der Bewegungsgleichung (Gl. 2.5) ohne Druckstörungen

$$\frac{\mathrm{d}w}{\mathrm{d}t} = -\frac{\rho'}{\rho}g = B \qquad [2.17]$$

Tab. 2.1: Typische Werte für die CAPE in Süddeutschland nach Kunz (2007):

< 500 J kg^{-1}	schwache Konvektion
500-1000 J kg^{-1}	mäßige Konvektion
> 1000 J kg^{-1}	starke Konvektion

mit der Vertikalgeschwindigkeit w multipliziert

$$w\frac{\mathrm{d}w}{\mathrm{d}t} = \frac{\mathrm{d}}{\mathrm{d}t}\left(\frac{w^2}{2}\right) = B\frac{\mathrm{d}z}{\mathrm{d}t}. \qquad [2.18]$$

Im Anschluss integriert man Gl. 2.18 über die Zeit, die ein Luftpaket benötigt, um vom LFC zum EL aufzusteigen:

$$\frac{\mathrm{d}w^2}{2} = B\,\mathrm{d}z. \qquad [2.19]$$

Die Integration der Geschwindigkeit vom LFC zum EL ergibt

$$\int\limits_{LFC}^{EL} dw^2 = w_{max}^2 = 2\int\limits_{LFC}^{EL} B\,\mathrm{d}z. \qquad [2.20]$$

Daraus folgt die maximale Vertikalgeschwindigkeit:

$$w_{max} = \sqrt{2\cdot CAPE}. \qquad [2.21]$$

Die Gleichung (2.21) ist jedoch nur bedingt für die Abschätzung der Vertikalgeschwindigkeit w in einer Wolke geeignet. Nach Weisman und Klemp (1982) gilt für die Effektivität S eines konvektiven Ereignisses

$$S = \frac{w}{w_{max}} \qquad [2.22]$$

mit Werten zwischen 0,3 und 0,6. Faktoren, die zur Reduzierung der Vertikalgeschwindigkeit beitragen, sind beispielsweise das Einmischen ungesättigter Umgebungsluft in eine konvektive Wolke über die seitlichen Ränder und die Wolkenbasis. Auch ein Impulsübertrag von Hydrometeoren auf die Wolkenluft führt nach Weisman und Klemp (1982) zu einer Abschwächung der Vertikalgeschwindigkeit.

2.1.3 Einfluss der Orografie auf die Auslösung von Konvektion

Orografisch gegliedertes Gelände kann die Auslösung von Konvektion fördern oder behindern. Strömungsmechanismen, die dabei auftreten, können thermisch oder dynamisch induziert sein. Thermisch induzierte Strömungen wie Hangwinde und Berg-/Talwindsysteme entstehen durch lokale horizontale Temperaturdifferenzen über inhomogenem Gelände mit unterschiedlicher Beschaffenheit oder Ausrichtung zur Sonneneinstrahlung. Diese thermisch induzierten Strömungen können direkter Auslöser von Konvektion und der Bildung von Gewittern sein.

Dynamisch induzierte Strömungen entstehen durch Um- oder Überströmung von orografischen Hindernissen. Diese Strömungseffekte werden durch die Form der Hindernisse und die Eigenschaften der Luftmassen bestimmt. Häufig treten dabei auch Schwerewellen auf (Straub, 2007), die mit bodennaher Konvergenz oder Divergenz verbunden sein können. Gemäß der Kontinuitätsgleichung unter Annahme inkompressibler Luft:

$$\nabla \cdot \mathbf{v} = \frac{\partial u}{\partial x} + \frac{\partial v}{\partial y} + \frac{\partial w}{\partial z} = 0 \qquad [2.23]$$

ergibt sich dabei bei bodennaher horizontaler Konvergenz ($\partial u/\partial x + \partial v/\partial y < 0$) eine vertikale Divergenz ($\partial w/\partial z > 0$), die zur Hebung führt (Roedel, 2000) und umgekehrt.

Zur Beschreibung der statischen Stabilität der Atmosphäre wird üblicherweise die Brunt-Väisälä-Frequenz N verwendet (z.B. Lyra, 1943; Smith, 1979):

$$N = \sqrt{\frac{g}{\overline{\theta_v}} \frac{\partial \theta_v}{\partial z}}, \qquad [2.24]$$

mit der virtuellen potentiellen Temperatur θ_v bzw. deren Mittelwert in der betrachteten Luftschicht, $\overline{\theta_v}$. In θ_v ist die spezifische Feuchte der Luft enthalten, entsprechend wird dadurch die Änderung der Luftdichte durch Wasserdampf berücksichtigt. Unter Berücksichtigung der Gleichung (2.5) und der linearen Form der Adiabatengleichung

$$\frac{\mathrm{d}B}{\mathrm{d}t} + N^2 w = 0 \qquad [2.25]$$

lässt sich eine Differenzialgleichung der Form

$$\frac{\mathrm{d}^2 w}{\mathrm{d}t^2} + N^2 w = 0 \qquad [2.26]$$

für die Vertikalgeschwindigkeit in Abhängigkeit von der Brunt-Väisälä-Frequenz aufstellen. Für eine kleine, beschleunigungsfreie Vertikalbewegung zum Zeitpunkt $t = 0$ sind die Anfangsbedingungen durch $w(t = 0) = w_0$ und $dw/dt(t = 0) = 0$ gegeben. Die

Lösungen für die Gleichung (2.26) für die Vertikalgeschwindigkeit w lauten nach der notwendigen Fallunterscheidung:

$$w(t) = \begin{cases} w_0 \cosh(|N|t) & \text{für } N^2 < 0 \\ w_0 & \text{für } N^2 = 0 \\ w_0 \cos(Nt) & \text{für } N^2 > 0. \end{cases} \qquad [2.27]$$

Bei $N^2 < 0$ ist die Atmosphäre labil geschichtet, die Vertikalgeschwindigkeit nimmt also mit der Zeit zu. Bei $N^2 = 0$ liegt eine neutrale Schichtung vor, wobei sich das Luftpaket unbeschleunigt mit seiner Anfangsgeschwindigkeit weiterbewegt. Bei $N^2 > 0$ beschreibt die Lösung eine harmonische Oszillation der Vertikalgeschwindigkeit mit der Frequenz N. Das Luftvolumen schwingt um das Bezugsniveau wenn die Atmosphäre ist stabil geschichtet ist (Stull, 1988). Bewegt sich das Luftpaket in diesem Fall mit der ungestörten, senkrecht auf das Hindernis gerichteten Strömungsgeschwindigkeit U, vollführt es eine Schwingung mit der Wellenlänge $L_{Luft} = 2\pi \cdot U/N$.

Das Verhältnis von Trägheitskräften zu Auftriebskräften beziehungsweise das Verhältnis von Wellenlänge der Strömung zur Wellenlänge der Störung ist als Froude-Zahl definiert (z.B. Queney, 1948):

$$Fr = \pi \frac{U}{N \cdot L}. \qquad [2.28]$$

Für ein Medium mit kontinuierlich variierender Dichte kann die Froudezahl auch als sogenannte interne Froudezahl mit

$$Fr = \frac{U}{N \cdot H} \qquad [2.29]$$

angegeben werden (z.B. Miles und Huppert, 1969; Smith, 1979). Dabei ist H die charakteristische Hindernishöhe. Die Froudezahl ist ein wichtiger Parameter für die Unterscheidung der verschiedenen Strömungsregime um und über Hindernissen. Aus ihr kann abgeleitet werden, ob ein Hindernis vor allem um- oder überströmt wird. Bei großen Froudezahlen ($Fr \gg 1$) wird ein Hindernis direkt überströmt, während bei kleinen Froudezahlen ($Fr < 1$) bevorzugt eine Umströmung stattfindet (David und Kottmeier, 1986). Die Froudezahl ist eine dimensionslose Kennzahl und kann für Abschätzungen einer Strömung gemäß des Ähnlichkeitskonzepts verwendet werden. Dabei bleibt die

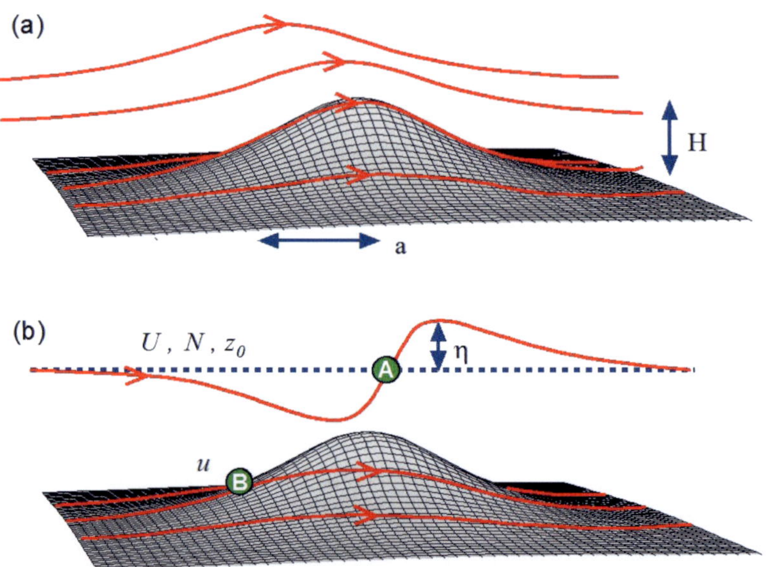

Abb. 2.2: Strömung über einem dreidimsionalen Berg bei hoher (a) und niedriger (b) Froudezahl. Dagestellt sind die Staupunkte im Lee über dem Berg (A) und bodennah auf der Luvseite (B) aus Kunz (2011), modifiziert nach Smith (1989).

Strömung unverändert, wenn beispielsweise sowohl U als auch H verdoppelt werden. Eine Überströmung wird gemäß Gleichung (2.29) durch ein niedriges Hindernis, eine hohe Strömungsgeschwindigkeit und/oder eine wenig stabile bzw. labile Schichtung begünstigt (Kunz, 2011).

Bei der Umströmung eines Hindernisses kann sich auf seiner der Strömung zugewandten Seite ein Staupunkt ausbilden, an dem die Strömungsgeschwindigkeit gegen Null geht (Abb. 2.2, Punkt B). Dabei erfolgt ein lokales Blockieren der Strömung, teilweise kann sogar eine Rückströmung erfolgen (Smith, 1989). Die Strömung teilt sich dabei und strömt seitlich an dem Hindernis vorbei. Wird das Hindernis in höheren Schichten weiterhin überströmt, bildet sich eine sogenannte teilende Stromlinie (engl. dividing streamline) aus, die die Strömung in den bodennahen Anteil, der das Hindernis umströmt, und den darüber liegenden Anteil, der das Hindernis überströmt, separiert (Snyder et al., 1985). Durch Wellenbildung kann es im Lee des Hindernisses zu einem weiteren Staupunkt

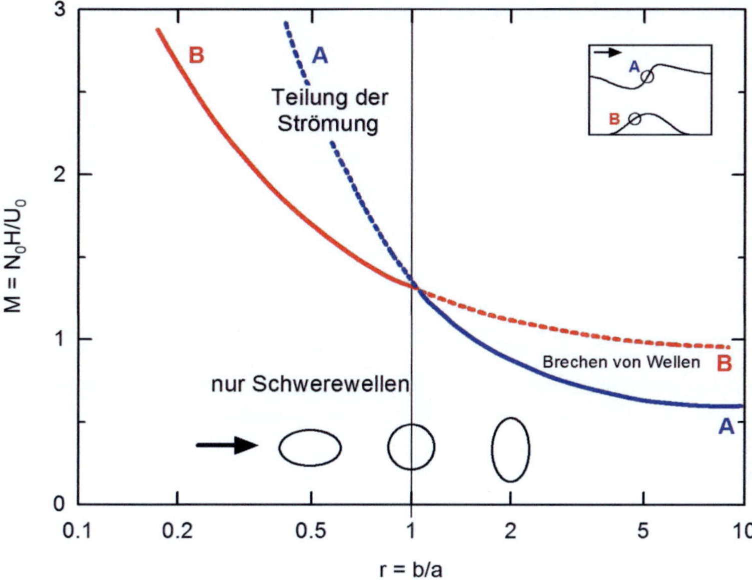

Abb. 2.3: Regimediagramm einer hydrostatischen Strömung für verschiedene Berggeometrien. Der Parameter $M = Fr^{-1}$ beschreibt die dimensionslose Berghöhe und r das Aspektverhältnis. Die Kurven zeigen Abschätzungen gemäß der linearen Theorie nach Smith (1989) für das Einsetzen der Stagnation der Strömung (Kurve A) und einer einsetzenden Umströmung des Hindernisses (Kurve B). Die lineare Theorie verliert nach dem Einsetzen der Stagnation ihre Gültigkeit, wodurch die gepunkteten Linien physikalisch nicht mehr begründet sind und daher real nicht auftreten.

und zum Brechen der Wellen kommen (Abb. 2.2, Punkt A). Dies ist häufig mit starker Turbulenz verbunden (z.B. Smolarkiewicz und Rotunno, 1988).

Gemäß der linearen Theorie nach Smith (1979) können unter bestimmten Voraussetzungen (stabile Schichtung, konstante Anströmung, Stationarität, lineare Bedingungen) für die Strömung über Hindernissen analytische Lösungen abgeleitet werden. Unter Annahme einer inkompressiblen Strömung ist die Dichte entlang einer Stromlinie in der Ausgangshöhe $z = z_0$ stromauf eines Hindernisses und in der Höhe $z = z_0 + \eta$ über dem Hindernis konstant (Smith, 1989). Dabei ist η die vertikale Auslenkung der betrachteten

Stromlinie von der Ausgangshöhe z_0, die durch das Hindernis verursacht wird (Abb. 2.2). Die Bernoulligleichung

$$\frac{1}{2}\rho_0 u^2 + p + \rho g z = const.$$ [2.30]

mit der modifizierten Strömungsgeschwindigkeit u ist für eine horizontal homogene Strömung auf jeder Dichtefläche konstant. Für das Vertikalprofil der Dichte ergibt sich somit:

$$\rho(z) = \rho_0 \left(1 - \frac{N^2}{g} z \right).$$ [2.31]

Für eine als hydrostatisch angenommene Strömung weit nach dem Passieren des Hindernisses kann die Bernoulligleichung (2.30) entlang einer Stromlinie folgendermaßen ausgedrückt werden:

$$u^2 = \frac{2}{\rho_0} \left(-p^* - \frac{1}{2}\rho_0 N^2 \eta^2 \right) + U^2$$ [2.32]

mit der ungestörten Strömungsgeschwindigkeit U und der Brunt-Väisälä-Frequenz N der ungestörten Anströmung. Die Variable $p^* = p(x,y,z) - p(\infty,\infty,z)$ beschreibt die Druckdifferenz zwischen dem betrachteten Punkt an der Stelle (x,y,z) und einem weit entfernten Punkt in der gleichen Höhenlage an der Stelle (∞,∞,z). Die Druckdifferenz kann aus der Integration der durch die Welle erzeugten Dichteanomalie ρ' berechnet werden:

$$p^*(x,y,z) = g \int_z^\infty \rho' dz = \rho_0 N^2 \int_z^\infty \eta \, dz.$$ [2.33]

Durch Substitution von $dz = dz_0 + d\eta = dz_0'$ ergibt sich für die Druckdifferenz:

$$p^*(x,y,z_0) = \rho_0 N^2 \left(I_\eta - \frac{1}{2}\eta^2 \right)$$ [2.34]

mit

$$I_\eta(x,y,z_0) = \int_{z_0}^\infty \eta(x,y,z_0') dz_0'.$$ [2.35]

Durch Kombination der Gleichungen (2.32) und (2.34) ergibt sich eine angepasste Bernoulligleichung:

$$u^2 = -2N^2 I_\eta + U^2.$$ [2.36]

Daraus kann der Grenzwert ermittelt werden, ab dem es zu einer Stagnation der Strömung an einem Staupunkt ($u \to 0$) und somit einer vollständigen Umströmung des Hindernisses kommt:

$$I_\eta = \frac{U^2}{2N^2}.$$ [2.37]

Gemäß des in Abbildung 2.3 dargestellten Regimesdiagramms erfolgt eine Stagnation der Strömung bei entsprechend großen Berghöhen. Je nach Höhe und Aspektverhältnis r des Bergs wird die Stagnation über dem Berg (Abb. 2.3 - Kurve A) oder auf der Luvseite des Bergs (Abb. 2.3 - Kurve B) erreicht. Auch hierbei kann gemäß des Ähnlichkeitskonzepts das Strömungsregime identisch sein, wenn sich U und N in gleichem Maße ändern.

Die hier beschriebenen Effekte können Vertikalbewegungen induzieren, die hochreichende Konvektion auslösen oder verstärken können. Der Ort und die Intensität der Entwicklung von Gewittern wird also maßgeblich durch die Orografie und das vorherrschende Strömungsregime bestimmt. Konvektion kann durch die angesprochenen Effekte im Bereich eines Berges ausgelöst, verstärkt und auch abgeschwächt werden. In Abbildung 2.4 sind die verschiedenen Mechanismen dargestellt, die mit einem jeweils unterschiedlichen Entstehungsort der Konvektion verbunden sind (Houze, 1993).
Mit Hilfe von 2D Modellstudien identifizierten beispielsweise Chu und Lin (2000) verschiedene Strömungsregime bei einer potentiell labilen Strömung über einem Gebirge. Bei sehr kleiner Froudezahl werden konvektive Zellen auf der Luvseite des Berges durch die Verzögerung der Strömung und die damit verbundene Hebung ausgelöst (Abb. 2.4a). Bei einem solchen Regime ist auch die Auslösung von Konvektion weiter stromauf des Hindernisses durch Schwerewellen möglich (Abb. 2.4b). Auf der Leeseite findet hierbei keine Auslösung von Konvektion statt. Bei größeren Froudezahlen können sich stromabwärts ausbreitende konvektive Zellen bilden, die durch eine Strömungskonvergenz auf der Leeseite ausgelöst werden (Abb. 2.4d). Auch Leewellen stromab des Hindernisses können Hebung und damit Konvektion auslösen (z.B. Durran und Klemp, 1987; Pierrehumbert und Wyman, 1985).

In einer darauf aufbauenden, erweiterten Arbeit führten Chen und Lin (2005) 3D-Modellstudien durch, die qualitativ zu ähnlichen Ergebnissen führten, quantitativ aber

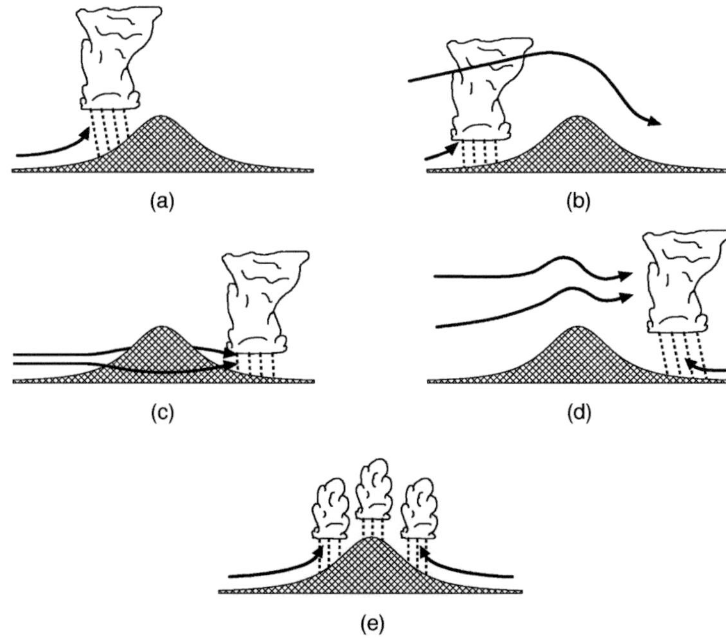

Abb. 2.4: Auslösung von Konvektion durch Modifikation der Strömung an orografischen Hindernissen: Auslösung durch Aufwind am Luvhang (a), Auslösung stromauf des Hindernisses (b), Auslösung im Lee durch Umströmung und leeseitige bodennahe Strömungskonvergenz (c), Auslösung auf der Leeseite durch Schwerewellen (d) und thermische Auslösung über dem Gebirge durch Hangaufwind (e) nach Houze et al. (1993).

Unterschiede bezüglich der Froudezahlen ergaben. Dabei kann durch die 3D-Simulation auch eine Umströmung des Hindernisses erfolgen, die im Lee eine bodennahe Konvergenzzone verursacht. Diese horizontale Konvergenz führt nach der Kontinuitätsgleichung (Gl. 2.23) zu einer vertikalen Divergenz und damit zu Hebung (bei Annahme einer inkompressiblen Strömung), die Konvektion auslösen kann (Abb. 2.4c). Die damit verbundene gehäufte Entwicklung von konvektiven Zellen im Lee von Gebirgen wurde beispielsweise auch von Kunz und Puskeiler (2010) beobachtet. Dabei hat sich ein Maximum von starken Gewittern mit Hagel bei Südwestströmung im Lee des Südschwarzwalds gezeigt. Dieser

Bereich mit einer erhöhten Anzahl an Hagelstürmen ist möglicherweise auf einen solchen bodennahen Konvergenzeffekt zurückzuführen.

Hochreichende Konvektion kann ebenfalls durch thermische Effekte ausgelöst werden. Dabei werden Konvergenzbereiche durch thermische Windsysteme verursacht, die durch die unterschiedliche Erwärmung infolge der unterschiedlichen Sonneneinstrahlung im Gebirge entstehen. Bei erhöhter Einstrahlung auf geneigte Hänge oder über Hochflächen wird Konvektion gefördert (Abb. 2.4e). Die konvektiven Ereignisse werden dann direkt über dem Gebirge ausgelöst und sind nur wenig durch die großräumige Strömung beeinflusst (Raymond und Wilkening, 1982; Toth und Johnson, 1985; Kottmeier et al., 2008). Verschiedene Auslöser hochreichender Konvektion über orografisch gegliedertem Gelände werden beispielsweise bei Kalthoff et al. (1998), Kossmann (1998) und Kossmann et al. (1998) diskutiert. Dabei liegen Messdaten von Feldmessungen im Südschwarzwald und im Oberrheingraben zu Grunde, mit denen die Entwicklung der konvektiven Grenzschicht in dieser Region untersucht wird.

2.2 Gewittersysteme

Sind die in den vorherigen Kapiteln genannten Voraussetzungen für hochreichende Konvektion erfüllt, kann es zur Bildung von Gewittersystemen kommen. Gewitter sind nach ihrer Definition mit elektrischen Entladungen und Donner verbunden. Sie werden häufig aber auch von schweren Wettererscheinungen wie Hagel, Starkregen und Sturmböen, vereinzelt auch von Tornados, begleitet (Geer, 1996). Die Größe, Form, Intensität und Lebensdauer einer Gewitterzelle sind von verschiedenen Faktoren abhängig. Wichtige Einflussgrößen sind dabei die vertikale Windscherung und die synoptische Situation. Die verschiedenen Gewittersysteme sind in Tabelle 2.2 mit ihren jeweiligen spezifischen Merkmalen aufgeführt.

2.2.1 Einfluss der Strömung und der Windscherung auf die Gewitterentwicklung

Der Horizontalwind hat im Zusammenhang mit der Gewitterentwicklung in zweierlei Hinsicht eine Bedeutung. Einerseits ist der mittlere Wind für die Verlagerung der Gewit-

Tab. 2.2: Überblick über die verschiedenen Organisationsformen von Gewittern nach Kunz (2012).

Organisationsform	Lebensdauer	hor. Ausdehnung	Gefahrenpotential
Einzelzelle	∼30-60 Min.	1-10 km	gering
Multizelle	mehrere h	bis 50 km	hoch
Superzelle	mehrere h	bis 50 km	sehr hoch
MCS	bis 24 h	∼300 km	mittel - hoch
Gewitterlinie	bis 24 h	∼400 km	hoch

terzellen verantwortlich, andererseits bestimmt der Wind beziehungsweise die vertikale Windscherung die Organisationsform der konvektiven Zellen.

Die Verlagerung einer Gewitterzelle wird durch den mittleren Wind als Integral über die vertikale Erstreckung der Zelle bestimmt (Markowski und Richardson, 2010). Einzelne Gewitterzellen verlagern sich nur im frühen Stadium mit dem mittleren Wind. Mit fortschreitender Entwicklung wird deren Dynamik immer stärker durch den Kaltluftausfluss und die daraus resultierende Böenfront sowie durch Druckgradientkräfte bestimmt (Kunz, 2012). Bei Multizellen-Gewittern bilden sich an der Böenfront neue Gewitterzellen, die Verlagerung des Komplexes weicht dabei zunehmend vom mittleren Wind ab. Hochreichende Gewitterzellen können sich bei einer entsprechenden vertikalen Windscherung mit einer anderen Zuggeschwindigkeit und -richtung verlagern als Zellen mit tiefer liegender Obergrenze.

Die in Tabelle 2.2 aufgeführten möglichen Organisationsformen der Gewitterzellen sind häufig das Resultat aus entsprechenden Stärken der vertikalen Scherung des Horizontalwinds (Abb. 2.5). In der Troposphäre ist der Wind in der Regel nicht höhenkonstant. Eine vertikale Windscherung ergibt sich beispielsweise in der durch Reibung am Boden beeinflussten planetaren Grenzschicht, durch Ablenkung der Strömung an orografischen Hindernissen sowie bei Vorliegen eines horizontalen Temperaturgradienten gemäß der thermischen Windrelation. Auch eine Beschleunigung oder Verzögerung der Höhenströmung kann eine Windscherung zur Folge haben. Die vertikale Scherung des Horizontalwinds wird häufig durch den Scherungsvektor beschrieben:

$$\mathbf{S} = \frac{\partial \mathbf{v}_h}{\partial z}. \qquad [2.38]$$

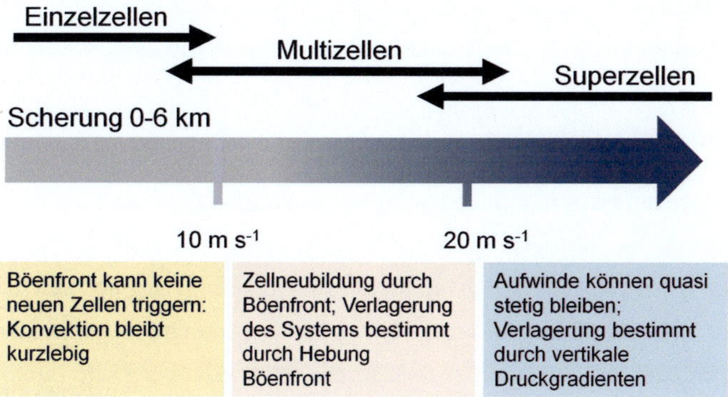

Abb. 2.5: Gewittersysteme in Abhängigkeit von der vertikalen Windscherung (Differenz der Windvektoren zwischen 0 und 6 km) nach Markowski und Richardson (2010).

In Weisman und Klemp (1982, 1984) wird als Einflussgröße für die Entwicklung organisierter Gewittersysteme die Bulk-Richardson-Zahl Ri definiert:

$$Ri = \frac{CAPE}{\frac{1}{2}\left(\Delta \overline{u}^2 + \Delta \overline{v}^2\right)}. \qquad [2.39]$$

Dabei ist $\frac{1}{2}\left(\Delta \overline{u}^2 + \Delta \overline{v}^2\right)$ die kinetische Energie der vertikalen Windscherung mit $\Delta \overline{u}$ und $\Delta \overline{v}$ als Differenzen zwischen den dichtegewichteten mittleren Komponenten des horizontalen Windvektors über die unteren 6 km der Atmosphäre und den dichtegewichteten mittleren Komponenten des horizontalen Windvektors aus einer bodennahen Schicht mit einer Vertikalausdehnung von 500 m.

2.2.2 Organisationsformen von Gewitterzellen

Je nach Umgebungsbedingungen können sich Gewitterzellen unterschiedlich entwickeln und organisieren. Abbildung 2.5 zeigt den Einfluss der vertikalen Windscherung auf die Organisationsform der Gewittersysteme. Die Systeme haben jeweils charakteristische Eigenschaften und unterschiedliche damit verbundene Gefährdungspotentiale. Hinsichtlich ihrer Strömungs- und Niederschlagsdynamik werden Gewittersysteme häufig in die drei Grundformen Einzel-, Multi- und Superzellen eingeteilt (z.B Houze, 1993). Desweiteren sind auf der Mesoskala die mesoskaligen konvektiven Systeme (MCS) bzw. mesoskalige konvektive Komplexe (MCC) weitere Organisationsformen hochreichender Konvektion.

Einzelzellen und Multizellen

Die im Sommer in Deutschland am häufigsten anzutreffende Zellart ist die Einzelzelle. Sie tritt meistens bei geringer vertikaler Windscherung und mäßiger CAPE auf (z.B. Houze, 1993). Dabei handelt es sich um lokale, isoliert auftretende, hochreichende Gewitterzellen mit einer charakteristischen Lebensdauer von weniger als einer Stunde. Diese kurze Lebensdauer und die damit zusammenhängende relativ geringe Intensität haben mehrere Gründe. Durch ausfallende Niederschlagspartikel in den Aufwindbereich und die damit verbundene Niederschlagsabkühlung wird das fortschreitende Wachstum des Cumulonimbus geschwächt beziehungsweise komplett unterbunden. Außerdem verhindert die mit dem Niederschlag absinkende und sich bodennah ausbreitende Kaltluft der Böenfront den lateralen Nachschub feucht-warmer Luft, was letztendlich zum raschen Zerfall des Systems führt.

Bei großer CAPE und relativ starker vertikaler Windscherung entstehen bevorzugt Multizellen. Dabei handelt es sich um mehrere einzelne Gewitterzellen, die einen zusammenhängenden Komplex bilden. Die einzelnen enthaltenen Zellen haben wie Einzelzellen ebenfalls eine recht kurze Lebensdauer, jedoch entstehen in dem Komplex laufend neue Zellen. Bei einer Zunahme der Windgeschwindigkeit mit der Höhe erfolgt eine asymmetrische Ausbreitung der Böenfront. Dadurch ergibt sich eine räumliche Trennung von Auf- und Abwind. An den Flanken der Multizelle wird durch Hebung der Warmluft an der Böenfront neue hochreichende Konvektion ausgelöst. Eine Betrachtung dieses Prozesses anhand numerischer Simulationen erfolgt beispielsweise in Lin et al. (1998) und in Lin und Joyce (2001). Die Lebensdauer von Multizellen kann mehrere Stunden betragen. Die Bulk-Richardson-Zahl ist nach Weisman und Klemp (1982) dabei kleiner als 35.
In einem Multizellenkomplex sind einzelne Gewitterzellen in den unterschiedlichen Stadien enthalten (Abb. 2.6). Die einzelnen Zellen verlagern sich in Richtung des Horizontalwinds v_h (Abb. 2.7) wie in Abschnitt 2.2.1 beschrieben. Häufig findet die Zellneubildung an der in Zugrichtung rechten Flanke der Einzelzellen in Richtung v_{neu} statt. Deswegen ergibt sich eine Verlagerungsrichtung des gesamten Komplexes, die teilweise

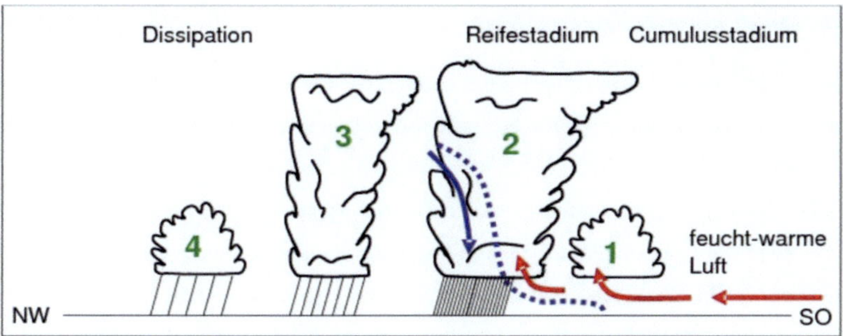

Abb. 2.6: Lebenszyklus verschiedener Zellen eines Multizellenkomplexes. Die roten Pfeile symbolisieren die Hebung der Warmluft an der ausströmenden Kaltluft (blau). Die blau gestrichelte Linie stellt die Böenfront am Boden dar. Zelle 3 befindet sich im Reifestadium mit der höchsten Intensität (Kunz, 2012).

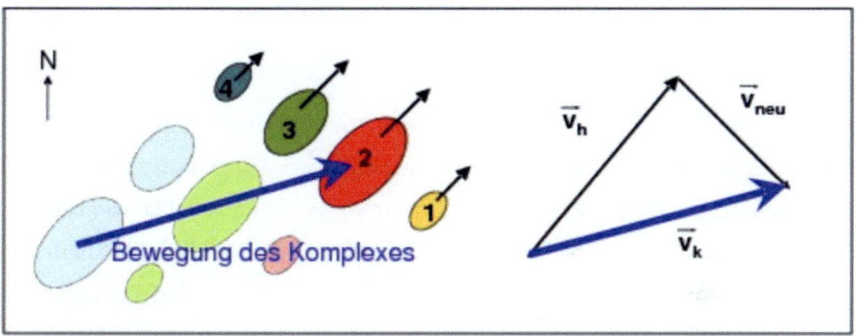

Abb. 2.7: Verlagerung von Multizellen. Dargestellt sind die Zellen in verschiedenen Stadien (Zahlen) zu verschiedenen Zeitpunkten. Die Zugrichtung der durch gleiche Farben markierten einzelnen Gewitterzellen weicht von der Verlagerungsrichtung des Gesamtkomplexes teilweise erheblich ab, da die Zellneubildungen meistens an der vorderen rechten Flanke der bereits aktiven Zellen stromab des Scherungsvektor **S** stattfindet (Kunz, 2012).

erheblich von der Strömungsrichtung in mittleren Höhen abweicht: $\mathbf{v}_k = \mathbf{v}_h + \mathbf{v}_{neu}$. Die Abweichung kann bis zu 30° betragen (Browning, 1976).

Mesoskalige konvektive Systeme

Bei den sogenannten mesoskaligen konvektiven Systemen (engl. Mesoscale Convective Systems - MCS) sind die einzelne Konvektionszellen in einem größeren zusammenhängenden Gebiet mit stratiformen Niederschlägen eingelagert (Markowski und Richardson, 2010). Nach Geer (1996) handelt es sich dabei um organisierte Anhäufungen von Gewittern, die zwar die Größenordnung von einzelnen Gewittern übersteigen, jedoch kleiner als die synoptische Skala sind. Sie können eine runde oder linienhaft Struktur aufweisen. Auch tropische Tiefdruckgebiete, Gewitterlinien und größere zusammenhängende Komplexe einzelner Gewitter werden zu dieser Organisationsform gezählt.

Beeinflusst werden diese Systeme bei einer labilen Schichtung durch großräumige, synoptischskalige Hebungsvorgänge in der mittleren und oberen Troposphäre, die durch die Omegagleichung (z.B. Holton, 2004) beschrieben werden können:

$$\left(\sigma\nabla^2 + f_0^2\frac{\partial^2}{\partial p^2}\right)\omega = -f_0\frac{\partial}{\partial p}[-\mathbf{v}\cdot\nabla_p(\zeta_g + f)] - \frac{R_L}{p}\nabla^2[-\mathbf{v}\cdot\nabla_p T] - \frac{R_L}{c_p p}\nabla^2 H. \quad [2.40]$$

Dabei beschreibt σ einen Stabilitätsparameter, so dass die linke Seite proportional zur Vertikalgeschwindigkeit ω ist, f bzw. f_0 ist der Coriolisparameter bzw. der Coriolisparameter auf einer β-Ebene ($f = const.$), R_L ist die Gaskonstante von Luft, c_p die spezifische Wärmekapazität bei konstantem Druck p und H ist die diabatische Wärmezufuhr. Der erste Term der rechten Seite beschreibt den Einfluss der differentiellen Vorticityadvektion mit der relativen Vorticity ζ_g, im zweiten Termin wird das Maximum der Advektion einer Luftmasse mit der Temperatur T beschrieben. Der dritte Term erfasst den Bereich der stärksten diabatischen Wärmeübergänge, die bei Kondensations- und Verdunstungsprozessen auftreten. Hebung wird demnach durch positive Vorticityadvektion, Warmluftadvektion und durch freiwerdende latente Wärme verursacht.

Häufig entwickeln sich MCS im Bereich eines Trogs oder eines Kaltlufttropfens, wo diese großräumigen Hebungsantriebe meist auftreten. Meistens entsteht ein MCS aus mehreren bereits vorhandenen Multi- oder Superzellen, deren Kaltluftausfluss sich zu einem großen zusammenhängenden Kaltluftgebiet zusammenschließt, an dessen Böenfront neue Konvektion ausgelöst wird (Markowski und Richardson, 2010). Die Gebiete mit konvektivem Niederschlag erreichen häufig eine horizontale Ausdehnung von mehr

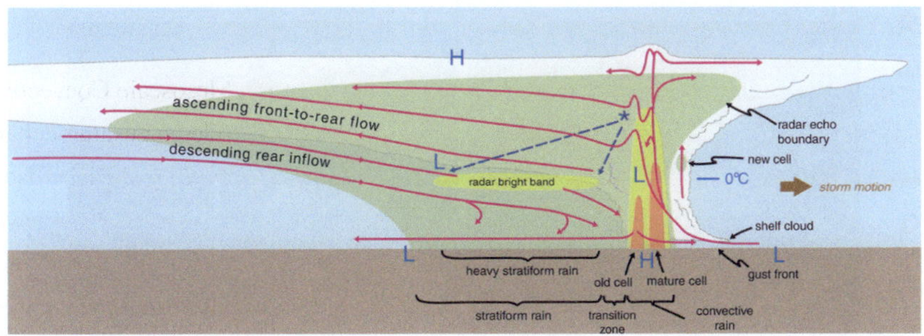

Abb. 2.8: Schematischer Vertikalschnitt durch eine idealisierte Gewitterlinie nach Houze et al. (1989). Die rot dargestellten Stromlinien sind relativ zur Bewegung des Systems (von links nach rechts) zu verstehen.

als 100 km und können über viele Stunden aktiv bleiben (Geer, 1996). Da Multi- und Superzellen häufig am späten Nachmittag entstehen, bilden sich MCS oft in den Abend- und frühen Nachtstunden. Die Strukturen der MCS können sehr unterschiedlich sein. Die konvektiven Zellen entstehen verstärkt auf der Vorderseite des Systems, können aber auch im Zentrum oder an den Flanken auftreten. Mit fortschreitender Entwicklung nimmt die konvektive Niederschlagsaktivität ab und große stratiforme Niederschlagsgebiete bleiben zurück. Nur in einem kleinen Teil des gesamten MCS fällt Starkniederschlag oder Hagel. Die Verlagerung eines MCS erfolgt in der Regel mit der vorherrschenden Strömungsrichtung und -geschwindigkeit (Markowski und Richardson, 2010).

Im Bereich eines Trogs im Warmsektor einer Zyklone treten im Sommer häufig auch Gewitterlinien (engl. squall lines) auf. Diese zum Teil mehrere 100 km langen, schmalen Gewitterlinien treten nur bei sehr starker vertikaler Windscherung auf (Houze et al., 1989). Oft wird im Vorfeld einer Kaltfront mit einer südlichen Strömung feucht-warme Luft in das konvektive System transportiert. Dadurch ist die Lebensdauer von Gewitterlinien relativ hoch. Die Gewitteraktivität konzentriert sich dabei auf ein schmales Band mit konvektivem Niederschlag, gefolgt von einem breiteren Band mit stratiformen Nieder-schlägen (Abb. 2.8). Die parallel dazu vorauslaufende Böenfront löst dabei neue linienhaft organisierte Konvektion aus. Durch die ständige Zellneubildung auf der Vorderseite ver-lagert sich eine Gewitterlinie in der Regel schneller als der mittlere Wind. Die konvektive

Aktivität findet entlang einer solchen Gewitterlinie mit unterschiedlicher Intensität statt. Deshalb variiert auch das Schadenbild durch Hagelschlag bei deren Durchzug erheblich.

Superzellen

Superzellen kommen in Deutschland vergleichsweise selten vor. Wie schon in Tabelle 2.2 aufgeführt, handelt es sich hierbei um horizontal weit ausgedehnte Gewitterzellen mit einem sehr hohen Gefährdungspotential. Bei Superzellen bilden sich im Gegensatz zu Multizellen nicht ständig neue Zellen, vielmehr erfolgt durch permanentes Einströmen feucht-warmer Luft in den Aufwindbereich eine ständige Regeneration der Zelle. Gemäß Doswell III (1996) ist eine Superzelle eine konvektive Wolke, die eine Rotation um die vertikale Achse aufweist. Nach Weisman und Klemp (1982) liegt die typische Bulk-Richardson-Zahl bei einer Superzelle im günstigsten Fall zwischen 15 und 35. Damit Superzellen entstehen können, müssen neben den Voraussetzungen zur Entwicklung hochreichender Konvektion einige zusätzliche Umgebungsbedingungen erfüllt sein (Rauber et al., 1999):

- Großräumiger Hebungsantrieb, beispielsweise durch Lage auf der Vorderseite eines Trogs. Dabei erfolgt eine großräumige Hebung durch Effekte, die durch die Terme der Omegagleichung (Gl. 2.40) beschrieben werden. Dazu gehören vor allem mit der Höhe zunehmende positive Vorticityadvektion und Warmluftadvektion.

- Starke vertikale Windscherung: besonders wichtig ist eine Richtungsscherung, die zur sogenannten streamwise vorticity (Vorticityvektor parallel zur Strömung) führt, die die Ursache der Rotation einer Superzelle ist.

- Eine Inversion, die bewirkt, dass hochreichende Konvektion erst bei Erreichen der maximale Bodentemperatur und damit zum Zeitpunkt des maximalen Energiegehalts ausgelöst wird.

- Ein Starkwindband in niedriger Höhe (engl. low level jet) kann die Entwicklung ebenfalls begünstigen, wenn feucht-warme Luftmassen in das Gebiet des Aufwinds der Superzelle transportiert werden.

Zur Betrachtung der Dynamik einer Superzelle wird die Vorticitygleichung auf einer β-Ebene im z-System unter Vernachlässigung des Solenoidterms verwendet:

$$\frac{\partial \zeta}{\partial t} = -\mathbf{v} \cdot \nabla \zeta + \omega \cdot \nabla w$$

$$= \underbrace{-u\frac{\partial \zeta}{\partial x} - v\frac{\partial \zeta}{\partial y} - w\frac{\partial \zeta}{\partial z}}_{\text{Advektion}} + \underbrace{\xi\frac{\partial w}{\partial x} + \eta\frac{\partial w}{\partial y}}_{\text{Drehung}} + \underbrace{\zeta\frac{\partial w}{\partial z}}_{\text{Streckung}} . \qquad [2.41]$$

Demnach erfolgt eine lokal-zeitliche Änderung der Vorticity der gesamten Gewitterzelle durch Advektion von Vorticity, durch Drehung von Vorticity mit horizontaler Achse und durch Drehimpulserhaltung bei der Streckung des Aufwindstroms. Auch die Bildung eines Tornados im Aufwindbereich der Superzelle kann durch Gleichung (2.41) erklärt werden. Dieser Vorgang wird in vielen Arbeiten diskutiert (z.B. Lemon und Doswell III, 1979; Klemp und Rotunno, 1983; Lilly, 1983; Klemp, 1987; Wicker und Wilhelmson, 1995; Bluestein und Weisman, 2000).

Die oben genannte starke vertikale Windscherung ist eine wichtige Voraussetzung für die Entwicklung einer Superzelle. Dafür betrachtet man nur die horizontale Komponente des in Gleichung (2.38) beschriebenen Scherungsvektors $\mathbf{S}$:

$$\zeta_h \approx \left(-\frac{\partial v}{\partial z}, \frac{\partial u}{\partial z} \right) = \mathbf{k} \times \mathbf{S}. \qquad [2.42]$$

Diesen horizontalen Vorticityvektor ζ_h kann man zerlegen in einen Anteil, dessen Rotationsachse senkrecht zur Strömung ausgerichtet ist ($\partial \zeta_h/\partial n$), und in einen Anteil, dessen Achse parallel dazu orientiert ist ($\partial \zeta_h/\partial s$). Im zweiten Fall spricht man von streamwise vorticity, die sich aus einer Richtungsänderung des Winds mit der Höhe ergibt. Durch streamwise vorticity wird eine Rotation der gesamten Gewitterzelle induziert. Charakteristisch dabei ist die spiralförmige Ausprägung des Aufwindstroms, wodurch Hagelkörner sehr lange im Wachstumsbereich verweilen und eine entsprechende Größe erreichen können. Die senkrecht zur Strömung ausgerichtete crosswise vorticity wird dagegen durch eine reine Geschwindigkeitsscherung verursacht. Ein ausführliche Betrachtung der Strömungsverhältnisse in einer Superzelle erfolgt zum Beispiel in Klemp (1987) oder Markowski und Richardson (2010).

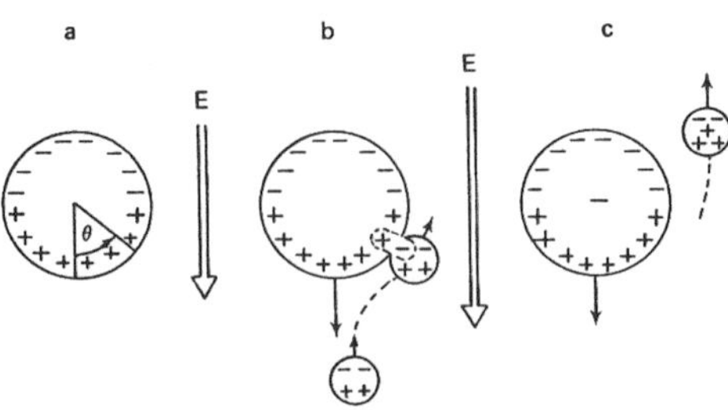

Abb. 2.9: Ladungstransfer durch Induktion bei kollidierenden Tropfen in einem nach unten gerichteten elektrischen Feld $\vec{E}$ nach Beard und Ochs (1986). Ein polarisierter Tropfen (a) kollidiert mit einem kleineren Tropfen (b). Dabei findet eine Ladungstrennung statt (c).

2.2.3 Entstehung von Blitzen in Gewittersystemen

Blitze können zwischen einer Gewitterwolke und dem Boden, innerhalb einer Wolke oder zwischen zwei Wolken auftreten. Dabei erfolgt ein Ladungstransport zwischen Bereichen mit unterschiedlicher Raumladung (Houze, 1993). Da die Prozesse der Ladungstrennung und der Entladung innerhalb von Cumulonimbuswolken noch nicht vollständig verstanden sind, gibt es verschiedene Ansätze für deren Erklärung.

Ladungstrennung in einer Gewitterwolke

Nach Houze (1993) liegt in einem Cumulonimbus häufig schon ein elektrisches Feld an. Dabei ist meist der obere Teil der Wolke positiv und der untere Teil negativ geladen. Dadurch werden die in der Wolke vorhandenen Tropfen polarisiert. Stoßen zwei unterschiedlich große Partikel aufgrund ihrer verschiedenen Fallgeschwindigkeiten zusammen, kann durch den Kontakt der positiv geladenen Unterseite mit der negativ geladenen Oberseite ein Ladungsaustausch stattfinden (Abb. 2.9). Das kleinere, nach der Kollision positiv geladene Tröpchen wird aufgrund seiner geringen Masse mit dem Vertikalwind in der Wolke weiter nach oben transportiert. Dadurch wird die positive Ladung des oberen Bereichs der Wolke verstärkt (Beard und Ochs, 1986).

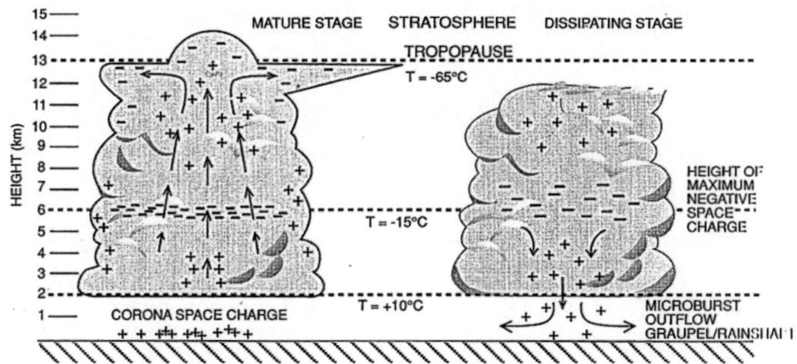

Abb. 2.10: Schematische Darstellung der Ladungsverteilung in einer Cumulonimbuswolke nach Houze (1993).

Neben diesem induktiven Prozess findet innerhalb eines Cumulonimbus auch eine nichtinduktive Ladungstrennung statt. Dafür ist kein elektrisches Feld notwendig. Hierbei findet die Ladungstrennung durch Kollision oder Zerplatzen von Tröpfchen oder Eisteilchen statt. Beispielsweise können sich Graupelkörner beim Zusammenstoßen mit anderen Niederschlagspartikeln elektrisch aufladen (Reynolds et al., 1957). Je nach Temperaturbereich ist dann das Teilchen positiv oder negativ geladen (Houze, 1993). Auch Phasenübergänge können eine Ladung der Teilchen hervorrufen (z.B. Findeisen, 1940; Magono und Kikuchi, 1965). Durch die genannten Prozesse bildet sich nach Houze (1993) innerhalb einer Cumulonimbuswolke oft eine Tripolstruktur aus (Abb. 2.10). Dabei ist die Ladung oft abhängig von der jeweiligen Höhe. Ein starke Raumladung im unteren Bereich der Gewitterwolke induziert durch Verschiebung der Ladungsträger eine gegenpolige Ladung auf der Erdoberfläche. Zum Ausgleich der Ladung treten Blitze zwischen den unterschiedlich geladenen Bereichen der Wolke oder zum Boden hin auf.

Blitzentladung

Ist die Ladungsdifferenz groß genug, finden zunächst sogenannte Vorentladungen statt. Dabei entsteht durch Stoßionisation der Luftmoleküle der Leitblitz in einem Blitzkanal. Bei der Stoßionisation stößt ein Elektron auf ein neutral geladenes Molekül und kann dort ein weiteres Elektron herauslösen. Dabei entsteht ein positiv geladenes Ion und ein freies Elektronenpaar, das durch Stöße weitere Moleküle ionisieren kann. Im Fall eines Blitzes zwischen Wolke und Erdboden dehnt sich der Blitzkanal von der Wolke bis in eine Höhe von ungefähr 50 m über Grund aus (Berger, 1975, 1977). Vom Boden her bildet sich dann eine sogenannte Fangentladung, die sich mit dem schon vorhandenen Blitzkanal vereinigt. Der Blitzkanal reicht somit durchgängig von der Wolke bis zur Erde. Durch diesen Blitzkanal erfolgt nun die eigentliche sichtbare Hauptentladung, die als Blitz zu sehen ist. Oft folgen mehrere Hauptentladungen im selben Blitzkanal. Die zeitliche Dauer des gesamten Vorgangs beträgt ungefähr 200 ms, wobei der Aufbau des Blitzkanals ca. 10 ms, eine einzelne Hauptentladung etwa 4 ms dauert (Krider, 1986).

Bei Blitzen kann Ladung in verschiedene Richtungen fließen. Bei einem negativen Blitz wird negative Ladung transportiert. Nach der in Abbildung 2.10 dargestellten Ladungsverteilung ist das der typische Wolke-Erde-Blitz. In sehr seltenen Fällen sind bei negativ geladener Erdoberfläche auch Erde-Wolke-Blitze möglich. Auch positive Blitze mit einem Fluss positiver Ladungen von der Wolke zum Boden sind möglich (Rust, 1986). Ihr Anteil beträgt nach Houze (1993) ca. 20 % am gesamten Blitzaufkommen.

Die Charakteristik der Blitzaktivität in starken Gewittern wird beispielsweise in Reap und MacGorman (1989), Zipser und Lutz (1994), Williams et al. (1999) und Williams et al. (2005) untersucht. Jedoch wird hierauf in dieser Arbeit nicht näher eingegangen.

2.3 Entstehung von Hagel

Hagel besteht aus gefrorenem Wasser mit kleinen Lufteinschlüssen. Ein Hagelkorn kann dabei sehr unterschiedliche Formen annehmen (Abb. 2.11). Je nach Anzahl der kleinen Lufteinschlüsse beträgt die Dichte ρ eines Hagelkorns nach Pruppacher und Klett (1997) 0,7 - 0,9 g cm^{-3} (reines Eis: $\rho \approx 0,9$ g cm^{-3}). Hagel entsteht durch verschiedene Prozesse und Mechanismen mit unterschiedlichsten Raum- und Zeitskalen, wobei das genaue Zusammenwirken der Prozesse noch immer nicht vollständig verstanden ist. Zunächst müssen auf der Mesoskala organisierte Gewittersysteme in Form von Multizellen, Superzellen oder MCS vorhanden sein. Im Aufwindgebiet dieser Systeme müssen sowohl Eiskristalle als auch unterkühlte Tropfen in ausreichender Konzentration vorhanden sein. Durch mikrophysikalische Prozesse können sich daraus im günstigsten Fall Eisteilchen mit großen Durchmessern entwickeln. Hagel ist definiert als ein Eisteilchen ab einem Durchmesser von 5 mm, bei kleineren Durchmessern zwischen 2 und 5 mm werden dieses als Graupel bezeichnet (Geer, 1996). Neben der Größe werden Graupel und Hagelteilchen

Abb. 2.11: Verschiedene Eisteilchen, wie sie in einer Gewitterwolke vorkommen können: Eiskristall, bereifter Eiskristall, Graupel und Hagel (oben, von links), schichtförmiger
Aufbau eines Hagelkorns, konisches Hagelkorn und größtes beobachtetes Hagelkorn
mit einem Durchmesser von rund 20 cm, das am 23. Juli 2010 bei Vivian, South
Dakota, gefunden wurde (unten, von links nach rechts).

aufgrund der verschiedenen mikrophysikalischen Entstehungsprozesse unterschieden. In
konvektiven Wolken, deren vertikale Ausdehnung weit über die Nullgradgrenze hinaus-
reicht, ist eine Vielzahl an Hydrometeoren und Aerosolen enthalten. Dazu gehören auch
spezielle Aerosole als Gefrierkeime (Ice forming Nuclei, IN) und Kondensationskerne
(Cloud Condensation Nuclei, CCN) sowie Eiskristalle, Schnee, unterkühlte und gefrorene
Tropfen, Graupel und auch Hagel.

Bei der Bildung eines Hagelkorns entsteht zunächst ein sogenanntes Hagelembryo, das
entweder aus einem Graupelkorn oder einem großen gefrorenen Tropfen besteht. Aus
diesem Hagelembryo erfolgt dann die Weiterentwicklung zum Hagelkorn.

2.3.1 Grundlegende Prozesse bei der Entstehung von Hagel

Ausgangspunkt der Hagelentstehung ist die Bildung von Eisteilchen und flüssigen Tröpfchen aus der Dampfphase heraus. Dieser Vorgang wird als Nukleation bezeichnet. Bei der
homogenen Nukleation erfolgt die Bildung der Hydrometeore aus der reinen Dampfphase
heraus, bei der heterogenen Nukleation ist ein Aerosol mit entsprechenden Eigenschaf-

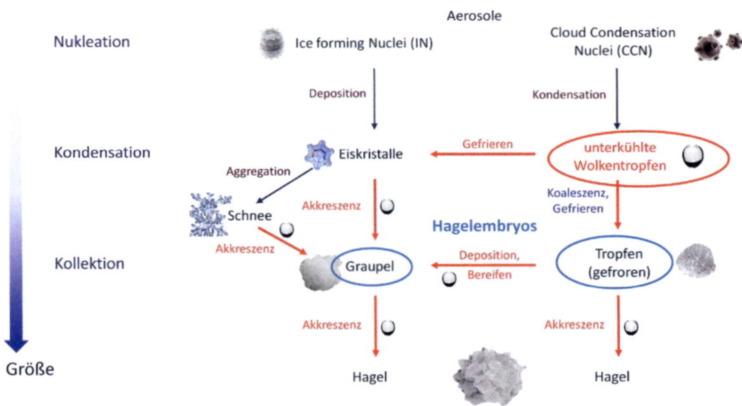

Abb. 2.12: Prozesse der Wolkenmikrophysik, die zur Entstehung von Hagel in kalten Wolken (T<0°C) führen können, aus Kunz (2012) in Anlehnung an Knight und Knight (2001).

ten beteiligt. Zum homogenen Gefrieren kommt es jedoch erst bei Temperaturen von weniger als -35 bis -40°C. Bei höheren Temperaturen verbleiben die Hydrometeore im unterkühlten flüssigen Zustand. Beim Gefriervorgang wird durch ein zufallsartiges Zusammentreffen mehrerer Wassermoleküle eine feste Molekülkonfiguration (Kristallgitter) erreicht. Die dabei freigesetzte Wärme sorgt aber dafür, dass das Eisteilchen aufgrund der thermischen Molekularbewegung instabil ist. Je geringer die Temperatur, umso geringer ist die thermische Molekularbewegung und umso stabiler ist die Konfiguration. Für die homogene Bildung von Flüssigwassertröpfchen sind Übersättigungen von 300 bis 400% notwendig (Pruppacher und Klett, 1997). Eine Zusammenfassung der beteiligten Prozesse findet sich auch in Kunz (2012).

Generell ist die heterogene Nukleation der dominante Prozess, der in Mischwolken abläuft. Dafür ist keine große Übersättigung notwendig. Für die heterogene Nukleation von Eis aus der Dampfphase (Deposition) oder aus der flüssigen Phase (Gefrieren) wird ein Eiskeim benötigt. Dieser muss eine Gitterstruktur aufweisen, die der von Eis sehr ähnlich ist (z.B. Fan et al., 2012). Außerdem können sogenannte Kondensationskerne die heterogene Nukleation fördern, indem beispielsweise ein wasserlösliches Aerosol in Lösung geht und dadurch das Gefrieren eines Tropfens einleitet.

Bei der heterogenen Eisbildung können vier verschiedene Grundmoden auftreten (Pruppacher und Klett, 1997):

- **Deposition:** Die Eisbildung erfolgt direkt aus der Dampfphase am Eiskeim durch Übersättigung gegenüber Eis.

- **Kondensationsnukleation:** Ein Kondensationskeim im flüssigen Tropfen leitet den Gefrierprozess ein.

- **Kontaktnukleation:** Gefrieren eines unterkühlten Tropfens nach Kontakt mit einem Eiskeim.

- **Immersionsgefrieren:** Gefrieren eines unterkühlten Tropfens nach Suspension eines Eiskeims im Flüssigwasser.

Je nach Beschaffenheit des Aerosols kann es für mehrere Moden als Eiskeim fungieren. Dabei ist jeweils die Temperatur entscheidend, ob es zur Eisbildung kommt. Nach Pruppacher und Klett (1997) müssen die Aerosole folgende Anforderungen erfüllen:

- Die Aerosole müssen hochgradig wasserunlöslich sein. Nach Lösung der Aerosole in Wasser wäre die Struktur nicht mehr gegeben, die für eine Eisanlagerung notwendig ist.

- Je nach chemischen Eigenschaften und den oben beschriebenen Moden muss das Aerosol einen gewissen Mindestdurchmesser aufweisen. Auch ist diese Mindestgröße von der Temperatur abhängig. So ergibt sich bespielsweise bei gesättigter Luft und einer Temperatur von -5°C ein Mindestdurchmesser von 0,035 μm, während dieser bei -20°C lediglich 0,0092 μm beträgt (z.B. Roberts und Hallets, 1968).

- Die chemischen Eigenschaften des Aerosols sollten ähnlich zu denen des Eiskristalls sein. Besonders gut geeignet sind rotationssymmetrische Moleküle wie beispielsweise solche mit OH- oder NH_2-Gruppen, deren außenliegende Wasserstoffbrücken eine gute Bindung mit Wassermolekülen ermöglichen.

- Die Gitterstruktur des Aerosols muss der eines Eiskristalls sehr ähnlich sein. Da die Eisnukleation auf einer fremden Substanz als eine orientierte Überwucherung angesehen werden kann, erleichtert ein entsprechend ähnliches Gitter die Stabilität der Anordnung.

Aerosole, die diese Anforderungen erfüllen, treten nur in sehr geringer Konzentration in der Luft auf. Dabei tritt beispielsweise bei Temperaturen von -20°C nur ein Eiskeim pro Liter Luft auf. Das Verhältnis zwischen der Anzahl der Eiskeime und der Anzahl aller Aerosole beträgt dabei ca. 10^{-6} (Bigg und Stevenson, 1970). Je größer die Konzentration dieser Eiskeime in einer Gewitterwolke ist, umso häufiger erfolgt ein spontanes Gefrieren der unterkühlten Wassertröpfchen.

Das absichtliche Einbringen von Eiskeimen wie beispielsweise Silberjodid in Wolken ("Wolkenimpfen") soll großen Hagel verhindern. Nach Gravenhorst und Corrin (1969) wirkt ein Silberjodid-Ion sehr gut als Eiskeim, wodurch mehr Wassertröpfchen spontan gefrieren und dadurch eine größere Anzahl an Hagelembryos vorliegt. Durch die größere Anzahl entstehen zwar mehr, dafür aber kleinere Hagelkörner, deren Schadenpotential entsprechend niedriger ist (Wieringa und Hollemann, 2006). Ein Nachweis über die Wirksamkeit des Impfens von Wolken wurde jedoch bislang noch nicht erbracht.

2.3.2 Mikrophysikalisches Wachstum von Hagelkörnern

Graupel entsteht aus Eiskristallen oder gefrorenen Tropfen durch weitere Deposition von Wasserdampf oder durch Auftreffen von unterkühlten Tröpfchen und anschließendem spontanem Gefrieren. Der letztgenannte Prozess wird als Bereifen bezeichnet, die Anlagerung selbst als Akkreszenz. Der Vorgang des Bereifens ist erst ab einer bestimmten Größe des Eiskristalls möglich, die im Allgemeinen von seiner Form abhängt (Noppel et al., 2010). Das Anwachsen des Eisteilchens auf diese Mindesgröße erfolgt dabei zunächst durch Deposition. Bereifen ist am effektivsten bei einer Umgebungstemperatur zwischen 0 und -5°C, da in diesem Temperaturbereich gemäß der Clausius-Clapeyron-Gleichung ein sehr hoher Flüssigwasseranteil vorhanden ist. Durch diese Prozesse entsteht ein Graupelkorn, dessen Dichte zwischen 0,05 und 0,89 g cm^{-3} liegt (Pruppacher und Klett, 1997). Die tatsächliche Dichte ist abhängig von der Umgebungstemperatur und der Kollisionsgeschwindigkeit der Tröpfchen auf das Eisteilchen. Unter der Annahme, dass die Größe und die Fallgeschwindigkeit von Wolkentröpfchen vernachlässigbar klein sind im Vergleich zu den Fallgeschwindigkeiten von Graupel- und Hagelkörnern, ergibt sich nach

Pruppacher und Klett (1997) folgende Beziehung für die Massenänderungsrate eines Graupelkorns durch Akkreszenz:

$$\left(\frac{\mathrm{d}m}{\mathrm{d}t}\right)_{Akkreszenz} = E_c \overline{A}_H(t) w_L U_\infty. \tag{2.43}$$

E_c beschreibt dabei die Effizienz der Akkreszenz, die ein Maß ist für den Anteil der Wolkentröpfchen, die sich nach einer Kollision am Eisteilchen anlagern. $\overline{A}_H(t)$ ist ein Geometriefaktor, der sowohl die Gestalt als auch eine mögliche Rotation des Eisteilchens berücksichtigt, w_l ist der spezifische Flüssigwassergehalt und U_∞ beschreibt die Endfallgeschwindigkeit des Partikels, auf die im Abschnitt 2.3.4 näher eingegangen wird. Für die Betrachtungen geht man zunächst von trockenem Wachstum aus, das heißt, es erfolgt immer ein spontanes Gefrieren der kollidierenden unterkühlten Tröpfchen. Um das gesamte Wachstum des Graupelkorns zu betrachten, muss zusätzlich zur Akkreszenz auch die Deposition als weiterer Beitrag berücksichtigt werden. Damit ergibt sich für die Wachstumsrate unter Berücksichtigung von Gleichung (2.43) nach Heymsfield et al. (1980) folgende Beziehung:

$$\frac{\mathrm{d}m}{\mathrm{d}t} = \left(\frac{\mathrm{d}m}{\mathrm{d}t}\right)_{Akkreszenz} + \left(\frac{\mathrm{d}m}{\mathrm{d}t}\right)_{Deposition} \tag{2.44}$$

mit

$$\left(\frac{\mathrm{d}m}{\mathrm{d}t}\right)_{Deposition} = \frac{\Omega_H D_v M_w \overline{N}_{Sh}}{d_H R_l} \left(\frac{e_\infty}{T_\infty} - \frac{e_s}{T_s}\right), \tag{2.45}$$

wobei Ω_H die Oberfläche des Graupelkorns und d_H seinen Durchmesser angeben. D_v beschreibt den Diffusionskoeffizienten von Wasserdampf in Luft, e_∞ und T_∞ den Dampfdruck und die Temperatur der Umgebungsluft, e_s und T_s den Dampfdruck und die Temperatur auf der Oberfläche. Die Sherwood Zahl N_{Sh} ist eine dimensionslose Maßzahl für das Verhältnis zwischen Intensität des konvektiven Wärmeübergangs zur reinen Wärmeleitung und M_w ist das Molekulargewicht von Wasserdampf. Die Deposition in Gleichung (2.45) hat im Vergleich zur Akkreszenz einen deutlich geringeren Anteil an der Massenänderungsrate und kann daher in Näherung vernachlässigt werden.

Aus Gleichung (2.44) kann man nun ideale Bedingungen für ein rasches Wachstum von Graupel zu großem Hagel ableiten:

- eine lange Lebensdauer des Gewittersystems,

- eine große Vertikalgeschwindigkeit, damit ein großes Hagelkorn mit großer Fallgeschwindigkeit möglichst lange im Wachstumsbereich verweilt, und

- einen hohen Flüssigwassergehalt w_l.

Wenn die Oberflächentemperatur T_s des Hagelkorns geringer als $0°C$ ist, kommt es zu trockenem Wachstum. Dieses Wachstumsregime ist bei einem Hagelkorn an den undurchsichtigen Schichten mit vielen kleinen Lufteinschlüssen erkennbar. Je höher die Gefrierrate, umso mehr Lufteinschlüsse werden während des Bereifungsvorgangs gebildet. Die Dichte des Eises in diesen undurchsichtigen Schichten ist relativ gering, sie kann teilweise weniger als $0{,}7$ g cm^{-3} betragen.

Liegt die Oberflächentemperatur des Hagelkorns dagegen bei $T_s \approx 0°C$, kann Flüssigwasser in die Poren eindringen. Die Dichte der so gebildeten Schicht ist im Vergleich zum trockenen Wachstum höher ($0{,}8$ bis $0{,}9$ g cm^{-3}) und das Erscheinungsbild ist klar und durchsichtig. Dieses Regime wird als feuchtes Wachstum bezeichnet. Durch den Gefriervorgang wird dabei aufgrund von Akkreszenz und Deposition latente Wärme freigesetzt, die lokal die Oberfläche des Hagelkorns auf Temperaturen nahe dem Gefrierpunkt bringen kann, auch wenn die Umgebungstemperatur deutlich niedriger ist.

Zur Herleitung der Oberflächentemperatur erfasst man alle Energieflüsse auf der Oberfläche des Hagelkorns (Pruppacher und Klett, 1997):

$$\left(\frac{dq}{dt}\right)_{Akkreszenz} + \left(\frac{dq}{dt}\right)_{Deposition} + \left(\frac{dq}{dt}\right)_{\Delta T} = \left(\frac{dq}{dt}\right)_{Konduktion} \qquad [2.46]$$

Der erste Term beschreibt die durch Akkreszenz freiwerdende latente Wärme L_f während des Gefriervorgangs. Mit Gleichung (2.43) ergibt sich

$$\left(\frac{dq}{dt}\right)_{Akkreszenz} = L_f \left(\frac{dm}{dt}\right)_{Akkreszenz} \qquad [2.47]$$

mit L_f als spezifische Gefrierwärme.

Durch den zweiten Term wird die durch Deposition freiwerdende latente Wärme L_s in Verbindung mit Gleichung (2.45) beschrieben:

$$\left(\frac{dq}{dt}\right)_{Deposition} = L_s \left(\frac{dm}{dt}\right)_{Deposition}. \qquad [2.48]$$

L_s ist hier die spezifische Sublimationswärme.

Der dritte Term ergibt sich aus der Rate, mit der das wärmere Hagelkorn das kältere aggregierte Wolkenwasser erwärmt

$$\left(\frac{\mathrm{d}q}{\mathrm{d}t}\right)_{\Delta T} = -c_w(T_s - T_\infty)\left(\frac{\mathrm{d}m}{\mathrm{d}t}\right)_{Akkreszenz}, \qquad [2.49]$$

wobei c_w die spezifische Wärmekapzität von Wasser ist.

Der Term auf der rechten Seite beschreibt die Wärmeabgabe des Hagelkorns an die kältere Umgebungsluft durch Konduktion

$$\left(\frac{\mathrm{d}q}{\mathrm{d}t}\right)_{Konduktion} = \frac{\Omega_H k_a \overline{N}_{Nu}(T_s - T_\infty)}{d_H}, \qquad [2.50]$$

mit der Wärmeleitfähigkeit von Luft k_a und der zur Sherwood-Zahl N_{Sh} proportionalen Nusselt-Zahl N_{Nu}, die hier einen dimensionslosen Gradienten von T_S darstellt.

Setzt man nun die Gleichungen (2.47) bis (2.50) in Gleichung (2.46) ein, lässt sich für die Oberflächentemperatur folgende Beziehung ableiten:

$$T_s = \frac{L_s(\mathrm{d}m/\mathrm{d}t)_{Dep.} + (L_f + c_w T_\infty)(\mathrm{d}m/\mathrm{d}t)_{Akk.} + (\Omega_H k_a \overline{N}_{Nu}/d_h)T_\infty}{(\Omega_H k_a \overline{N}_{Nu}/d_H) + c_w(\mathrm{d}m/\mathrm{d}t)_{Akk.}}. \qquad [2.51]$$

Demnach hängt die Oberflächentemperatur eines Hagelkorns hauptsächlich von der Umgebungstemperatur T_∞ und der Wachstumsrate (dm/dt) durch Akkreszenz ab. Diese ist nach Gleichung (2.43) auch eine Funktion der Fallgeschwindgkeit U_∞ der Hydrometeore und des Flüssigwassergehalts w_l. Bei entsprechenden Bedingungen kann also $T_s \approx 0°C$ sein, auch wenn die Umgebungstemperatur sehr niedrig ist. Der Trennbereich zwischen trockenem und feuchtem Wachstum, der als Schumann-Ludlam Limit (SLL) bezeichnet wird, ist entsprechend abhängig von diesen Faktoren (Lesins und List, 1986). In Abbildung 2.13 ist er für ein geringfügig rotierendes Hagelkorn eingezeichnet. Dabei zeigt sich bei abnehmenden Temperaturen ein Verlauf zu größeren Werten von w_l hin. Trockenes Wachstum ist also entweder bei sehr niedrigen Temperaturen oder bei sehr geringen Werten des Flüssigwassergehalts möglich. Ebenfalls in Abbildung 2.13 dargestellt sind die Bereiche für einen porösen Ansatz (engl. spongy) der Eisanlagerung und für ein komplett feuchtes Wachstum (engl. shedding), wie sie beispielsweise auch durch Rasmussen und Heymsfield (1987) untersucht wurden. In hochreichenden konvektiven Wolken gibt es verschiedene Bereiche mit unterschiedlichen Umgebungsbedingungen (Abb. 2.13). Aufgrund der starken Strömungen, der Turbulenz und der Massenzunahme während der

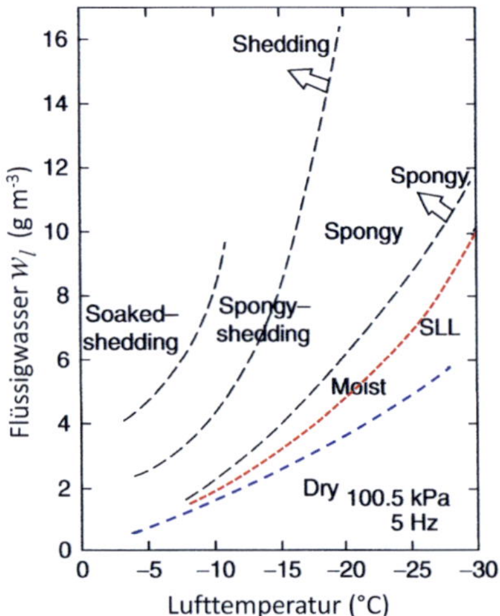

Abb. 2.13: Unterschiedliche Wachstumsregime von Hagel in Abhängigkeit von der Umgebungstemperatur T_∞ und dem Flüssigwassergehalt w_l. Der Trennbereich zwischen trockenem (engl. spongy) und feuchtem (engl. shedding) Wachstum ist das Schumann-Ludlam-Limit (SLL, rote Linie). Zusätzlich sind verschiedene Konfigurationen von Hagelkörnern mit Flüssigwasser auf der Oberfläche eingezeichnet (Lesins und List, 1986).

Wachstumsphase erfährt das Hagelkorn ständig wechselnde Wachstumsbedingungen. Diese Änderung des Wachstumsregimes und der Wechsel zwischen trockenem und feuchten Wachstum führen zu dem häufig beobachteten schichtförmigen Aufbau der Hagelteilchen (Browning, 1966). Verschiedene Untersuchungen zum Wachstum von Hagel bei unterschiedlichen Umgebungsbedingungen findet man beispielsweise bei Farley et al. (2004), Wieringa und Hollemann (2006), Noppel et al. (2010) und Fan et al. (2012).

2.3.3 Entstehung von Hagel in verschiedenen Gewittersystemen

Die im Abschnitt 2.3.2 vorgestellten Bedingungen zu Entstehung von großem Hagel sind hauptsächlich in größeren Gewitterkomplexen gegeben. Bei solchen Bedingungen

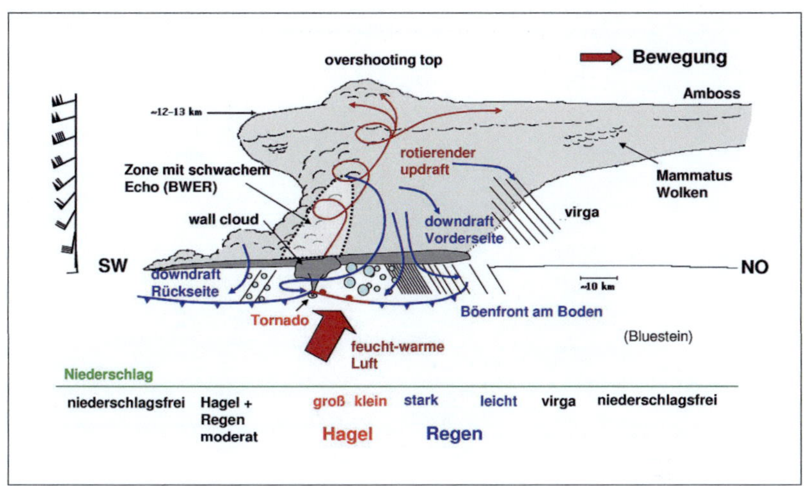

Abb. 2.14: Schematischer Vertikalschnitt durch eine Superzelle nach Bluestein und Parks (1983) aus Kunz (2012).

ist außerdem eine eine hohe Verweildauer des Hagelkorns in den für das Wachstum relevanten Bereichen der Wolke notwendig.

Am häufigsten tritt Hagel in Verbindung mit Superzellen auf. Die hohe Verweildauer ist vor allem durch den rotierenden Aufwindbereich in der Wolke gegeben. Ein Hagelkorn kann sich auf dieser spiralförmigen Bahn langsam nach oben bewegen, wobei sich dabei effektiv große Mengen von Flüssigwasser anlagern können. Dadurch entstehen Hagelkörner mit sehr großen Durchmessern. Rückseitig und oberhalb des Aufwinds herrscht eine hohe Konzentration an Hagelembryos vor. Im mittleren Bereich des Aufwinds befindet sich eine hohe Konzentration unterkühlter Wassertröpfchen. In den Grenzbereichen trifft also eine hohe Konzentration von Hagelembryos auf viele unterkühlte Wassertröpfchen, so dass Akkreszenz ein schnelles Wachstum der Hagelkörner ermöglicht. Aufgrund der in Superzellen auftretenden vertikalen Windscherung werden die Hagelkörner auf die Vorderseite des Aufwindgebiets transportiert, wo sie zu Boden fallen, wenn ihr Gewicht nicht mehr durch den Aufwind gehalten werden kann (Browning und Foote, 1976).

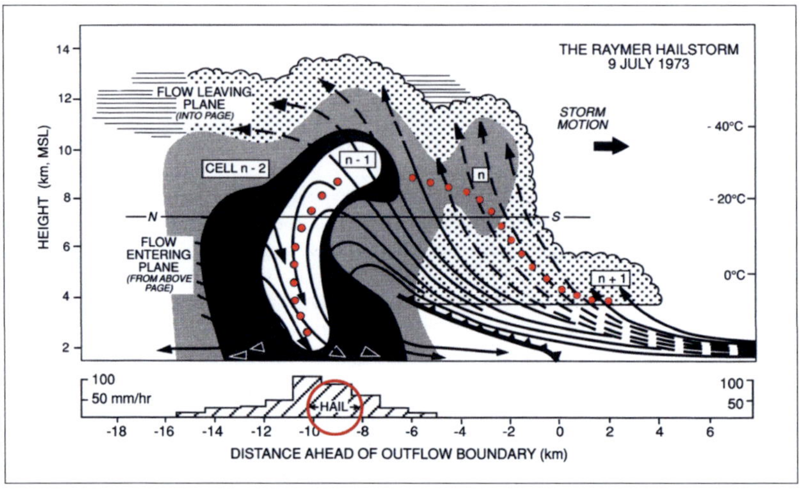

Abb. 2.15: Hagelwachstum in einer Multizelle. Die rote Linie markiert die mögliche Trajektorie eines Hagelkorns, das durch die verschiedenen Zellen in unterschiedlichen Entwicklungsstadien (n+1, n, n-1) transportiert wird (Browning, 1976).

Gemäß der Modellvorstellung nach Bluestein und Parks (1983) ergibt sich für eine Superzelle eine typische Niederschlagverteilung, wie sie in Abbildung 2.14 gezeigt wird. Dabei treten die größten Hagelkörner auf der Vorderseite des Auswindbereichs auf.

Häufig tritt Hagel auch in Verbindung mit Multizellen-Gewittern auf, die aus mehreren Einzelzellen in verschiedenen Entwicklungsstadien bestehen. Gemäß einer einfachen Modellvorstellung nach Browning (1976) werden Hagelkörner durch die verschiedenen Zellen transportiert und wachsen dabei immer weiter an (Abb. 2.15). Wenn das Gewicht der Hagelkörner durch den Aufwind nicht mehr getragen werden kann, fallen sie schließlich im Bereich der voll ausgebildeten Zelle zu Boden. Der Bereich des Hagelniederschlags ist hierbei räumlich kleiner als bei einer Superzelle. Die Trajektorien wachsender Hagelkörner in Hagelgewittern sind beispielsweise ebenfalls in Grenier et al. (1983) und Heymsfield et al. (1980) beschrieben.

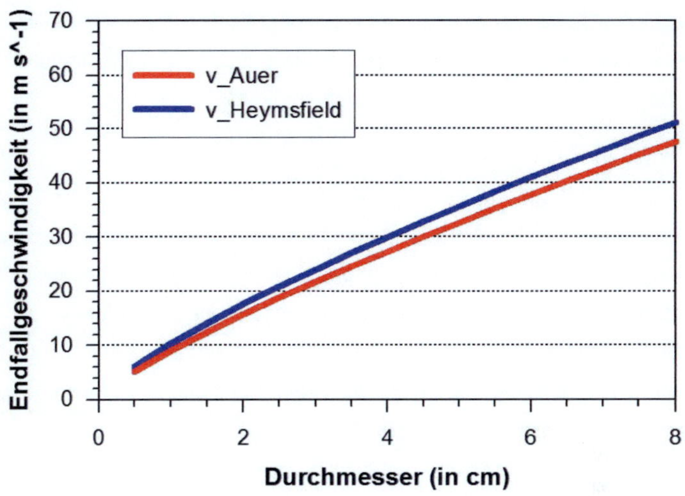

Abb. 2.16: Fallgeschwindigkeit eines Hagelkorns (in m s^{-1}) in Abhängigkeit von seinem Durchmesser (in cm) nach Auer (1972, rot) und nach Heymsfield et al. (1980, blau).

2.3.4 Fallgeschwindigkeit von Hagelkörnern

Ein fallendes Hagelkorn erreicht eine bestimmte Endfallgeschwindigkeit U_∞, die aus dem Gleichgewicht zwischen Auftriebs-, Reibungs- und Gravitationskräften resultiert. Die Fallgeschwindigkeit U_∞ von Hagelkörnern ist von mehreren Faktoren abhängig. Die Größe des Partikels, der Bereifungsgrad der Oberfläche und die Form spielen hierbei eine Rolle. Bei der Form wird zwischen kegelförmigen und sphärischen Hagelkörnern unterschieden, wobei die letztgenannten deutlich häufiger vorkommen (Matson und Huggins, 1980). Allerdings ist die Differenz der Vertikalgeschwindigkeiten zwischen beiden Hauptformen gering (Knight und Knight, 1970).

Normale Schneeflocken und nur leicht bereifte Eiskristalle weisen Sinkgeschwindigkeiten von 0,3 bis 1,5 m s^{-1} auf. Graupel fällt mit Vertikalgeschwindigkeiten zwischen 1 und 3 m s^{-1} bei einem durchschnittlichen Durchmesser von 1 bis 3 mm (Rauber et al., 1999). Die Fallgeschwindigkeiten von Hagel sind deutlich größer als die von Schnee oder Graupel. Es gibt verschiedene Ansätze zur Beschreibung der Fallgeschwindigkeit U_∞ von Hagelkörnern. Nach Matson und Huggins (1980) ergibt sich für das Gleichgewicht zwischen Schwerkraft und Luftwiderstandskraft (Stokessche Reibung) eines Hagelkorns mit dem Querschnitt A und dem Widerstandsbeiwert C_d, der unter anderem vom Bereifungsgrad abhängt die Endfallgeschwindigkeit

$$U_\infty = \left(\frac{2mg}{\rho_a A C_d} \right)^{0,5}, \qquad [2.52]$$

wobei m die Masse des Partikels und ρ_a die Luftdichte sind. Aufgrund der unterschiedlichen Oberflächenstrukur und der unregelmäßigen Gestalt der Hagelkörner kann der Widerstandsbeiwert C_d, der eine Funktion von Gestalt und Reynoldszahl Re ist, nicht genau bestimmt werden (Macklin und Ludlam, 1960). Deshalb wird U_∞ häufig mit Hilfe verschiedener empirischer Ansätze genähert. Unter Annahme eines Luftdrucks von 800 hPa und einer Temperatur von $0°C$ ergibt sich beispielsweise nach den Messungen von Auer (1972) für die Fallgeschwindigkeit in Abhängigkeit vom Durchmesser D (in cm) folgende Näherung:

$$U_\infty \approx 9 \left(\frac{D}{cm} \right)^{0,8} m\, s^{-1}. \qquad [2.53]$$

Gleichung (2.53) wurde empirisch bestimmt für Hagelkörner mit einem Durchmesser bis 8 cm. Als Fallgeschwindigkeit ergeben sich somit Werte zwischen 5 und 48 m s^{-1} (siehe Abb. 2.16).

Eine weitere Abschätzung der Fallgeschwindigkeit eines Hagelkorns mit dem Durchmesser D (in cm) nach Heymsfield et al. (1980) geht von einem Luftdruck von 350 hPa aus:

$$U_\infty \approx 10,3 \left(\frac{D}{cm} \right)^{0,77} m\, s^{-1}. \qquad [2.54]$$

Für diese Beziehung ergeben sich im betrachteten Bereich mit Durchmessern bis 8 cm Fallgeschwindigkeiten zwischen 6 und 51 m s^{-1}. Dabei zeigt sich in Abbildung 2.16 für beide Ansätze ein ähnlicher Verlauf. Die Abschätzung nach Heymsfield et al. (1980) zeigt geringfügig höhere Fallgeschwindigkeiten besonders im Bereich großer Durchmesser. Ansätze, die unter anderem eine Abhängigkeit der Fallgeschwindigkeit von der Höhe berücksichtigen, sind beispielsweise schon durch Bilham und Relf (1937) untersucht worden. Jedoch liefern diese aus heutiger Sicht keine plausiblen Ergebnisse.

Die kinetische Energie eines fallenden Hagelkorns steigt mit seiner Fallgeschwindigkeit U_∞ quadratisch und mit seinem Durchmesser D kubisch an:

$$E_{kin} = \frac{\pi}{12}\, \rho\, U_\infty^2 D^3. \qquad [2.55]$$

Dementsprechend verändert sich auch die Schadenwirkung von Hagel mit diesen Faktoren. Zusätzlich zur reinen Vertikalgeschwindigkeit hat auch die horizontale Komponente der Bewegung des Hagelkorns erhebliche Auswirkungen auf das Schadenpotential (Changnon, 1977). Bei starkem Horizontalwind, wie er häufig im Zusammenhang mit Gewittern auftritt, kann diese Horizontalkomponente zu einem erheblich größeren Impuls der Hagelkörner und daher zu deutlich höheren Schäden, besonders an Fassaden oder Fenstern von Gebäuden, führen.

Die Ableitung der kinetischen Energie eines Hagelkorns aus Radardaten erfolgte erstmals durch Waldvogel et al. (1978). Dabei wurden Daten aus Hageldetektoren (Hagelplatten) in Kombination mit der Radarreflektivität verwendet. Um die kinetische Energie direkt aus den Radardaten zu berechnen, wurde die Radarreflektivität Z (in $mm^6\ m^{-3}$) mit den Aufschlagssignaturen auf den Hagelplatten verglichen und die hagelkinetische Energie als empirische Größe bestimmt:

$$\dot{E} = 5 \cdot 10^{-6} \left(\frac{Z}{mm^6\ m^{-3}} \right)^{0,84} \cdot J\, m^2\, s^{-1}. \qquad [2.56]$$

Die gesamte hagelkinetische Energie erhält man durch zeitliche Integration über die Dauer des Ereignisses. Für die Bestimmung der Gleichung (2.56) von Waldvogel et al. (1978) wurden jedoch lediglich sechs Hagelereignisse betrachtet.

2.3.5 Charakteristik von Hagelereignissen

Das Auftreten von Hagel kann im Laufe der Entwicklung eines Gewitters große Variabilitäten aufweisen. Durch die Verlagerung eines hagelproduzierenden Gewittersystems entstehen teilweise chrakteristische Hagelmuster. Diese betroffenen Gebiete werden gemäß Changnon (1970) als Hagelzug bezeichnet. Entlang dieses zusammenhängenden Gebietes tritt durch eine konvektive Zelle kontinuierlich Hagel auf. Da bei hagelrelevanten Wetterlagen häufig mehrere Hagelzüge innerhalb einer Region auftreten, werden diese als Hagelstrich bezeichnet. Dabei ist der Abstand der einzelnen Hagelzüge geringer als

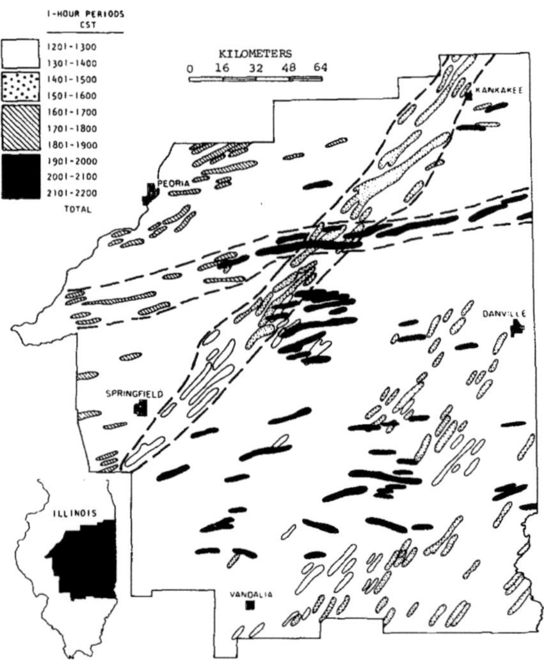

Abb. 2.17: Hagelzüge (Linien) und Hagelstriche (gestrichelt) während einer 10 stündigen Gewitterperiode in Illinois, USA nach Changnon (1977).

30 km und die zeitliche Differenz zwischen den Ereignissen beträgt maximal 12 Stunden. Meist findet man linienförmige Hagelzüge, bei denen die einzelnen Zugrichtungen nur wenig voneinander abweichen. Allerdings sind auch vielfältige Muster erkennbar, die einen Hagelstrich verursachen. Eine Studie von Changnon (1977) stellt die Variabilität einzelner Hagelzüge anhand einer Fallstudie dar (Abb. 2.17). Dabei zeigen sich mehrere Hagelzüge, die im Zusammenhang mit einem Gewitter auftraten. So wird beispielsweise in Changnon (1970) ein Gewitterkomplex untersucht, der innerhalb von 2,5 Stunden 5 Hagelzüge verursacht hat. Jedoch schwankt diese bei Betrachtung verschiedener Einzelfälle beträchtlich. Wie in Abschnitt 2.1.3 beschrieben, kann sich auch die Orografie auf die Intensität und damit auf die Erscheinungsform der Hagelzüge eines Gewitters auswirken.

Die räumlichen Ausmaße von Hagelstrichen sind maßgeblich von der Organisationsform der Gewittersysteme abhängig. Während eine Einzelzelle meist gar keine, aber in Einzelfällen schwache und räumlich stark begrenzte Hagelstriche verursacht, können bei Superzellen sehr lange und breite Hagelstriche auftreten (Nelson und Young, 1979). In Deepen (2006) erfolgte eine Untersuchung von Hagelgewittern in Baden-Württemberg und Bayern. Daraus ergab sich eine durchschnittliche Länge eines Hagelzugs von 82 km ($\pm$58 km) mit einer mittleren Breite von 6 km ($\pm$4 km). Die großen Werte der Standardabweichung lassen jedoch auf eine sehr hohe Variabilität schließen. Der längste in Deutschland aufgetretene Hagelzug in den letzten Jahren mit einer Länge von 480 km trat am 26. Mai 2009 in Süddeutschland auf (Kunz et al., 2011). Dabei überquerte ein Gewittersystem, das schon in der Schweiz große Hagelschäden verursacht hatte, Süddeutschland vom Bodensee bis zum Bayerischen Wald (siehe auch Kapitel 5.1). Dieses Ereignis wies enorme Ähnlichkeiten mit dem bekannten Münchner Hagelunwetter im Jahr 1984 auf (Kurz, 1986).

Die räumliche Verteilung von Hagelgewittern wurde bereits für viele Länder mit verschiedenen Methoden untersucht. Es gibt zahlreiche Studien über Hagelklimatologien für Länder außerhalb Europas, beispielsweise für Teile der USA (Changnon, 1984), Südafrika (Kolb, 1973), Kenia (Dye und Breed, 1979), China (Zhang und Zhang, 2008) und Australien (McMaster, 2001; Niall und Walsh, 2005). Diese Studien basieren zum großen Teil auf direkten Beobachtungen von Hagelereignissen und gehen teilweise viele Jahre zurück.

Auch in Europa gibt es einige Untersuchungen und klimatologische Betrachtungen von Hagelereignissen. Im Norden Italiens, in Teilen Frankreichs und Kroatiens werden große Netzwerke von Hageldetektoren (engl. hailpads) betrieben, mit denen das Auftreten von Hagel sowie die Korngröße und die Anzahl der Hagelkörner registriert werden. Aus diesen Daten wurde beispielsweise für Kroatien eine Hagelklimatologie erstellt, die sowohl die räumliche Verteilung, als auch das jahres- und tageszeitliche Auftreten von Hagelgewittern umfasst (Pocakal, 2003; Pocakal et al., 2009). Aus Daten von über 500 Hageldetektoren zeigt sich beispielweise der Juni als der Monat mit den meisten Hagelereignissen in den Jahren von 1981 bis 2006 (Abb. 2.18). Am häufigsten wird Hagel dort nachmittags zwischen 14 und 19 Uhr Ortszeit beobachtet, auch die meisten Schäden

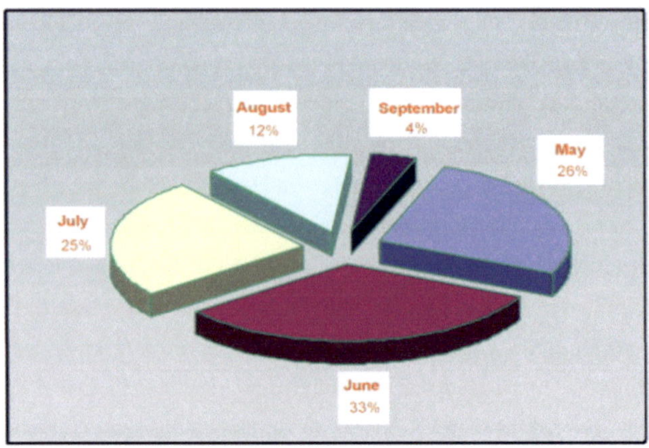

Abb. 2.18: Monatliche Verteilung der Hageltage im Landesinneren von Kroatien von 1981 bis 2006 (Pocakal et al., 2009) aus Hageldetektoren.

in der Landwirtschaft sind diesem Zeitraum zuzuordnen (Abb. 2.19). In Pocakal et al. (2009) wird auch auf der Einfluss der Orografie auf die Häufigkeit von Hagelgewittern untersucht.

Mehrere Studien liegen auch für Norditalien (Morgan, 1873; Giaiotti et al., 2003), Frankreich (Dessens, 1986; Vinet, 2001), Griechenland (Kotinis-Zambakas, 1998; Foris et al., 2006; Sioutas et al., 2009), Bulgarien (Simeonov, 1996), Moldavien (Potapov et al., 2007) und Finnland (Tuovinen et al., 2009) vor. Die letztgenannte Untersuchung reicht bis in Jahr 1931 zurück und basiert auf Landwirtschaftsschäden, Zeitungsmeldungen, Beobachtungsdaten von Wetterstationen und freiwilligen Beobachtern, Versicherungsdaten und aus anderen historischen Aufzeichnungen. Dabei zeigt sich ebenfalls am späten Nachmittag ein Maximum der Hagelaktivität. Die meisten Hageltage in Finnland treten in der zweiten Julihälfte auf. Die Verteilung der Korngrößen aus dieser Studie zeigt eine deutliche Häufung von Korngröße zwischen 2 und 3 cm, jedoch sind in seltenen Fällen auch Korngrößen bis 8 cm Durchmesser aufgetreten (Abb. 2.20).

Die Hagelgefährdung für weite Teile Mitteleuropas wurde durch die SwissRe (Zimmerli, 2005) untersucht. Dabei wurden Versicherungsdaten und das Hagelschadenmodell HailCalc (RMS, www.rms.com) als Grundlagen verwendet. HailCalc basiert auf Europa-Komposit-Radardaten und daraus stochastisch modellierten Zugbahnen. Abbildung 2.21

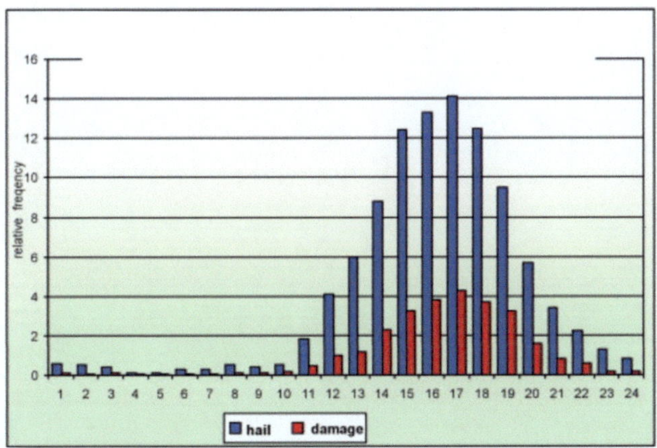

Abb. 2.19: Verteilung der Hagelereignisse im Tagesverlauf aus Hageldetektoren (blau) und Landwirtschaftsschäden (rot) nach Pocakal et al. (2009).

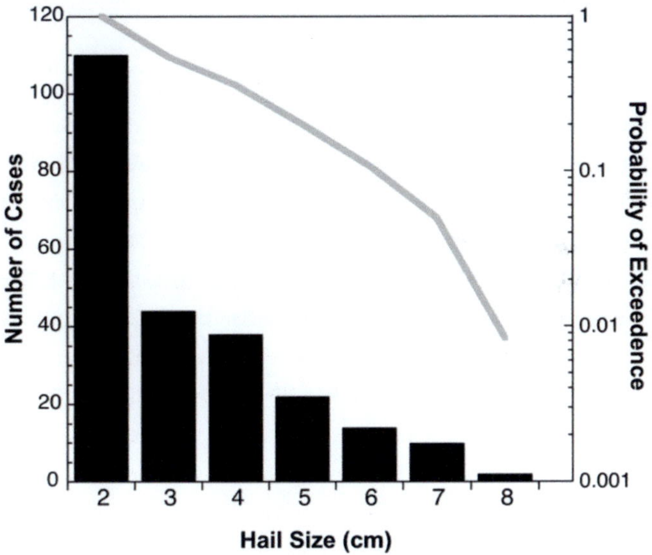

Abb. 2.20: Hagelkorngrößenverteilung in Finnland 1930-2006 (schwarze Balken) und Auftretens-
wahrscheinlichkeit (graue Linie) nach Tuovinen et al. (2009).

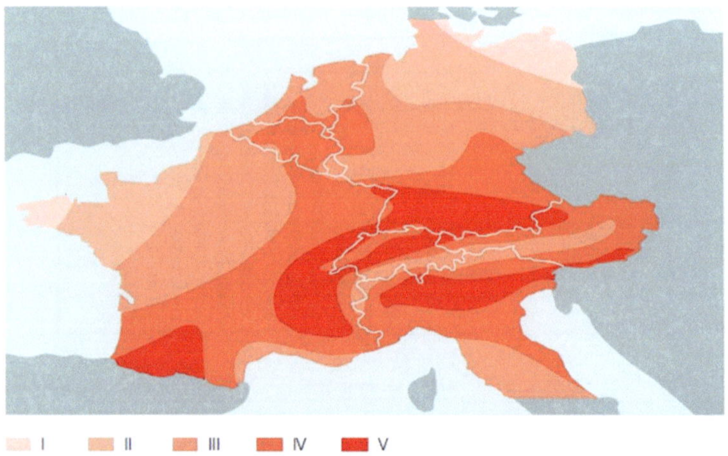

Abb. 2.21: Hagelgefährdung in Mitteleuropa von Stufe I (geringe Gefährung) bis Stufe V (hohe
Gefährdung) nach Zimmerli (2005).

zeigt verschiedene Gefährdungsklassen der Hagelgefährung in Mitteleuropa. Dabei ist eine erhöhte Hagelgefährdung an den Nord- und Südrändern der Alpen, in Süddeutschland
und im Südwesten Frankreichs zu erkennen. Die geringste Hagelgefährung zeigt sich
im Nordwesten Frankreichs und im Nordosten Deutschlands. Die räumliche Auflösung
dieser Untersuchung ist jedoch relativ gering, so dass kleinräumige Effekte, wie sie
beispielsweise durch die Orografie verursacht werden können, nicht zu erkennen sind.
Auch wurden bei der Erstellung des Modells nur relativ wenige Ereignisse berücksichtigt,
die mit mathematischen Methoden vervielfältigt wurden. Deshalb ist die Unsicherheit
der Ergebnisse hoch.

Eine Untersuchung von Changnon (1984) zeigt für die USA in einer über 80 jährigen
Periode eine deutliche zeitliche Variabilität im Auftreten von Hagelschwerpunkten. Es
gibt demnach im mittleren Westen der USA einige Regionen mit permanent hoher Hagelaktivität, während manche Hagelschwerpunkte nur in kurzen Perioden von 5 bis 10
Jahren aufgetreten sind. Ein Grund dafür wird nicht angegeben.

Für Deutschland gibt es bislang keine derartige Untersuchung, die in hoher räumlicher
Auflösung das Auftreten von Hagelgewittern erfasst.

2.4 Grundlagen der Radarmeteorologie

Dieser Abschnitt beschreibt die generelle Funktionsweise eines Niederschlagsradars.
Darüber hinaus werden die Gleichungen erläutert, mit denen die gemessenen Werte in
verwertbare Größe wie etwa Niederschlagsintensität umgerechnet werden können und
eine Beschreibung der häufigsten Fehler und Störeffekte, die bei einer Niederschlagsmessung mittels Radar auftreten. Außerdem werden verschiedene Vefahren zur Detektion
von Hagel aus Radardaten vorgestellt.

2.4.1 Funktionsweise eines Radars

Das Prinzip des Niederschlagsradars beruht auf der Rückstreuung elektromagnetischer
Strahlung an atmosphärischen Streuelementen wie Regentropfen, Schneeflocken oder
Hagelkörnern. Dafür wird bei gepulsten Radaren elektromagnetische Strahlung mit einer
Wellenlänge von etwa 1 bis 10 cm in Form sehr kurzer, energiereicher Pulse von einer
gerichteten Parabolantenne ausgestrahlt. Wird ein Teilchen in der Atmosphäre von dieser
Strahlung getroffen, wird sie in alle Richtungen gestreut. Ein Teil der Strahlung wird daher
auch zum Radar zurückgestreut und dort wieder empfangen. Aus der Laufzeit des Radarsignals zwischen Ausstrahlung und Empfang kann der Abstand zwischen Streukörper
und Radar bestimmt werden. Die Intensität des zurückgestreuten Signals, die Radarreflektivität, gibt Rückschlüsse über die Art und Intensität des Niederschlags (Sauvageot, 1992).

Dopplerfähige Radargeräte können auch die Phasenverschiebung bewegter Streukörper
messen, woraus die Strömungsverhältnisse in der Atmosphäre berechnet werden können.
Allerdings liefert dieses Signal bei einzelnen Radaren nur die Windkomponente in
radialer Richtung und kein echtes zweidimensionales Windfeld. Dieses kann aus der
Kombination mehrerer Radargeräte bestimmt werden (Dual-Doppler). Immer häufiger
werden Radaranlagen eingesetzt, die die Polarisationsrichtung der Strahlung messen
können. Damit ergibt sich eine zusätzliche Information über den Aggregatzustand der
Hydrometeore. Die eindeutige Detektion von Hagel ist aber auch mit Polarisationsradaren
nicht möglich.

2.4.2 Die Radarreflektivität

Die Radarreflektivität ist ein Maß für den Rückstreuquerschnitt der Streukörper, die mit dem Radar detektiert werden können. Sie ist proportional zur Energie, die von sämtlichen Streuteilchen im Radarstrahl zur Antenne zurückgestreut wird. Die von der Antenne empfangene Energie hängt von vielen Faktoren ab, unter anderem von der Entfernung zum Radar, der Wellenlänge, der Antennenform und der ausgesendeten Energie. Für meteorologische Zwecke wird die Radarreflektivität in Abhängigkeit von den Eigenschaften der Streukörper und der Dämpfung bestimmt.

Den Zusammenhang zwischen der Radarreflektivität und den spezifischen Radarparametern liefert die Radargleichung. Sie beschreibt den Zusammenhang zwischen der vom Radar abgestrahlten Leistung P_t und der wieder empfangenen Leistung P_r. Nach Sauvageot (1992) lautet die Radargleichung:

$$P_r = \frac{P_t G^2 \lambda^2 L^2}{(4\pi)^3} \frac{c\tau}{2} \frac{\eta}{r^2} \int_\Omega f^4(\theta, \Phi) d\Omega. \qquad [2.57]$$

G ist hierbei der Antennengewinn, der das Verhältnis der Strahlungsintensität durch die Bündelung der Antenne relativ zur isotropen Abstrahlung angibt, λ ist die Wellenlänge der Radarstrahlung, $1 - L$ ist der auf einfachem Weg zwischen Antenne und den Streuteilchen durch Extinktion (Dämpfung) verlorengegangene Anteil der Strahlung, r die Entfernung der Streuer vom Radar, c die Lichtgeschwindigkeit, τ die Pulsdauer und η die Radarreflektivität, die später in Gleichung (2.62) beschrieben ist. Die Variable $f(\theta, \Phi)$ ist die antennenspezifische Intensitätsverteilung unter dem Azimuthwinkel θ und dem Elevationswinkel Φ, wobei diese beiden Werte für Parabolantennen gleich sind. Die Integration erfolgt über den Raumwinkel Ω des Pulsvolumens, wobei eine homogene Verteilung der Streuteilchen angenommen wird. Mit der Radargleichung kann die Reflektivität η für beliebige Streuer in einem Volumen berechnet werden.

Da bei üblichen Niederschlagsradargeräten die Streuer wesentlich kleiner als die Wellenlänge der Radarstrahlung (C-Band-Radar $\approx$ 5 cm) sind, kann der Rückstreuquerschnitt einzelner kleiner Streuer, wie Regentropfen, mit der Rayleigh-Näherung berechnet werden.

Für Hagel bringt diese Rayleigh-Näherung aufgrund des großen Durchmessers der Streukörper jedoch erhebliche Ungenauigkeiten mit sich. Eine genaueres Verfahren für große Streukörper wie Hagel ist die Verwendung der Mie-Beziehungen (Mie, 1908) als exakte Lösung der Maxwell-Gleichungen. Diese werden beispielsweise in Atlas (1964), Battan et al. (1970) und Eccles (1976) diskutiert. Durch den relativ großen Durchmesser der Streukörper im Vergleich zur Wellenlänge muss hierbei der Winkel zwischen der einfallenden und der zurückgestreuten Strahlung und die Form des Streukörpers berücksichtigt werden. Da diese Informationen bei meteorologischen Radarbeobachtungen nicht vorliegen, wird für diese Arbeiten die Rayleigh-Näherung verwendet. Ein empirische Näherung für den Unterschied zwischen Mie- und Rayleigh-Streuung bei großen Streukörpern wurde beispielsweise in Smith et al. (1975) entwickelt und durch Waldvogel et al. (1978) getestet. Diese ist jedoch auf einige wenige Fälle angepasst und wird deshalb hier nicht verwendet.

Für den differentiellen Rückstreuquerschnitt σ ergibt sich nach der Rayleigh Approximation (Sauvageot, 1992):

$$\sigma(D) = \frac{\pi^5}{\lambda^4} \, |K|^2 \, D^6. \qquad [2.58]$$

$|K|$ ist hierbei der Dielektrizitätsfaktor

$$K = \frac{(m^2 - 1)}{(m^2 + 2)}. \qquad [2.59]$$

mit dem komplexen Brechungsindex m. Der Rückstreuquerschnitt σ hängt außerdem von der Größe (Durchmesser D) und Form des Streuers ab, $|K|$ ist von der Temperatur und vom Aggregatzustand abhängig. Für Flüssigwasser ergeben sich Werte zwischen 0,91 und 0,93, für Eis beträgt der Wert 0,197 (Sauvageot, 1992).

Betrachtet man ein Ensemble aus vielen Hydrometeoren mit einer spektralen Anzahldichteverteilung $n(D)dD$, ergibt sich für das gesamte Volumen eine Gesamtanzahldichte von:

$$N_T = \int\limits_0^\infty n(D)\,dD. \qquad [2.60]$$

Die Radarreflektivität η ergibt sich aus der Summe der Rückstreuquerschnitte σ der individuellen Hydrometeore im Einheitsvolumen:

$$\eta = \int_0^{\infty} \sigma(D)\, n(D)\, dD. \qquad [2.61]$$

Unter Annahme der Rayleigh Approximation für kleine Partikel folgt mit Gleichung (2.58):

$$\eta = \frac{\pi^5}{\lambda^4}\, |K|^2 \int_0^{\infty} D^6\, n(D)\, dD = \frac{\pi^5}{\lambda^4}\, |K|^2\, Z \qquad [2.62]$$

mit dem Radarreflektivitätsfaktor Z

$$Z = \int_0^{\infty} n(D) D^6\, dD. \qquad [2.63]$$

Der Radarreflektivitätsfaktor ist also stark abhängig vom Durchmesser D des Streukörpers. Die Einheit von Z ist hierbei $mm^6\ m^{-3}$. Die Angabe erfolgt auch oft in der logarithmischen Einheit dBZ:

$$Z(dBZ) = 10\log\left[Z(mm^6 m^{-3})\right].$$

Für die Radarreflektivität Z ergibt sich beispielsweise für leichten Regen ein Reflektivitätsfaktor von $1\ mm^6\ m^{-3}$, was einem Wert von 0 dBZ entspricht. Für mäßigen Regen erhält man Werte um $Z=10^3\ mm^6\ m^{-3}$ (=30 dBZ), für extremen Regen oder Hagel ergibt sich $Z=10^6\ mm^6\ m^{-3}$ oder 60 dBZ (Sauvageot, 1992).

2.4.3 Die Z-R Beziehung

Für meteorologische Betrachtungen ist oft nicht die Reflektivität von Interesse, sondern die Niederschlagsrate R. Diese ist nach Sauvageot (1992) definiert als

$$R = \frac{\pi}{6} \int_0^{\infty} D^3 U_{\infty}(D) n(D) dD, \qquad [2.64]$$

wobei $U_{\infty}(D)$ die Endfallgeschwindigkeit eines Niederschlagspartikels des Durchmessers D ist. Zur Berechnung der Niederschlagsrate R aus der Reflektivität Z muss neben der Fallgeschwindigkeit auch die Tropfengrößenverteilung $n(D)$ bekannt sein. Messungen von Tropfenspektren haben nach Marshall und Palmer (1948) eine Verteilung ergeben, die der Funktion

$$n(D) = N_0 e^{-\Lambda D} \qquad [2.65]$$

entspricht. Der Parameter $\Lambda = aR^b$ besitzt dabei eine Abhängigkeit von der gemessenen Niederschlagsrate R. Somit müssen zur Bestimmung der Niederschlagsrate die Parameter a, b und N_0 gefunden werden. Messungen durch Marshall und Palmer (1948) ergaben folgende Werte:

$$N_0 = 8000 \text{ mm}^{-1} \text{ m}^{-3} \text{ und } \Lambda = 4{,}1 \text{ mm}^{-1} \ (R/\text{mm h}^{-1})^{-0{,}21}$$

Nach Einsetzen der Werte ergibt sich damit eine sogenannte Z-R-Beziehung:

$$Z \ (\text{mm}^6 \text{ m}^{-3}) = 296 \, R^{1{,}47}. \qquad [2.66]$$

Angepasst auf stratiforme Niederschlagsereignisse ergibt sich nach Marshall und Palmer (1948):

$$Z = 200 \, R^{1{,}6}. \qquad [2.67]$$

Für konvektive Niederschlagsereignisse wird häufig die Beziehung von Sekhon und Srivastava (1971) verwendet:

$$Z = 300 \, R^{1{,}35} \qquad [2.68]$$

Da Schneeflocken durch einen um fast eine Größenordnung niedrigeren Dielektrizitätsfaktor und durch die Kristallstruktur wesentlich mehr Radarstrahlung absorbieren als Wassertropfen, wird die Z-R-Beziehung hierfür folgendermaßen angegeben (Sekhon und Srivastava, 1970; Smith, 1984):

$$Z = 1780 \, R^{2{,}21} \qquad [2.69]$$

Bei allen Gleichungen ist Z in $\text{mm}^6 \text{ m}^{-3}$ und R in mm h^{-1} angegeben. In Gleichung (2.69) ist R die dem Schnee äquivalente Regenmenge.

2.4.4 Fehler bei der Niederschlagsmessung mit Radar

Das Messverfahren des Radars und seine technische Umsetzung haben einige Ungenauigkeiten und Fehler zur Folge. Durch die in Abbildung 2.22 dargestellte Aufweitung des Radarstrahls mit zunehmendem Abstand r zum Radar ist das Messvolumen nicht

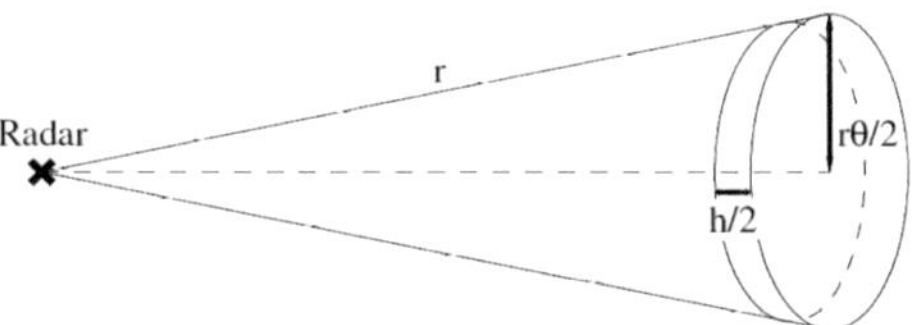

Abb. 2.22: Vereinfachte Skizze einer kreissymmetrischen Radarhauptkeule mit der Keulenbreite θ und dem Messvolumen mit der Tiefe h/2 und dem Radius $r\theta/2$ im Abstand r vom Radar (Bertram, 2005).

konstant. Die räumliche Auflösung nimmt daher mit zunehmendem Abstand vom Radar ab. Ebenso ist die Leistung des Radars innerhalb des Messvolumens nicht konstant. Zu den Rändern hin wird sie näherungsweise gemäß einer Gauß´schen Glockenkurve kleiner. Desweiteren nimmt die niedrigste Höhe, die abgetastet wird, mit zunehmendem Abstand vom Radar zu. Daher können kleinere konvektive Zellen, die sich in größerem Abstand zum Radar befinden, teilweise nicht mehr vollständig erfasst werden. Auch können in großen Entfernungen bodennah auftretende starke Echos, wie sie beispielsweise durch schadenrelevanten Hagel verursacht werden, nicht hinreichend detektiert werden.
Bei der Niederschlagsbeobachtung mit dem Radar ergeben sich eine Reihe von weiteren Effekten, die zu Fehlinterpretationen der Radardaten führen können (Hannesen, 1998).

Bodenechos

Bodenechos (engl. ground clutter) treten auf, wenn der Radarstrahl auf feste Hindernisse wie Gebäude oder Gebirgszüge trifft. Sie treten bei niedrigen Elevationen häufig auf. Zur Korrektur dieser Effekte kann beispielsweise eine Karte mit den Stördaten erstellt werden. Dabei werden dann die durch die Bodenechos verursachten Reflektivitäten von den Reflektivitäten der Niederschläge abgezogen. Ein besseres Verfahren ist jedoch die Verwendung eines Dopplerfilters. Damit kann durch die Berücksichtigung des Doppler-Effekts die radiale Geschwindigkeit eines Zielobjektes bestimmt werden. Bei Verwendung des Dopplerfilters werden alle Echos, die keine radiale Geschwindigkeit aufweisen, unterdrückt (Sauvageot, 1992).

Anomale Strahlausbreitung

Eine weitere Art von Bodenechos, sogenannte Anaprop Echos (engl. anomal propagation echos), entstehen, wenn der Radarstrahl an einer bodennahen Inversion stärker als üblich gebrochen wird. Dabei werden Bodenechos von Hindernissen verursacht, die normalerweise nicht vom Radarstrahl erreicht werden. Die Strahlausbreitung in der Atmosphäre ist vom Brechungsindex m abhängig. Dieser hängt hauptsächlich vom Luftdruck, der Temperatur und der Luftfeuchtigkeit ab (Neuper, 2012). Diese Einflüsse bedingen eine mehr oder weniger starke Krümmung der Radarstrahlen. Bei einer stark ausgeprägten Inversion wird der Radarstrahl mehr als normal in Richtung Boden gekrümmt. Übertrifft diese Krümmung den Erdradius, trifft der Radarstrahl in einiger Entfernung vom Radar auf den Boden und erzeugt so ein Echo. Auch dieser Effekt kann nach Sauvageot (1992) mit einem Dopplerfilter herausgefiltert werden.

Das "Helle Band"

In der Schmelzzone, wo feste Niederschläge wie Schnee oder Graupel in Regen übergehen, ist die Reflektivität stark erhöht. Dieser Effekt wird als 'Helles Band' (engl. bright band) bezeichnet. Diese Bezeichnung stammt noch aus der Zeit der Einfarben-Analog-Bildschirme, bei denen eine höhere Reflektivität durch ein helleres Signal angezeigt wurde. Wenn Schnee und Eisteilchen die Nullgradgrenze passieren, beginnen sie zu schmelzen. Die Oberfläche wird dabei von einem Wasserfilm umschlossen. Flüssigwasser hat aber einen wesentlich höheren Dielektrizitätsfaktor als Eis ($K_{Wasser} = 0{,}93$, $K_{Eis} = 0{,}2$, Sauvageot, 1992). Der Durchmesser der Partikel in diesem Stadium ist allerdings wesentlich größer als der von Regentropfen, so dass in Kombination mit dem veränderten Dielektrizitätsfaktor eine höhere Reflektivität folgt. Bei einem Vertikalschnitt durch die Atmosphäre erscheint die Schmelzzone dann tatsächlich als helles Band. Dieser Effekt ist bei stratiformen Niederschlägen stärker erkennbar als bei konvektiven. Üblicherweise befindet sich die Schmelzzone etwa 200 bis 500 m unterhalb der Nullgrad-Grenze, da die Eisteilchen aufgrund der für den Schmelzprozess benötigten Wärme gekühlt werden. Sind die Niederschläge bis zum Erdboden noch vollständig gefroren, gibt es kein Helles Band. In vielen Fällen bereitet es Schwierigkeiten, zwischen dem Hellen Band und einer konvektiven Zelle zu unterscheiden. Jedoch hat das Helle Band im Vergleich zu einer konvektiven Zelle ein relativ geringe vertiakle Ausdehnung. Verschiedene Arbeiten befassen sich mit der Detektion und der Korrektur dieses Effekts (z.B. Huggel et al., 1996; Sánchez-Diezma et al., 2000).

Abschattung und Dämpfung

Der Radarstrahl kann durch orografische Hindernisse teilweise oder vollständig abgeschattet werden. Die gemessenen Reflektivitäten hinter einem Berg können teilweise deutlich geringer sein als davor. Zur Korrektur dieses Effekts können die Reflektivitäten der höheren Elevationen für diese niedrigen Schichten extrapoliert werden oder es wird eine Korrektur anhand langjähriger Mittelwerte und Bodenmessungen durchgeführt (z.B. Joss und Waldvogel, 1990; Galli, 1998).

Ein weiterer Effekt ist die Dämpfung der Radarstrahlung durch starke Niederschläge. Besonders hinter konvektiven Zellen ist die Reflektivität häufig deutlich zu schwach angegeben. Eine Korrektur kann mittels einer rekursiven Korrekturformel erfolgen. Wie Blahak (2005) zeigte, ist eine Extinktionskorrektur aufgrund der hohen zeitlichen und räumlichen Variabilität der Niederschlagsgebiete, insbesondere bei konvektiven Zellen, operationell nicht möglich. Ein Dämpfunug des Radarsignals liegt ebenfalls vor, wenn ein Wasserfilm das Radom benetzt. Je höher die Niederschlagsintensität am Radarstandort selbst ist, umso größer ist die Dämpfung durch diesen Effekt.

2.4.5 Detektion von Hagel in Radardaten

Zur Detektion von Hagel aus Radardaten gibt es bereits verschiedene Ansätze. Es wird dabei versucht, aus zwei- oder dreidimensionalen (2D, 3D) Radardaten auf Hagel am Boden zu schließen. Teilweise werden für die Analyse auch andere meteorologische Daten wie die Höhe der Nullgradgrenze oder die Wolkenoberflächentemperatur verwendet. In Kugel (2012) wurden verschiedene Radarkriterien getestet und ihre Güte bestimmt. Als Referenzdaten zur Bestimmung, ob Hagel am Boden aufgetreten ist, wurden Versicherungsdaten verwendet.

Mason-Kriterium

Für das Hagelkriterium nach Mason (1971) werden 2D-Radardaten verwendet. Dabei wird in einem sogenannten MaxCappi (Maximum des Constant Altitude Plan Position Indicator) die maximale Radarreflektivität über alle Höhen auf eine Fläche projiziert. Erreicht die Radarreflektivität einen Schwellenwert von

$$Z \geq 55 \text{ dBZ} \tag{2.70}$$

kann auf Hagel geschlossen werden. Problematisch bei diesem Kriterium ist jedoch, dass dieser detektierte Hagel bis zum Erreichen des Bodens weiter geschmolzen sein kann, da keine Höheninformation über das Auftreten des Hagels genutzt wird. Außerdem kann die Reflektivität auch bei sehr großen Regentropfen erreicht werden, da sie nach Gleichung (2.63) proportional zum Durchmesser in der 6. Potenz ist.

Diese 2D-Betrachtung wurde in einigen Studien angewendet (z.B. Puskeiler, 2009; Kunz und Puskeiler, 2010; Kunz et al., 2012). Sie dient beispielsweise auch als Eingangsgröße für die Berechnung der hagelkinetischen Energie, die in Gleichung (2.56) definiert wurde (z.B. Makitov, 2007).

Waldvogel-Kriterium

Das von Waldvogel et al. (1979) entwickelt Hagelkriterium verwendet als Grundlage 3D-Radardaten und die Höhe der Nullgradgrenze. Demnach kann Hagel am Boden auftreten, wenn die Höhendifferenz zwischen einer Radarreflektivität von 45 dBZ und der Nullgradgrenze mindestens 1,4 km beträgt:

$$H_{45\text{ dBZ}} - H_{0°C} \geq 1,4 \text{ km}. \tag{2.71}$$

In Abbildung 2.23 ist die Häufigkeitsverteilung von Starkregen und Hagel im Zusammenhang mit diesem Hagelkriterium dargestellt. Dabei zeigt sich für Hagel eine Häufung bei einer Höhendifferenz zwischen $H_{45\text{ dBZ}}$ und $H_{0°C}$ von 3,5 km. Abbildung 2.24 zeigt die Häufigkeit von Hagel am Boden bei verschiedenen Werten für dieses Kriterium. Bei einem Wert von über 5,5 km wird die Hagelwahrscheinlichkeit am Boden mit 100% angegeben (Witt et al., 1998).

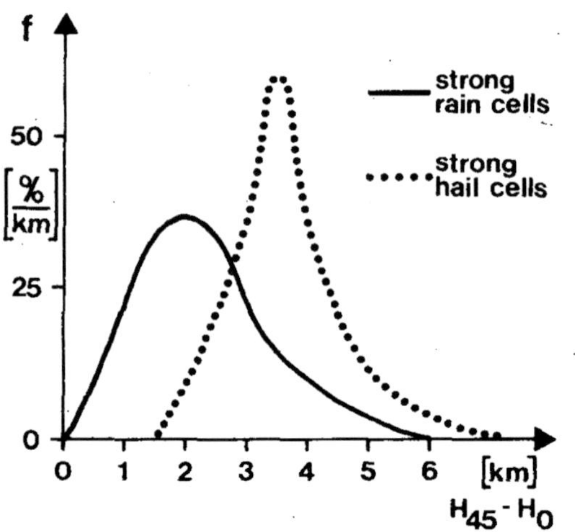

Abb. 2.23: Normierte Häufigkeitsverteilung des Kriteriums nach Waldvogel et al. (1979) für starken Regen (durchgezogene Linie) und starken Hagel (gepunktete Linie).

Das Waldvogel-Kriterium wurde beispielsweise auch von Hollemann (2001) verwendet. Dort wurde als untere Grenze für Hagel ein Wert von 1,76 km ermittelt. Auch wurde empirisch eine Hagelwahrscheinlichkeit (engl. probability of hail - POH) bestimmt:

$$POH = 0,319 + 0,133(H_{45\,\text{dBZ}} - H_{0°\text{C}}).$$ [2.72]

In den Arbeiten von Schuster et al. (2006), Makitov (2007) und Saltikoff et al. (2010) wurde ebenfalls das Auftreten von Hagel in Zusammenhang mit diesem Parametern in Australien, Argentinien und Finnland untersucht. Auch in der vorliegenden Arbeit wird ein leicht verändertes Hagelkriterium nach Waldvogel et al. (1979) verwendet.

Auer-Kriterium

Bei dem Hagelkriterium nach Auer (1994) wird eine Kombination aus der Radarreflektivität in 2 km Höhe und der Temperatur der Wolkenoberfläche T_B verwendet:

$$2,6Z + T_B \geq 85.$$ [2.73]

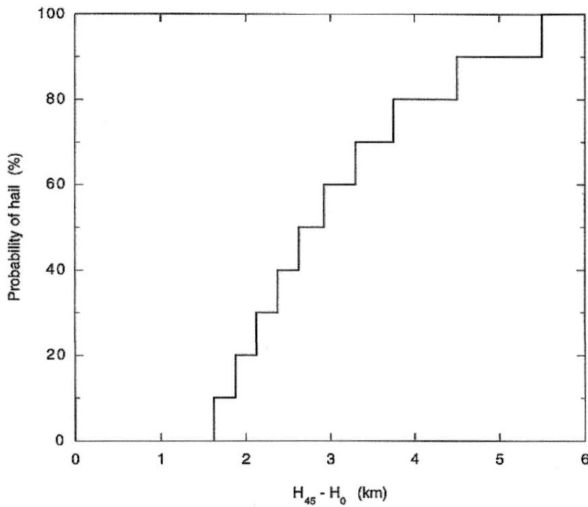

Abb. 2.24: Wahrscheinlichkeit von Hagel als Funktion der Differenz zwischen 45 dBZ-Höhe und Nullgradgrenze nach Witt et al. (1998)

Erreicht die dimensionslose Größe einen Wert von über 85, tritt mit hoher Wahrscheinlichkeit Hagel auf. Wie in Abbildung 2.25 dargestellt, kann unter Berücksichtigung der Radarreflektivität, der Wolkenoberflächentemperatur und der Höhe der 0°C-Grenze auch der Durchmesser der Hagelkörner abgeschätzt werden.

Hageldetektionsalgorithmus

Der Hageldetektionsalgorithmus (HDA, Smart und Alberty, 1985) verwendet ausschließlich Radardaten zur Erkennnung von Hagel. Dafür wird die Höhe des Echotops von 15 dBZ und die Höhe der Reflektivität von 50 dBZ betrachtet. Das Echotop stellt eine über die Radarreflektivität definierte Obergrenze der konvektiven Zelle dar. Bei diesem Verfahren muss diese Höhe mindestens 8 km betragen. Dadurch werden nur konvektive Zellen betrachtet und Störeffekte wie beispielsweise das Helle Band ausgeschlossen. Liegt zusätzlich der Reflektivitätsbereich von 50 dBZ in einer Höhe zwischen 5 und 12 km, ist Hagel möglich. In Kugel (2012) erreichte der HDA eine vergleichsweise hohe Detektionsgüte.

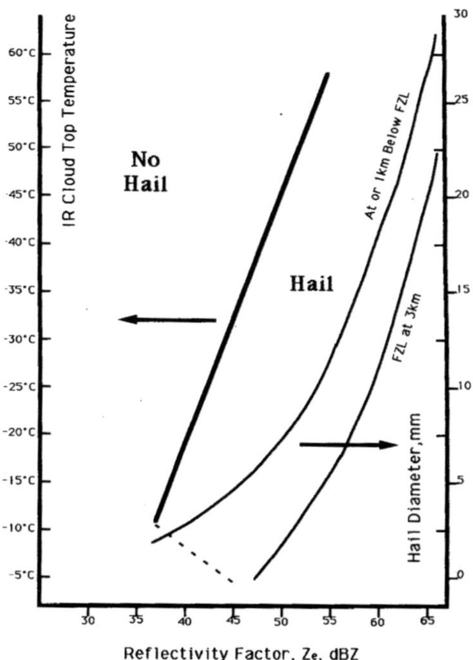

Abb. 2.25: Auftreten von Hagel in Abhängigkeit von der Wolkenoberflächentemperatur und der Radarreflektivität nach Auer (1994). Tritt Hagel auf, kann damit auch sein Durchmesser abgeschätzt werden.

Severe Hail Index

Witt et al. (1998) entwickelten den Severe Hail Index (SHI). Dafür werden die Reflektivitätswerte zunächst mit einer empirischen Formel (siehe auch Gl. 2.56) nach Waldvogel et al. (1978) in hagelkinetische Energie umgerechnet:

$$\dot{E} = 5 \cdot 10^{-6} \cdot Z^{0,84} W(Z) \quad [J\, m^2\, s^{-1}] \qquad [2.74]$$

$$\text{mit } W(Z) = \begin{cases} 0 & \text{für } Z \leq Z_L \\ \frac{Z - Z_L}{Z_U - Z_L} & \text{für } Z_L < Z < Z_U \\ 1 & \text{für } Z \geq Z_U \end{cases} \qquad [2.75]$$

Gleichung (2.74) beschreibt die Leistungsflussdichte der kinetischen Energie $\dot{E}$ in $J\,m^{-2}\,s^{-2}$, $W(Z)$ ist eine Gewichtungsfunktion, um einen Übergangsbereich zwischen Regen und Hagel zu definieren. Für Z_L wird ein Wert von 40 dBZ angenommen, für Z_U ein Wert von 50 dBZ. Des Weiteren wird für die Bestimmung des SHI die Temperatur in verschiedenen Höhen berücksichtigt. Dabei gehen die Höhe der Nullgradgrenze H_0 und die -20°C-Höhe H_{-20} mit ein. Die Höhe bezieht sich hierbei auf die Radarstation. In der Regel werden diese Temperaturwerte aus naheliegenden Radiosondenaufstiegen bestimmt. Somit ergibt sich als weitere Gewichtungsfunktion:

$$W_T(H) = \begin{cases} 0 & \text{für } H \leq H_0 \\ \frac{H-H_0}{H_{-20}-H_0} & \text{für } H_0 < H < H_{-20} \\ 1 & \text{für } H \geq H_{-20}. \end{cases} \qquad [2.76]$$

Insgesamt ergibt sich für den SHI:

$$SHI = 0,1 \cdot \int_{H_0}^{H_{echotop}} W_T(H)\dot{E}\,dH \quad [J\,m^{-1}\,s^{-1}] \qquad [2.77]$$

Um eine Hagelwahrscheinlichkeit angeben zu können, wurde in Fallstudien eine Warnschwelle berechnet, die von der Höhe der Nullgradgrenze H_0 abhängig ist:

$$WT = 57,5 \cdot H_0 - 121 \quad [J\,m^{-1}\,s^{-1}] \qquad [2.78]$$

Damit kann nun die Wahrscheinlichkeit für starken Hagel (engl. Probability Of Severe Hail - POSH) berechnet werden (Witt et al., 1998).

$$POSH = 29 \cdot \ln\left(\frac{SHI}{WT}\right) + 50[\%]. \qquad [2.79]$$

Mit diesen Parametern wurden beispielsweise Untersuchungen über das Auftreten von Hagel in Teilen Spaniens durch Mallafré et al. (2009) durchgeführt. Dabei wurde auch die räumliche und zeitliche Verteilung der Hagelereignisse betrachtet sowie ein Vergleich zwischen Radardaten und Daten von Hagelsensoren angestellt.

Neben den genannten Arbeiten gibt es zahlreiche Studien, die sich mit der Detektion von Hagel mit Hilfe einer Radars befassen (z.B. Féral et al., 2003; Donavon und Jungbluth, 2007), jedoch hier nicht näher diskutiert werden.

3 Datengrundlage

Die räumliche Auflösung von konventionellen Beobachtungsdaten, wie zum Beispiel Messungen an Wetterstationen, ist nicht ausreichend, um lokal-skalige Hagelereignisse in ihrer Ausdehnung und Intensität vollständig zu erfassen. Auch gibt es in Deutschland noch keine Messsysteme, die Hagel eindeutig detektieren können. Aus diesem Grund wurden in dieser Arbeit verschiedene geeignete Methoden entwickelt, mit denen meteorologische Datensätze miteinander kombiniert werden um daraus auf Hagel zu schließen. Vor allem Radardaten spielen dabei eine entscheidende Rolle. Sie liefern flächendeckende, räumlich und zeitlich hoch aufgelöste Informationen über Ort, Dauer und Intensität des Niederschlags. Auch Blitzentladungen können über große Distanzen mit hoher Genauigkeit detektiert werden. Dieser Datensatz wurde in der Arbeit daher zur Detektion von Gewittern verwendet. Die atmosphärischen Rahmenbedingungen wurden mit Hilfe von Modelldaten und meteorologischen Messdaten analysiert. Auch sie sind ein wichtiger Faktor bei der Entstehung von Hagel (Mohr und Kunz , 2013).

In Abschnitt 3.1 werden die verwendeten Radardaten beschrieben. Ergänzt werden diese durch Blitzdaten (Abschnitt 3.2), Versicherungsdaten (Abschnitt 3.3), vorliegende Großwetterlagen (Abschnitt 3.4) und ERA-Interim Reanalysedaten, die in Abschnitt 3.5 beschrieben werden. Außerdem wurden Beobachtungsdaten der European Severe Weather Database (ESWD) verwendet (Abschnitt 3.6).

3.1 Radardaten

Der Deutsche Wetterdienst (DWD) betreibt in Deutschland ein Netzwerk aus 16 (ab 2012: 17) Radaranlagen (siehe Abb. 3.1), mit denen Niederschlag detektiert werden kann. Dabei wird von jeder einzelnen Radarstation aus die Radarreflektivität in einem Umkreis von bis zu 250 km gemessen. Aus der Radarreflektivität kann, wie in Abschnitt 2.4 beschrieben, näherungsweise auf die Intensität des Niederschlags geschlossen werden. Da die Reflektivität gemäß Gleichung (2.61) jedoch eine integrale Größe ist, kann daraus weder eindeutig der Durchmesser D der Niederschlagsteilchen noch die Anzahldichteverteilung $n(D)$ abgeleitet werden.

Die Radardaten wurden vom DWD bis zum Jahr 2010 nicht als Rohdaten gespeichert. Daher muss auf abgeleitete Radarprodukte zurückgegriffen werden, die jedoch einige Nachteile in der Genauigkeit beinhalten. Vom DWD wurden für diese Arbeit 2D- und 3D-Radardaten für den Zeitraum der Jahre 2004 bis 2011 zur Verfügung gestellt.

3.1.1 Radarverbund des Deutschen Wetterdienstes

Im Radarverbund des DWD werden alle operationellen Radarstationen in Deutschland zusammengefasst. Ab dem Jahr 1994 wurden in Deutschland flächendeckend Radarsysteme aufgebaut, um Niederschlag zu detektieren und insbesondere Starkniederschlagssysteme und Hagel auf Zeitskalen von 1-2 h vorherzusagen (nowcasting). Eine Kombination der Datensätze dieser einzelnen Stationen wird als Radar-Komposit verbreitet. Um eine ausreichende Abdeckung zu erreichen, befinden sich die Standorte der Radargeräte in Abständen von maximal 200 km (Abb. 3.1). Die Radare in Süddeutschland befinden sich vorzugsweise auf Anhöhen und Berggipfeln, um Abschattungen durch die Orografie minimal zu halten. Die Standorte der einzelnen Radargeräte mit den jeweiligen Spezifikationen sind in Tabelle 3.1 dargestellt.

Seit dem Jahr 2010 werden die Radargeräte schrittweise erneuert. Während der Austauschphase werden einzelne Geräte zeitweise abgeschaltet. Teilweise wurden diese durch Ausfallsicherungsradare ersetzt, teilweise sind aber auch Datenlücken entstanden. So liegen beispielsweise für das Radar Neuhaus im gesamten Jahr 2011 keine Daten vor (siehe Tabelle 3.2). Durch die großflächige Überschneidung der Erfassungsgebiete der einzelnen Radarstationen liegen die Daten meistens trotzdem flächendeckend für ganz Deutschland vor, wenn auch die Auflösung in manchen Bereichen eingeschränkt ist. Lediglich in den Randbereichen von Deutschland ist die Abdeckung häufig nur durch eine einzelne Anlage gegeben. Tabelle 3.1 zeigt die Radarstandorte, deren Daten für die Arbeit verwendet wurden. Am Radarstandort Essen wurde die Radaranlage im Jahr 2011 beispielsweise erneuert. Daher stammen die in der Arbeit verwendeten Daten dieses Jahres zum Teil von einer Ausfallsicherungsanlage. Im Jahr 2012 kam als weiterer Radarstandort Memmingen hinzu.

In Einzelfällen auftretende Ausfälle von Radarstationen sind zwar in den vorliegenden

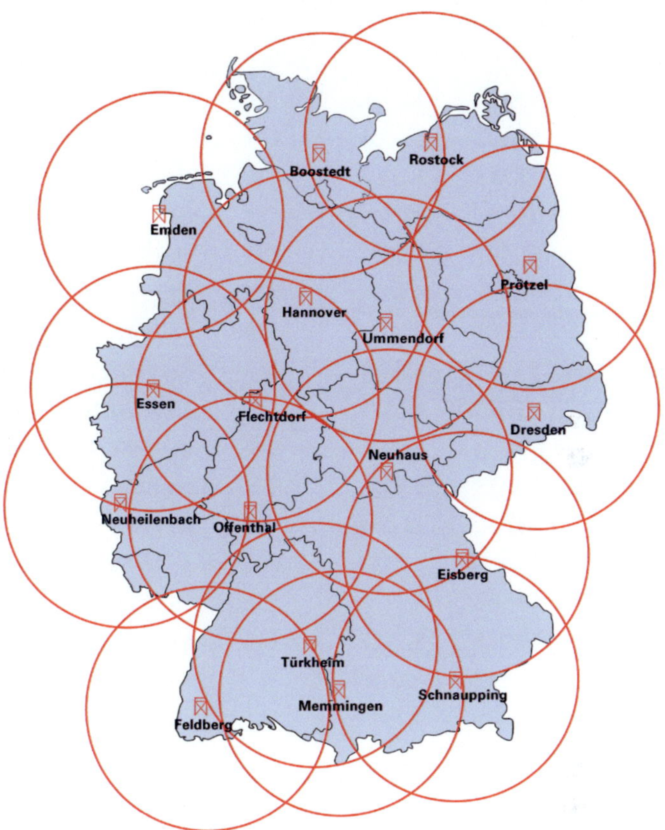

Abb. 3.1: Radarverbund des Deutschen Wetterdienstes im Jahr 2012.

Rohdaten vermerkt, wurden aber in der Arbeit nicht weiter berücksichtigt (siehe auch Tab. 3.2). Dies kann zu Ungenauigkeiten besonders in den Randbereichen des Radarkomposits führen.

Der Einsatz der Radargeräte des DWD-Radarverbunds erfolgt in zwei verschiedenen Abtastungsverfahren, der Raumabtastung (Volumenscan, engl. volume scan) und der

Tab. 3.1: Radarstandorte des DWD-Radarverbunds.

Standort	Breite [°]	Länge [°]	Höhe [m]	Zeitraum	Freq. [GHz]
Berlin	52,474	13,386	50	ab 1991	5,626
Dresden	51,122	13,768	224	ab 2000	5,64
Eisberg	49,541	12,402	771	ab 1997	5,64
Emden	53,34	7,024	2	ab 1994	5,64
Essen	51,407	6,968	152	ab 1991	5,64
Feldberg	47,871	8,003	1492	ab 1997	5,64
Flechtdorf	51,307	8,802	550	ab 1997	5,64
Frankfurt/Main	50,0517	8,5681	113	bis 2007	5,64
Frankfurt-W.	50,0236	8,5594	144	2007-2010	5,64
Hamburg	53,623	9,992	16	ab 1990	5,62
Hannover	52,458	9,692	52	ab 1994	5,64
München	48,336	11,614	489	ab 1987	5,606
Neuhaus	50,5	11,137	846	ab 1994	5,625
Neuheilenbach	50,106	6,5	551	ab 1998	5,63
Offenthal	49,9847	8,7128	198	ab 2011	5,64
Rostock	54,172	12,056	1	ab 1995	5,64
Türkheim	48,585	9,784	731	ab 1998	5,62
Ummendorf	52,156	11,173	157	ab 1996	5,64

Niederschlagsabtastung (Niederschlagsscan, engl. precipitation scan). Beim Volumenscan durchläuft die Antenne alle 15 min 18 verschiedene Elevationswinkel zwischen $0,5°$ und $37°$. Dabei wird die Atmosphäre bis in eine Höhe von 12 km abgetastet. Der Volumenscan wird in zwei verschiedenen Messmodi durchgeführt. Der Intensivmodus (intensity mode) deckt die unteren Elevationswinkel von $0,5°$ bis $4,5°$ mit einer horizontalen Reichweite von 230 km ab, der Dopplermodus erfasst die Elevationswinkel darüber mit einer Reichweite von 120 km. Der Niederschlagsscan, der für die quantitative Niederschlagsbestimmung von entscheidender Bedeutung ist, erfolgt alternierend zwischen den Volumenscans im Abstand von 5 min. Der Elevationswinkel beträgt dabei in Abhängigkeit von der Orografie des jeweiligen Radarstandortes zwischen $0,5°$ und $1,8°$ (Bartels, 2005). Fehler im Niederschlagsscan werden mittels eines Dopplerfilters

Tab. 3.2: Anzahl fehlender Datensätze (15-min Blöcke) im Sommerhalbjahr des jeweiligen Zeitraums.

Standort	Zeitraum	Anzahl fehlender Datensätze
Berlin	ab 2005	2214
Dresden	ab 2005	1978
Eisberg	ab 2005	4113
Emden	ab 2005	5162
Essen	ab 2005	2613
Feldberg	ab 2005	6006
Flechtdorf	ab 2005	6226
Frankfurt/Main	2005 - 2007	9720
Frankfurt-W.	2007-2010	5026
Hamburg	ab 2005	2278
Hannover	ab 2005	4956
München	ab 2005	5492
Neuhaus	ab 2005 (bis 2010)	19115 (1547)
Neuheilenbach	ab 2005	5851
Offenthal	2011	418
Rostock	ab 2005	7956
Türkheim	ab 2005	3307
Ummendorf	ab 2005	5780

eliminiert. Dieser Niederschlagsscan ist die Basis für das in dieser Arbeit verwendete RX-Produkt, der Volumenscan dient als Grundlage für das PZ-Produkt.

3.1.2 Koordinatensystem

Die Radardaten der Komposit-Produkte liegen in einem äquidistanten Feld der Größe 900×900 km^2 vor, das ganz Deutschland abdeckt (Abb. 3.2). Als Koordinatensystem wird eine polarstereographische Projektion mit einem Bezugspunkt bei $\phi_M = 51°$N und $\lambda_M = 9°$E verwendet. Der Erdradius wird mit 6379,04 km angenommen. Die Projektionsebene ist parallel zum Meridian $\lambda_0 = 10°$E angeordnet. Die Projektionsebene

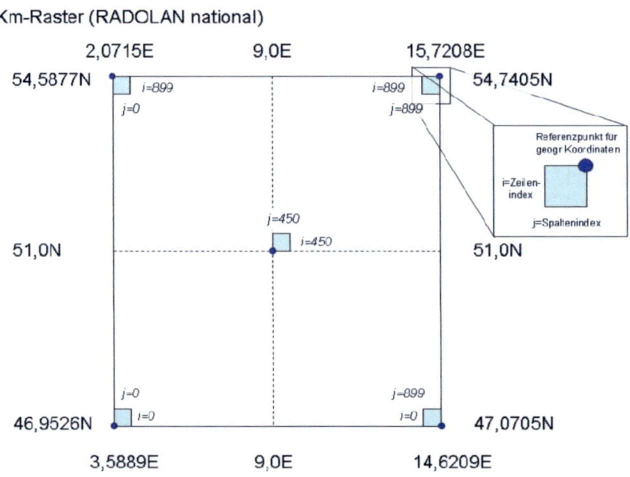

Abb. 3.2: Koordinatensystem, in dem die Radar-Kompositdaten von Deutschland vorliegen. Dieses Koordinatensystem wurde für die meisten Analysen in der Arbeit verwendet.

schneidet die Erdkugel bei $\phi_0 = 60°$N. Dieses Koordinatensystem wird für alle Radarprodukte des RADOLAN / RADVOR-Projektes (Radar-Online-Aneichung / Radar-Online-Niederschlagsvorhersage) beim DWD verwendet (DWD, 2011). Zur Koordinatentransformation werden folgende Beziehungen verwendet (DWD, 2011):

$$x = R \cdot M(\phi) \cdot \cos\phi \cdot \sin(\lambda - \lambda_0) \tag{3.1}$$

$$y = -R \cdot M(\phi) \cdot \cos\phi \cdot \cos(\lambda - \lambda_0), \tag{3.2}$$

wobei (x, y) der Abstandsvektor zum Nordpol im kartesischen Koordinatensystem und $M(\phi_0)$ der stereografische Skalierungsfaktor ist:

$$M(\phi) = \frac{1 + \sin(\phi_0)}{1 + \sin(\phi)}. \tag{3.3}$$

Mit diesen Gleichungen können beliebige Punkte mit bekannten geographischen Koordinaten in das DWD-Koordinatensystem transformiert werden. Die Eckpunkte des für Deutschland verwendeten Bereichs sind in Tabelle 3.3 angegeben. Auch später beschriebene Versicherungs- und Orografiedaten werden in dieses Koordinatensystem transformiert.

Tab. 3.3: Eckpunkte des Koordinatensystems des Radar-Komposits in geographischen und kartesischen Koordinaten nach DWD (2011).

Ecke/Koordinate	λ	Φ	x	y
links unten	3,5889°E	46,9526°N	-523,4622	-4658,645
rechts unten	14,6209°E	47,0705°N	376,5378	-4658,645
rechts oben	15,7208°E	54,7405°N	376,5378	-3758,645
links oben	2,0715°E	54,5877°N	-523,4622	-3758,645

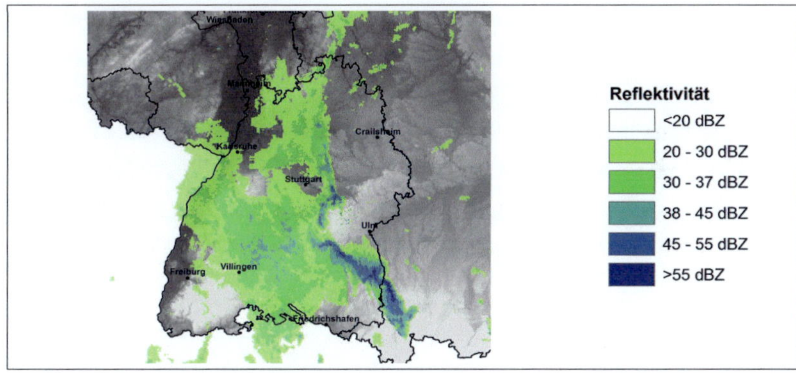

Abb. 3.3: Ausschnitt aus dem RX-Radarbild am 26.05.2009, 15:00 Uhr MESZ. Das dargestellte
Ereignis verursachte die höchsten Schäden in der Geschichte einer landwirtschaftlichen
Versicherung.

Dadurch liegen alle relevanten Daten auf dem gleichen Gitter vor und können miteinander
verglichen und quantitativ analysiert werden.

3.1.3 2D-Radardaten (RX-Produkt)

Das RX-Produkt ist ein Routineprodukt mit Daten aus dem Radarverbund des DWD.
Diese 2D-Radardaten stehen ab Mai 2004 zur Verfügung. Die zeitliche Auflösung beträgt
5 min, die räumliche Auflösung 1 km. Die Daten der Einzelstationen sind zu einem
Komposit für ganz Deutschland zusammengefügt. Das RX-Produkt wird aus dem im
Abschnitt 3.1.1 beschriebenen Niederschlagsscan berechnet und beschreibt die maximale
Radarreflektivität in den unteren Elevationen. Die Verschlüsselung der Niederschlags-

werte in den Rohdaten erfolgt in sogenannten RVP-6-Einheiten. Die Genauigkeit dieser Einheiten beträgt 0,5 dBZ. Der für das RX-Produkt verwendete Messbereich erstreckt sich von 0 bis 255 RVP-6-Einheiten. Das entspricht einem Refelektivitätsbereich von -32,5 bis 95 dBZ. Durch die Verwendung dieser Einheiten werden die bei geringen Reflektivitäten auftretenden negativen dBZ-Werte vermieden (Bartels, 2005).

Da der Datensatz nur die bodennahe Radarreflektivität beinhaltet, kann nicht auf die vertikale Ausdehnung einer Gewitterzelle geschlossen werden. Jedoch kann mit Hilfe der bodennnahen Radarreflektivität gut auf Starkniederschläge und - wie noch gezeigt wird - näherungsweise auf Hagel geschlossen werden, der den Boden erreicht. Der große Vorteil dieses Datensatzes ist die hohe räumliche und zeitliche Auflösung. Dadurch kann ein Gebiet, das durch Hagel betroffen ist, räumlich sehr genau identifiziert werden. Auch eine gute zeitliche Zuordnung ist mit diesem Datensatz möglich. Besonders bei Fallstudien von einzelnen Ereignissen kann ein Gewitterzug gut mit dem RX-Produkt in Übereinstimmung gebracht werden. Abbildung 3.3 zeigt beispielhaft die 2D-Radarreflektivität am 26.05.2009 um 15 Uhr MESZ, als eines der größten Hagelereignisse in Süddeutschland auftrat.

Die RX-Radardaten dienen als Eingangsdaten für das in Abschnitt 2.4.5 und durch Gleichung (2.70) beschriebene Verfahren zu Detektion von Hagel nach Mason (1971). Außerdem werden die durch den Zellverfolgungsalgorithmus TRACE3D (Abschnitt 4.3) berechneten Gewitterzugbahnen mit Hilfe dieses Datensatzes vervollständigt.

3.1.4 3D-Radardaten (PZ-Produkt)

Das PZ-Produkt ist ebenfalls ein Routineprodukt des DWD. Die vorliegenden 3D-Radardaten stehen ab Mai 2005 zur Verfügung. Die zeitliche Auflösung beträgt 15 min, die räumliche Auflösung 2 km. Es handelt sich hierbei um Daten der einzelnen Standorte jeweils für ein Gebiet von 400×400 km^2 um den Radarstandort. Für jeden Zeitpunkt liegt für jeden Standort ein Datensatz vor, der die Radarreflektivität in 6 Reflektivitätsklassen für 12 äquidistante Höhenschichten zwischen 1 und 12 km Höhe angibt. Die Grenzen zwischen den Reflektivitätsklassen liegen bei 7, 19, 28, 37, 46 und 55 dBZ. Die Unterteilung in Klassen bringt einen erheblichen Genauigkeitsverlust mit sich, der gerade bei der Detektion von Hagel teilweise problematisch ist. Dennoch ist dieser Datensatz - wie

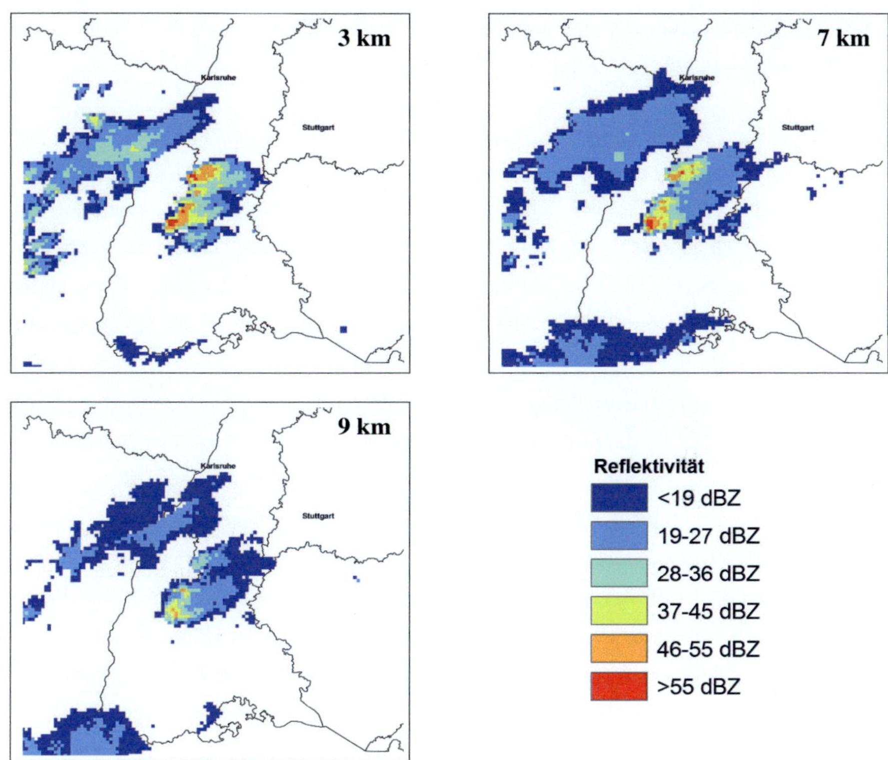

Abb. 3.4: PZ-Produkt: 28.06.2006, 16:00 Uhr MESZ, Radarreflektivität in 3 km (oben links), 7 km (oben rechts) und in 9 km Höhe (unten links).

noch gezeigt wird - am besten für die Detektion von Hagel geeignet und wird daher für die meisten Analysen verwendet.

In Abbildung 3.4 ist beispielhaft die Radarreflektivität in verschiedenen Höhen am 28.06.2006 um 16 Uhr MESZ dargestellt. Das dargestellte Ereignis verursachte in der Stadt Villingen Schwennigen zum gezeigten Zeitpunkt sehr große Hagelschäden.

Für die Auswertung wurden die Daten der Einzelstandorte zu Kompositbildern zusammengefügt und in das gleiche Koordinatensystem wie die RX-Daten (Abschnitt 3.1.2) transformiert. Bei der Erstellung des Komposits wurde in den Bereichen, in denen sich das

Erfassungsgebiet von zwei oder mehreren Radaren überlappt, jeweils der Maximalwert der Radarreflektivität Z verwendet:

$$Z(x,y) = max(Z_i(x,y)). \hspace{3cm} [3.4]$$

Besonders in den Randbereichen der einzelnen Radarstationen kann es in den unteren Höhenschichten zu erheblichen Fehlern kommen, da diese Höhe durch die untere Elevation des Radarstrahls nicht abgedeckt ist. Auch in den oberen Höhenschichten ist die Abdeckung insbesondere in der Nähe des Radarstandorts aufgrund der Geometrie der Radarstrahlabtastung eingeschränkt. Das kann dazu führen, dass besonders in diesen Bereichen die vertikale Ausdehnung einer konvektiven Zelle nicht komplett erfasst wird. Für die spätere Auswertung im Hinblick auf Hagel bedeutet das ein schwächeres oder nicht vorhandenes Hagelsignal. Durch die Bildung des Komposits treten diese Effekte im Überlappungsbereich der Radargebiete jedoch nur sehr schwach oder gar nicht auf. Bei Ausfall einer Radaranlage wurde das Komposit ohne diese Radardaten erstellt. Durch die Überlappung der Erfassungsbereiche werden Niederschlagsereignisse in diesem Raum in den meisten Fällen trotzdem erfasst. Allerdings ist nicht in jeder Höhe eine ausreichende Abdeckung gegeben. Ein Protokoll über ausgefallene oder außer Betrieb genommene Radaranlagen wurde erstellt, jedoch nicht für die Auswertungen berücksichtigt, da das Ausmaß der dadurch entstandenen Beeinträchtigung für jede Radarstation unterschiedlich und quantitativ nicht beschreibbar ist (Tab. 3.2).

Im PZ-Produkt ist auch die Höhe der Nullgradgrenze aus Modelldaten für jeden Zeitpunkt um das Gebiet der jeweiligen Radarstation angegeben. Diese Höhe stammt von Modellanalysen des Wettervorhersagemodells COSMO (Consortium for Small-scale Modeling), das beim DWD für die operationelle Wettervorhersage verwendet wird. Auch die Informationen über die Höhe der Nullgradgrenze wurden zu einem Komposit zusammengefasst. Hierbei wurde ebenfalls in den Überlappungsbereichen der einzelnen Datensätze das Maximum für die Höhe der Nullgradgrenze verwendet. Die aus den PZ-Daten erhaltene Höhe der Nullgradgrenze und die Reflektivitätswerte in verschiedenen Höhenlagen dienen als Eingangsdatensatz für die Berechnung des in Abschnitt 2.4.5 und durch Gleichung (2.71) gegebenen Hagelkriteriums nach Waldvogel et al. (1979). Auch werden mit diesen 3D-Radardaten mit Hilfe des in Abschnitt 4.3 beschriebenen Zellverfolgungsalgorithmus TRACE3D Zugbahnen von konvektiven Zellen berechnet.

3.2 Blitzdaten

Für die Untersuchungen von Hagelgewittern im Rahmen dieser Arbeit standen zusätzlich Blitzdaten aus Mitteleuropa des Messnetzes der Firma Siemens zur Verfügung (Blitz-Informations Dienst Siemens, BLIDS). Die Blitzdaten beinhalten Informationen über Ort, Zeit, Stromstärke und Polarität der Blitzentladungen. Ein Blitz kann mit dem BLIDS-System mit einer räumlichen Genauigkeit von 300 m geortet werden. Eine Untersuchung der mittleren jährlichen Blitzdichte (Damian, 2011) belegt die hohe räumliche Variabilität der Blitze und konvektiven Systeme in Deutschland (Abb. 3.5). Diese Analyse zeigt für die Jahre 2001 bis 2009 beispielsweise eine sehr hohe Blitzanzahl im Südwesten Deutschlands, am Alpenrand und über den Alpen sowie über dem Erzgebirge. Im Norden Deutschlands treten dagegen nur sehr wenige Blitze und damit auch nur sehr wenige Gewitter auf. Es zeigt sich demnach in Deutschland ein ausgeprägter Nord-Süd-Gradient der Gewitteraktivität.

Für die vorliegende Arbeit werden nur negative und positive Wolke-Erde-Blitze berücksichtigt (siehe auch Abschnitt 2.2.3), da die Wolke-Wolke-Blitze mit der vorhandenen Messtechnik nur unzureichend erfasst werden. Mitte 2012 wurde die Messmethode jedoch dahingehend verändert, dass solche Blitze auch genau identifiziert werden können (Thern, 2012, pers. Kommunikation). Die Blitzdaten liegen für den Zeitraum von 1992 bis 2011 vor. Konstante Daten sind jedoch erst ab 2001 verfügbar, da in diesem Jahr eine Umstellung der Detektoren erfolgte und die Daten vor und nach dieser Umstellung nicht miteinander vergleichbar sind.

Blitzortung

Es gibt verschiedene Verfahren, Blitze räumlich und zeitlich zu orten. Blitze erzeugen elektromagnetische Wellen, die sich mit Lichtgeschwindigkeit ausbreiten und mit Sensoren detektiert werden können.

Beim BLIDS-Netzwerk wird die Blitzortung mit Hilfe des Laufzeitverfahrens vorgenommen. Bei dieser Methode wird die Zeitdifferenz bei der Detektion einer elektromagnetischen Welle an verschiedenen Sensoren betrachtet. Bei einem Blitzschlag breiten sich die elektromagnetischen Wellen ringförmig um den Ort des Auftretens aus. Aus der Differenz der Detektionszeit $t_2 - t_1$ des Blitzschlags an zwei mit GPS synchronisierten

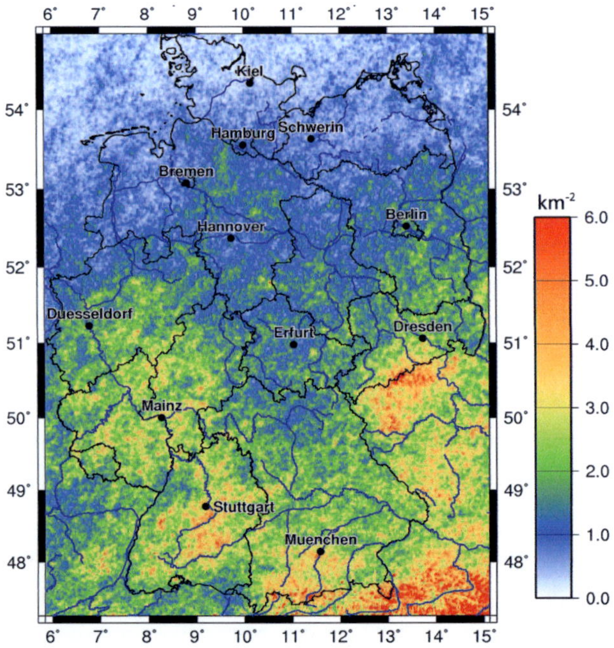

Abb. 3.5: Mittlere jährliche Blitzanzahl 2001-2009 pro km^2 nach Damian (2011).

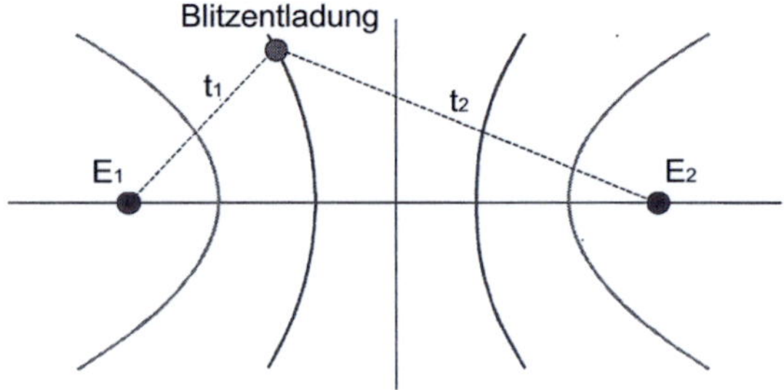

Abb. 3.6: Blitzortung nach dem Laufzeitverfahren; E_1 und E_2 sind die Empfänger, t1 und t2 die jeweiligen Laufzeiten des Signals vom Ort der Blitzentladung zum Empfänger.

Sensoren E_1 und E_2 kann eine Hyperbel berechnet werden, auf der der Blitzschlag statt-gefunden haben muss (Abb. 3.6).

Um die Position auf dieser Hyperbel exakt zu berechnen, sind Daten von mindestens zwei weiteren Sensoren notwendig (Forger, 2011). Die Ungenauigkeit bei der zeitlichen Synchronisation der Empfänger mittels GPS beträgt $\delta t \approx 10^{-6}$ s. Daraus ergibt sich eine räumliche Genauigkeit von $\delta s \approx 300$ m.

3.3 Versicherungsdaten

Für die Kalibrierung der Detektionsverfahren von Hagel aus Radardaten wurden außerdem Schadendaten von Versicherungen verwendet. Auch wenn die Versicherungsdaten von vielen nicht-meteorologischen Faktoren bestimmt sind (z.B. Bauart und -substanz, Regulierungspraxis der Versicherung,...), sind sie die einzigen Daten, die flächendeckende und hoch aufgelöste Information über Hagelereignisse und damit verbundene Schäden liefern. Für die Auswertungen wurden insbesondere Daten einer Gebäudeversicherung (GV) verwendet. Darüber hinaus wurden Daten der Vereinigten Hagelversicherung VVaG (VH) berücksichtigt.

3.3.1 Daten der Gebäudeversicherung

Bis zum Jahr 1994 war die Gebäudeversicherung in Baden-Württemberg eine Pflichtversicherung mit Monopolstruktur in der Hand des Landes Baden-Württemberg. Über 60 Prozent des Bestands wurde nach Abschaffung des Monopols durch die Europäische Union im Jahr 1994 durch einen Gebäudeversicherer übernommen.

Das Geschäftsgebiet der Gebäudeversicherung (GV) umfasst mit einer hohen Versicherungsdichte vor allem die Bundesländer Baden-Württemberg, Hessen und Thüringen. Die zur Verfügung stehenden Daten beinhalten die Jahre 1986 bis 2011 für 5-stellige Postleitzahlengebiete. Enthalten sind dabei alle Gebäudeschäden durch Hagel, die von der GV reguliert wurden, mit Angabe der jeweiligen Schadenhöhe abzüglich Selbstbehalt (inflationsbereinigt für 2012) und Schadenort.

Ebenso sind für 5-stellige Postleitzahlengebiete Bestandsdaten ab dem Jahr 1986 verfügbar. Diese liefern Informationen über die Anzahl, den Wert und die Prämien der versicherten Gebäude in jedem Postleitzahlengebiet. Aus diesen Datensätzen konnte für jeden Hagelschadentag und jedes Postleitzahlengebiet die Schadenfrequenz (Anzahl Schäden pro Anzahl Verträge) und der Schadensatz (Schaden pro versichertem Wert) berechnet werden. Die Indikatoren geben Aufschluss über das Auftreten von Hagel und dessen Intensität. Weitere vorliegende Angaben, etwas über das Alter der Gebäude, den Aufbau der Gebäudehülle und Anbauten wie Wintergärten oder Solaranlagen, wurden für diese Arbeit nicht berücksichtigt. Über die Versicherungsdichte in den Postleitzahlengebieten liegt keine Information vor. Im Folgenden werden die Datensätze als GV-Daten bezeichnet.

Verschiedene Auswertungen (z.B. Kugel, 2012) haben gezeigt, dass in den Schadendaten auch fehlerhafte Meldungen enthalten sind. Besonders häufig treten solche Fehlmeldungen wenige Tage vor und nach einem großen Schadenereignis auf, wenn offensichtlich das Datum nicht richtig zugeordnet wurde. Nach Rücksprache mit der GV (pers. Kommunikation) kann in Fällen offensichtlicher Falschmeldungen eine fehlerhafte Angabe der Schadenursache und des Schadentags nicht ausgeschlossen werden.
Um die Anzahl der Falschmeldungen zu minimieren, wurden verschiedene Schwellenwerte für die Schadenfrequenz und die Anzahl an Schadenmeldungen pro Postleitzahlengebiet verwendet. Dabei wurde für die Untersuchung ein Schaden teilweise erst als solcher angenommen, wenn eine Schadenfrequenz von 0,1% in einem Postleitzahlengebiet erreicht wurde.

Die Anzahl der gemeldeten Schäden ist abhängig von der Besiedlungsdichte und der Dichte der versicherten Gebäude. Aus diesem Grund treten dicht besiedelte Gebiete wie zum Beispiel Stuttgart, Villingen, Freiburg, Karlsruhe und Kassel mit besonders vielen Hagelschadentagen hervor. Aus diesen Maxima kann deshalb nicht auf meteorologische Ursachen geschlossen werden.

Gebäude weisen je nach verwendeten Materialien, Gebäudealter und Exposition eine unterschiedliche Anfälligkeit für Hagelschäden auf. Die Vulnerabilität verschiedener Baumaterialien zeigt große Unterschiede (Stucki und Egli, 2007). Diese Materialien sind jedoch in den GV-Daten nicht aufgeführt und werden daher nicht berücksichtigt. Auch sind Gebäude neueren Baujahrs häufig anfälliger für Hagelschäden als ältere Gebäude (Höhn, 2012).

3.3.2 Daten der Vereinigten Hagelversicherung

Zusätzlich zu den Daten der Gebäudeversicherung wurden auch Versicherungsdaten der Vereinigten Hagelversicherung (VVaG) verwendet. Diese Daten werden im Folgenden als VH-Daten bezeichnet. Die Vereinigte Hagelversicherung ist ein Spezialversicherer im Bereich landwirtschaftlicher Produkte und ist mit einem Anteil von 65% aller versicherten Flächen die größte landwirtschaftliche Versicherung Deutschlands. Neben konventionellem Ackerbau beinhaltet das Portfolio auch Wein-, Gemüse- und Obstbau. Die Daten, die für den Zeitraum von 2000 bis 2009 vorliegen, liefern Informationen, in welchem Gemeindegebiet (Feldmark) ein Schaden aufgetreten ist. Über die Anzahl und die Höhe der Schäden pro Gebiet liegen keine Informationen vor. Die Schadendaten wurden auf Postleitzahlengebiete umgerechnet. Problematisch bei landwirtschaftlichen Versicherungsdaten ist die sich verändernde Vulnerabilität von Getreide, Obst und Gemüse über das Jahr. Somit bewirkt Hagel je nach Wachstumszustand der Pflanzen einen unterschiedlichen Schädigungsgrad. Dieser Umstand konnte nicht korrigiert werden, da der Wachstumszustand starke räumliche und zeitliche Variabilitäten aufweist. Ebenfalls nicht erfasst ist die Art der angebauten Pflanzen, die eine unterschiedliche Vulnerabilität aufweisen. So sind beispielsweise Sonderkulturen wie Obst oder Wein deutlich anfälliger für Hagelschäden gegenüber anderen Pflanzenarten wie beispielsweise Kartoffeln oder Zuckerrüben.

Es lagen ebenfalls keine Informationen über die versicherten Flächen vor. Entsprechend konnte nicht identifiziert werden, in welchem Gebiet keine versicherten Flächen vorhanden sind und deshalb auch keine Hagelschäden aufgetreten sind.

Abbildung 3.7 zeigt die Anzahl der Tage mit Schadenmeldungen im Geschäftsgebiet der VH. Neben Gebieten mit häufigen Schäden wie beispielsweise dem südöstlichen Baden-Württemberg und dem äußersten Westen Deutschlands treten sehr viele Gebiete hervor, die im Untersuchungszeitraum nicht von Hagelschäden betroffen waren. Diese Gebiete liegen häufig in Regionen, die nur wenige oder gar keine landwirtschaftlich genutzten Flächen umfassen. So zeigen sich im Bereich der Mittelgebirge (Schwarzwald, Taunus, Sauerland, Thüringer Wald, Bayerischer Wald) und im Alpenvorland teilweise keine Hageltage im gesamten Zeitraum. Dieser Effekt hat somit keine meteorologischen Gründe, sondern ist auf die nicht versicherten Flächen in diesen Regionen zurückzuführen.

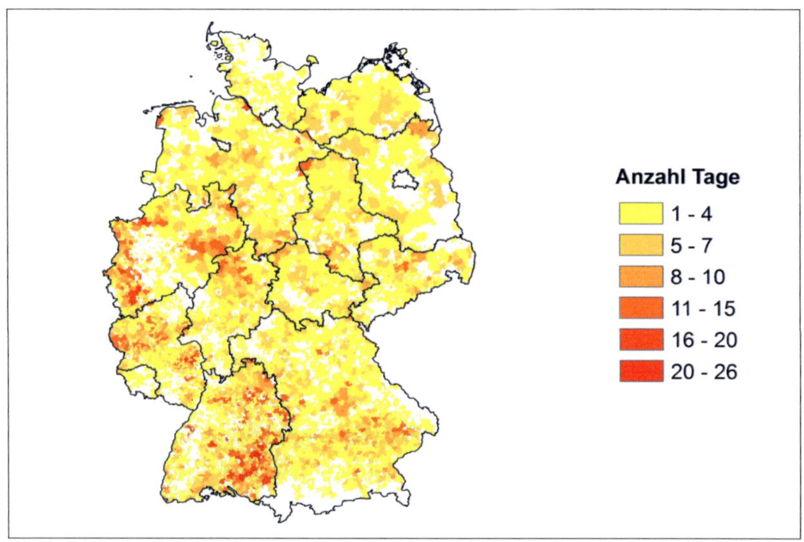

Abb. 3.7: Anzahl der Schadentage 2005 bis 2009 der VH pro Feldmark.

Auffällig ist auch eine erstaunlich hohe Anzahl an Hagelschadentagen an manchen Orten Norddeutschlands. Beispielsweise befindet sich entlang der Elbe nordwestlich von Hamburg ein Maximum. In diesem Bereich befindet sich ein großes Obstanbaugebiet. Die dort angebauten Früchte können schon durch die Einwirkung von kleinen Hagelkörnern, Graupel oder sogar starkem Regen stark in Mitleidenschaft gezogen werden, woraus häufige Schäden resultieren.

Trotz dieser sehr großen Ungenauigkeiten sind die Daten der VH geeignet, um Hagel am Boden nachzuweisen. Sie sind darüber hinaus der einzige verfügbare und Datensatz, der annähernd flächendeckende Informationen über Hagelereignisse für ganz Deutschland liefert.

3.4 Objektive Wetterlagenklassifikation

Der DWD verwendet seit 1979 ein Analyseverfahren, um Wetterlagen nach objektiven Kriterien zu klassifizieren. Diese Wetterlagen können nach Kapsch (2011) auch mit Hagelereignissen in Zusammenhang gebracht werden. Als Eingangsdaten dienen Ergebnisse

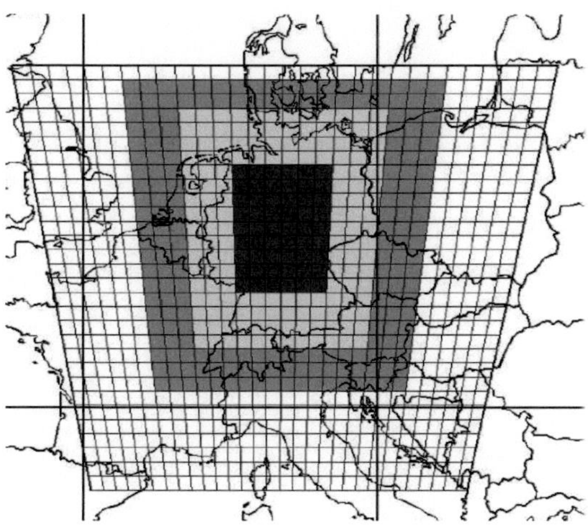

Abb. 3.8: Modellgebiet der objektiven Wetterlagenklassifikation des DWD.

des operationellen numerischen Wetteranalyse- und Vorhersagesystems. Seit dem Jahr 1999 wird das Globalmodell des DWD (GME) hierfür verwendet. Für jeden Tag zum Zeitpunkt 12 UTC wird damit die Wetterlage über Mitteleuropa einer von 40 möglichen Klassen zugeordnet. Als meteorologische Kriterien werden Windrichtung, Zyklonalität und Feuchtigkeit der Atmosphäre verwendet (Bissolli und Dittmann, 2001).

Grundlage für die Wetterlagenklassifikation ist ein Modellgitter mit einer Maschenweite von ca. 55 km (Abb. 3.8). Der zentrale Bereich über Deutschland ist für die Bestimmung der Wetterlagen relevant. Für die Berechnung der einzelnen Indizes werden daher die Werte der verwendeten Gitterpunkte je nach Lage unterschiedlich gewichtet. Die Punkte im Zentrum des Gebiets erhalten eine dreifache Wichtung, weiter außen wird eine zweifache Wichtung verwendet, im Randbereich werden die Punkte einfach gewichtet. Der Windindex WW wird für ein Druckniveau von 700 hPa, die Zyklonalität ZI für die Höhenniveaus 950 hPa sowie 500 hPa und die Feuchtigkeit F für den Bereich 950 bis 300 hPa angegeben. Aus der Kombination dieser Indizes ergeben sich folgende Wetterlagenklassen:

$$WW_{700hPa}ZI_{950hPa}ZI_{500hPa}F_{950-300hPa}$$

Dadurch lassen sich 40 verschiedene Wetterlagenklassen unterscheiden, einschließlich einer für eine unbestimmte Windrichtung.

Windindex

Für jeden Gitterpunkt wird aus den u- und v-Komponenten des Windvektors in 700 hPa die Windrichtung bestimmt. Zur Zuordnung der Windrichtung wird die Windrose in 36 Sektoren aufgeteilt, wobei jeder Sektor einen Winkel von $90°$ beschreibt und die einzelnen Sektoren jeweils um $10°$ gegeneinander verschoben werden (der erste Sektor beinhaltet Richtungen zwischen $0°$ und $90°$, der zweite Sektor zwischen $10°$ und $100°$, ...). Für jeden Sektor wird nun die gewichtete Anzahl der Gitterpunkte aufsummiert, an denen die jeweilige Windrichtung gegeben ist. Anschließend wird geprüft, in welchem der vier Hauptwindrichtungssektoren

- Nordost ($1°$-$90°$) - NO

- Südost ($91°$-$180°$) - SO

- Südwest ($181°$-$270°$) - SW

- Nordwest ($271°$-$360°$) - NW

der größte Anteil des zuvor ermittelten $90°$-Sektors liegt. Dieser Hauptsektor entspricht dann dem in der Wetterlagenklasse angegebenen Windindex. Wenn in keinem Sektor mehr als 2/3 aller Werte liegen, wird die Windrichtung mit dem Wert XX als nicht eindeutig betimmmbar angegeben.

Zyklonalitätsindex

Der Zyklonalitätsindex ZI beschreibt die gewichtete mittlere Zyklonalität innerhalb des Gebiets. Die Zyklonalität berechnet sich aus der Vorticity ζ_g:

$$ZI = f \cdot \zeta_g = \nabla^2 \phi = \left(\frac{\partial^2 \phi}{\partial x^2} + \frac{\partial^2 \phi}{\partial y^2} \right). \qquad [3.5]$$

Diese wird für jeden Gitterpunkt berechnet, wobei ϕ das Geopotential ist. Daraus wird wiederum das oben beschriebene gewichtete Mittel gebildet. Positive Werte lassen auf zyklonal gekrümmte Strömung (Z), negative Werte auf antizyklonal gekrümmte Strömung (A) schließen. Bei zyklonalem Einfluss ist gemäß der Omegagleichung (2.40) großräumige Hebung vorhanden, die zur Entwicklung und Verstärkung von Gewittersystemen beitragen kann (siehe Abschnitt 2.2.2).

Feuchtigkeitsindex

Zur Bestimmung des Feuchteindexes wird das gewichtete Gebietsmittel des vertikal integrierten Wasserdampfgehalts (precipitable water, *PW*, Gl. 3.6) der Atmosphäre vom Boden bis 300 hPa betrachtet. Dazu wird an jedem Gitterpunkt das Mischungsverhältnis *r* (Gl. 3.7) für jede Hauptdruckfläche *i* (950, 850, 700, 500 und 300 hPa) bestimmt und daraus *PW* bestimmt.

$$PW = -\frac{1}{g} \int_{950hPa}^{300hPa} r\,dp = \frac{1}{g} \sum_{i=1}^{5} \frac{1}{2}(r_{i+1} - r_i)(p_{i+1} - p_i) \qquad [3.6]$$

$$r = 0,622 \frac{R_H E}{p - R_H E} \qquad [3.7]$$

R_H ist die relative Feuchte, $E = E(t)$ beschreibt den Sättigungsdampfdruck in hPa, p den jeweiligen Luftdruck. Diese PW-Werte werden mit der entsprechenden Gewichtung über das Gebiet gemittelt und mit einem mehrjährigen 10-tägigen gleitenden Mittel verglichen, da es den Jahresgang des PW-Werts zu berücksichtigen gilt. Liegt der PW-Wert über dem Mittel, wird die Wetterlage als feucht (F), sonst als trocken (T) klassifiziert.

3.5 Reanalysedaten

Das Europäische Zentrum für Mittelfristige Wettervorhersage (EZMW, ECMWF) veröffentlicht verschiedene Reanalyseprodukte. Bei Reanalysen werden meteorologische Felder nachträglich mit Hilfe eines aktuellen numerischen Wettervorhersagemodells und Datenassimilation in einem Modellgitter dargestellt. Als Eingangsdaten werden sämtliche verfügbare Messdaten wie beispielsweise Radiosondendaten, Satelliten- und Stationsdaten verwendet. Bei den verwendeten ERA-Interim Daten beträgt die horizontale Auflösung 0,75°. Die Daten liegen seit dem Jahr 1989 in einer zeitlichen Auflösung von 6 h vor (Dee et al., 2011). Im Vergleich zum Vorgängerdatensatz ERA40, der ab dem Jahr 1971 vorliegt, wurden einige Verbesserungen verwirklicht. So ist die horizontale Auflösung der Modellfelder höher, eine bessere Modellphysik und Korrektur systematischer Fehler werden verwendet und die Analyse der Feuchtigkeit wurde ebenfalls verbessert.

In der vorliegenden Arbeit wurden nur die Reanalysen der CAPE (siehe Abschnitt 2.1.2) verwendet. Hierfür wurden die Modelldaten mit einer horizontalen Auflösung von

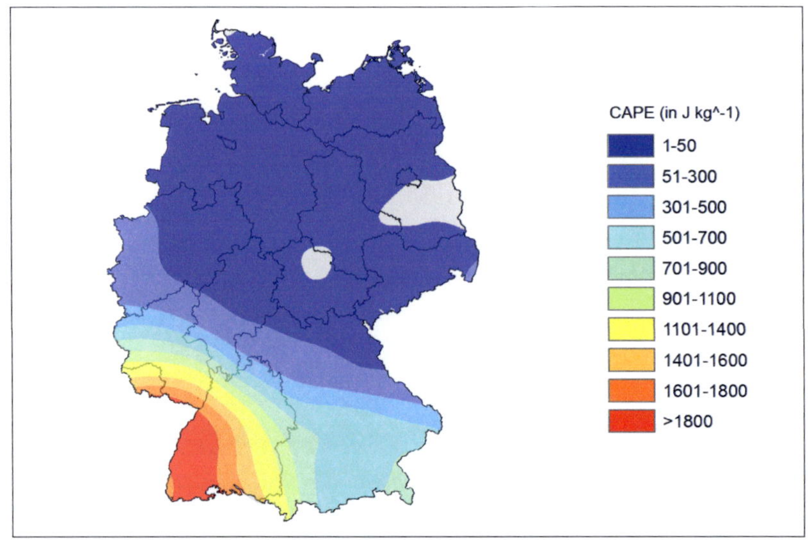

Abb. 3.9: Tagesmaximum der CAPE am 28.06.2006 aus ERA-Interim Daten. In Gebieten ohne farbliche Markierung wurde keine CAPE ($CAPE = 0\ J\ kg^{-1}$) analysiert.

$0{,}75°$ in das für alle Analysen verwendete Untersuchungsgitter der Größe 900×900 km^2 transformiert und dort flächig gemittelt. In die Analyse geht jeweils das Maximum der CAPE eines gesamten Tages mit ein (Abb. 3.9). Dafür wird für jeden Gitterpunkt das Tagesmaximum aus den Modellterminen 0, 6, 12 und 18 UTC ermittelt.

Diese Daten werden in der Arbeit verwendet, um das Konvektionspotential in Kombination mit Radarsignalen und Versicherungsschäden zu untersuchen.

3.6 Hagelmeldungen der ESWD

Die European Severe Weather Database (ESWD) ist eine vom European Severe Storm Laboratory (ESSL) betriebene Datenbank zur Erfassung von extremen Wetterereignissen. Dabei liegt der Schwerpunkt auf starken konvektiven Wettersystemen, die größtenteils mit Schäden verbunden sind. Die aus Zeitungen und von ehrenamtlichen Beobachtern gesammelten Daten werden einer Qualitätskontrolle unterzogen und in der Datenbank aufgelistet. Ebenfalls wurden historische Ereignisse in die Datenbank eingearbeitet, die teilweise viele Jahre zurückliegen. Dabei wird die Qualität der Meldungen in vier Stufen angegeben (ESSL, 2006). Für diese Arbeit wurden nur Meldungen verwendet, die einer Plausibilitätsprüfung durch das ESSL unterzogen wurden.

Für Hagelereignisse liegen beispielsweise meist Daten über den Ort und die Zeit des Ereignisses sowie teilweise eine Angabe über die Hagelkorngröße und möglicherweise entstandene Schäden vor. Dabei werden nur Hagelereignisse mit Korngrößen über 2 cm in der Datenbank aufgeführt.

Ein großer Nachteil der Datenbank ist die zeitliche Inkonsistenz. Vor allem in den Anfangsjahren wurden nur sehr wenige Meldungen erfasst. Die Anzahl der Beobachtungen nimmt mit der Zeit zu, weil eine größere Anzahl von Beobachtern beteiligt war. Eine weitere Ungenauigkeit des Datensatzes ist die ungleichmäßige Verteilung der Beobachter. Nicht jedes Ereignis wird mit gleicher Genauigkeit erfasst. Deshalb wurden die Daten der ESWD im Rahmen der vorliegenden Arbeit nicht für die statistische Untersuchung der Hagelereignisse verwendet.

Es erfolgte jedoch eine Analyse des Zusammenhangs zwischen den beobachteten Hagelkorndurchmessern und der Information aus den Radardaten, indem zu jedem beobachteten Hagelereignis mit angegebener Hagelkorngröße die Radarsignale untersucht wurden.

4 Entwicklung und Anwendung der Verfahren zur Detektion von Hagel

Im folgenden Kapitel werden die Methoden beschrieben, die zur bestmöglichen Detektion von Hagel aus meteorologischen Daten entwickelt und getestet wurden. Zur Verifizierung der Detektionsgüte wurden Gütemaße (engl. Skill Scores) verwendet, die im Abschnitt 4.1 erläutert werden. Um Hagelereignisse in hoher räumlicher Auflösung zu detektieren, ist zunächst eine Anpassung und Korrektur der zur Verfügung stehenden Daten notwendig. Besonders die Radardaten enthalten viele Ungenauigkeiten und Fehler, die mit Hilfe verschiedener Verfahren beseitigt wurden. Eine Vorstellung der hierfür verwendeten Korrekturen und Methoden sowie eine Beschreibung des Abgleichs mit den Blitzdaten erfolgt in den Kapiteln 4.2 und 4.5. Im Abschnitt 4.3 wird die Funktionsweise und die Anwendung des Zellverfolgungsalgorithmus TRACE3D, mit dem Gewitterzellen in Radardaten identifiziert und verfolgt werden können, beschrieben. Der Abschnitt 4.4 befasst sich schließlich mit der Erkennung von Hagel in den Radardaten, die letztendlich mit den vorliegenden Versicherungsdaten kombiniert werden, was im Abschnitt 4.6 erklärt wird.

4.1 Kategorische Verifikation und Gütemaße

Mit Hilfe verschiedener Gütemaße werden die Werte ermittelt, mit denen sich Hagelschäden bestmöglich durch Radarsignaturen abbilden lassen. Diese Gütemaße werden durch die vier Elemente einer Kontingenztabelle nach der kategorischen Verifikation bestimmt (Tab. 4.1). Diese Kontingenztabelle verbindet das tatsächliche Auftreten von Hagelschlag mit der Detektion durch meteorologische Parameter. Das tatsächliche Auftreten von Hagel wird mit Hilfe der Versicherungsdaten festgestellt, als meteorologische Daten werden hauptsächlich Radardaten verwendet, die nach verschiedenen Methoden und Kriterien ausgewertet werden (siehe Abschnitt 4.4).

Tab. 4.1: Kontingenztabelle für die kategorische Verifikation des Zusammenhangs zwischen Radardaten und Schadendaten nach Heidke (1926).

Radarkriterium erfüllt	Schaden gemeldet	
	JA	NEIN
JA	a	b
NEIN	c	d

Die Gütemaße beschreiben die Qualität einer Vorhersage, in diesem Fall die Qualität der Detektion des Hagelschadens durch Radardaten.

Für die Analyse tatsächlich eingetretener Ereignisse wird die Entdeckungswahrscheinlichkeit (engl. Probability Of Detection - POD) verwendet:

$$POD = \frac{a}{a+c}.$$ [4.1]

Die POD beschreibt hier das Verhältnis zwischen stattgefundenen und mit Radar detektierten Schadenereignissen. Bei einer POD von 1 werden alle stattgefundenen Schadenereignisse auch mit dem Radar detektiert. Je niedriger der Schwellenwert für das Radarkriterium gesetzt ist, umso größer wird die POD, da dabei auch schwächere Ereignisse als Hagel klassifiziert werden, die nicht unbedingt mit Hagel beziehungsweise mit Schäden verbunden sind.

Die nicht korrekt erfassten Ereignisse werde durch die Fehlalarmrate (engl. False Alarm Rate - FAR) bewertet:

$$FAR = \frac{b}{a+b}.$$ [4.2]

Die FAR beschreibt hier den Anteil der mit dem Radar detektierten Ereignisse, die nicht mit einem Schaden verbunden sind. Je kleiner die FAR, umso besser ist die Detektion.

Für die statistische Auswertung selten auftretender Ereignisse ist der Heidke Skill Score (HSS, Heidke, 1926) am besten geeignet:

$$HSS = \frac{2 \cdot (a \cdot d - b \cdot c)}{(a+c) \cdot (c+d) + (a+b) \cdot (b+d)}.$$ [4.3]

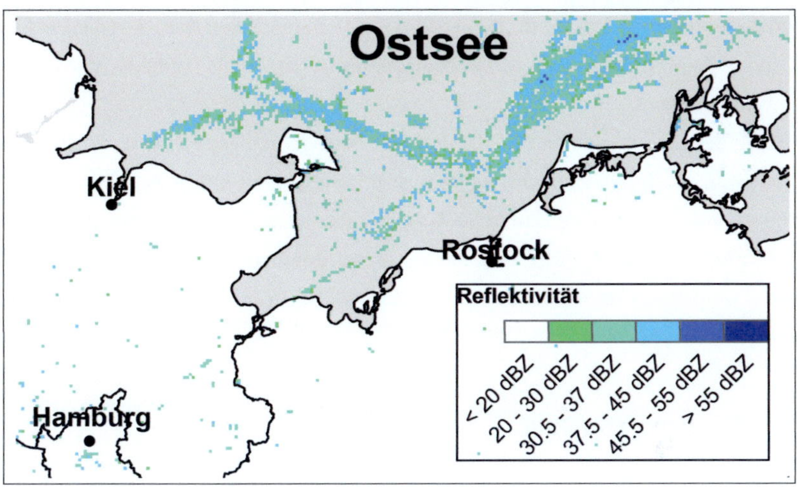

Abb. 4.1: Maximale Radarreflektivität am 09.05.2009 berechnet aus dem RX-Produkt. Über der Ostsee sind Störechos entlang der Schifffahrtsrouten sichtbar.

Dabei werden sowohl Fehlalarme als auch positive Ereignisse berücksichtigt. Je größer der Wert des HSS ist, umso besser ist die Identifikation des Hagelschadens durch Radardaten. Der Maximalwert ist 1, der Minimalwert -1. Ein Wert von Null entspricht dem Zufall.

4.2 Korrektur und Aufbereitung der Radardaten

Beide verwendeten Radarprodukte (RX und PZ) enthalten Störsignale und systematische Fehler, die durch verschiedene Fehlerkorrekturen beseitigt werden mussten. Die Fehler waren meist einzelne Pixel mit deutlich erhöhter Reflektivität im Vergleich zu den umliegenden Bereichen. Bei den RX-Radardaten waren dies Reflektivitätswerte von über 70 dBZ in einer Umgebung, wo sonst keine erhöhte Reflektivität gemessen wurde. Auch in dem dreidimensionalen PZ-Produkt traten solche Fehler auf. Dort waren teilweise Echos maximaler Reflektivität in nur einer Höhenschicht enthalten. Diese Störechos können wegen der hohen Gradienten keine meteorologischen Ursachen haben.

Gehäuft treten solche Fälle in den Bereichen der deutschen Nord- und Ostseeküste über den Wasserflächen auf. Bei näherer Betrachtung bilden sich vor allem die Hauptschifffahrtslinien durch erhöhte Reflektivitäten ab (Abb. 4.1). Es ist naheliegend, dass die

Bordradarsysteme der Schiffe für diese Störechos verantwortlich sind. Aus diesem Grund werden bei den nachfolgenden Auswertungen nur Radarsignale berücksichtigt, die über Landflächen liegen.

Sowohl in den 2D- als auch in den 3D-Datensätzen werden diese Fehler durch verschiedene Verfahren eliminiert. Zunächst werden einzelne Pixel mit hohen Reflektivitätswerten korrigiert, anschließend werden hohe Reflektivitätswerte herausgefiltert, die nur zu einem Zeitpunkt auftreten. Störechos, die mit diesen Methoden nicht identifiziert werden konnten, werden schließlich durch einen systematischen Abgleich mit Blitzdaten eliminiert.

4.2.1 Räumliche Korrektur

Wurde bei einzelnen Pixeln im RX-Produkt (2D) ein deutlich höherer Wert der Radarreflektivität Z detektiert als bei allen umliegenden Pixeln (Differenz größer als 5 dBZ), wurde dem Pixel der Mittelwert aller umliegenden Pixel im Umkreis von 2 km nach folgender Gleichung zugewiesen:

$$Z(x,y) = \frac{1}{8} \left[\sum_{i=-1}^{1} \sum_{j=-1}^{1} Z(x+i, y+j) - Z(x,y) \right]. \qquad [4.4]$$

Meist traten solche Fehler in einer Umgebung mit dem Wert 0 dBZ auf. Diese Korrektur wurde nur bei Pixeln mit einer Reflektivität von über 45 dBZ angewendet. Die optimalen Werte für den Umkreis wurden durch verschiedene Stichproben ermittelt.

Beim PZ-Produkt (3D) wurde eine ähnliche Korrektur angewendet. Diese wurde jedoch erst bei den schon berechneten Datensätzen für das Hagelkriterium (Abschnitt 4.4.2) vorgenommen. Überschritt der Wert eines einzelnen Pixels eine durch Stichproben ermittelte festgelegte Differenz zu allen umliegenden Pixeln, wurde auch hier der Mittelwert der benachbarten Pixel im Umkreis von 2 km gemäß Gleichung (4.4) verwendet.

Zusätzlich wurden Extremwerte, die nur in einer Höhenschicht auftraten, auf den Wert Null gesetzt, wenn die Werte auch in den Höhenschichten der angrenzenden Pixel Null waren.

4.2.2 Zeitliche Korrektur

Wenn sehr hohe Reflektivitätswerte nur zu einem Zeitpunkt auftraten und sowohl beim Datensatz vor und nach dem Zeitpunkt im Untersuchungsgebiet keine erhöhten Reflektivitätswerte detektiert wurden, erfolgte eine Eliminierung dieser Echos. Eine meteorologische Ursache dieser Signale kann ausgeschlossen werden, da bei einem zeitlichen Abstand der Radarmessungen von 5 min selbst kurzlebige konvektive Ereignisse mehrere Zeitschritte lang detektiert werden. Die Ursache dieser Echos können beispielsweise Flugzeuge oder kurzzeitig vorhandene bodengebundene Hindernisse sein. Diese Korrektur erfolgte nur bei den RX-Daten, da die zeitliche Auflösung der PZ-Daten zu gering ist und die Gefahr bestand, auch meteorologische Echos zu eliminieren.

4.2.3 Korrektur mit Blitzdaten

Da Hagel nur im Zusammenhang mit Gewittern auftritt, kann davon ausgegangen werden, dass in der Nähe eines Hagelereignisses auch Blitzschläge detektiert werden. Mit Hilfe der vorliegenden Blitzdaten konnten die Radardaten auf Plausibilität überprüft werden. In Gebieten erhöhter Radarreflektivität, in deren Nähe an dem entsprechenden Tag keine Blitzentladung aufgetreten ist, wurde der Reflektivitätswert gleich Null gesetzt. Als Wert für den maximalen Abstand zwischen dem Ort der Blitzentladung und der erhöhten Radarreflektivität wurden 5 km verwendet. Mit dieser Methode konnten systematische Fehler in den Radardaten, die immer am gleichen Ort auftraten, eliminiert werden. Diese Fehlerpixel zeigen zwar an einzelnen Tagen keinen großen Effekt, aber in der Statistik (zum Beispiel bei der Betrachtung der Anzahl der Hageltage) können sich dadurch größere Fehler ergeben.

Beispielsweise zeigt die Verteilung der aus den Radardaten bestimmten Hageltage in Thüringen ohne Blitzkorrektur ein Maximum im östlichen Teil des Landes (Abb. 4.2a). Dieses Maximum kann nur durch Radarfehler verursacht werden, da andere meteorologische Daten und auch die Versicherungsdaten hier nicht auf ein lokales Maximum hinweisen. Außerdem ist der Gradient im Randbereich sehr groß. Höchstwahrscheinlich sind Bodenechos im Bereich der Radarstation Neuhaus die Ursache für die dort häufig auftretenden hohen Reflektivitätswerte. Wird die beschriebene Blitzkorrektur angewendet, verschwindet dieses Maximum komplett (Abb. 4.2b), während andere Strukturen nahezu

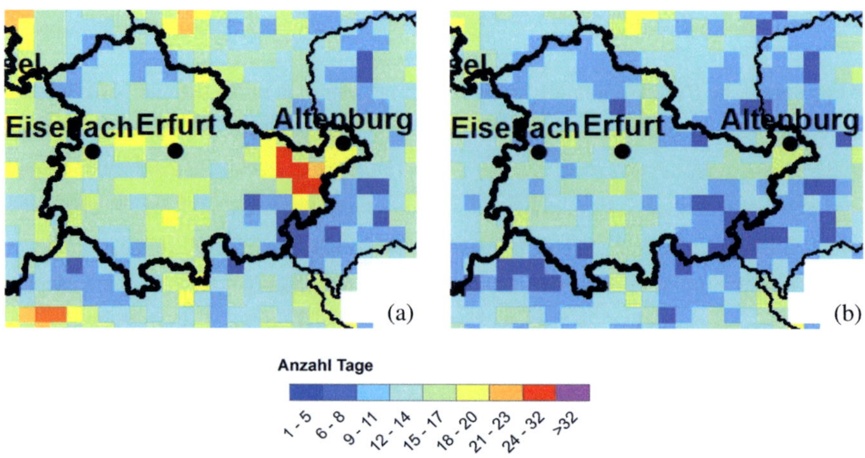

Abb. 4.2: Anzahl der Hageltage (2005-2011) in der Auflösung 10×10 km^2 in Thüringen ohne (a) und mit Blitzkorrektur der Radardaten (b).

gleich bleiben. Auch wird dabei die Übereinstimmung mit Schadenereignissen nach Versicherungsdaten erhöht.

4.3 Zellverfolgung mit TRACE3D

Um aus den vorliegenden Radardaten Zugbahnen konvektiver Zellen zu detektieren, wird der Zellverfolgungsalgorithmus TRACE3D (Handwerker, 2002) verwendet. Die genaue Kenntnis des Verlaufs der Zugbahnen ist für die später beschriebene Advektionskorrektur notwendig (Abschnitt 4.5). In TRACE3D werden verschiedene Effekte wie die Teilung, das Verschmelzen oder das Kreuzen von Gewitterzellen berücksichtigt. Dies sind entscheidende Vorgänge für die Abschätzung der Intensivierung und des Schadenverlaufs entlang von Hagelstrichen. Da verschiedene Betrachtungen gezeigt haben, dass dreidimensionale Radardaten wesentlich bessere Möglichkeiten bieten, konvektive Zelle zu identfizieren und zu verfolgen (z.B. Handwerker, 2002; Kugel, 2012), wurde als Eingangsdatensatz das in Abschnitt 3.1.4 beschriebene PZ-Produkt des DWD verwendet. TRACE3D wurde ursprünglich für Radardaten des IMK-Radars am KIT Campus Nord optimiert und musste deshalb auf die DWD-Radardaten angepasst werden. Das ursprüngliche Programm basiert auf Kugelkoordinaten eines einzelnen Radargeräts. Daher wurde der Algorithmus nachträglich auf das kartesische Koordinatensystem des Radarkomposits angepasst (Kunz et al., 2012).

Zur Zellverfolgung verwendet der Algorithmus TRACE3D Volumeninformationen über die Radarreflektivität. Zunächst werden alle konvektiven Zellen mit Kernen maximaler Radarreflektivität im Untersuchungsgebiet identifiziert. Im zweiten Schritt wird deren Schwerpunkt in den nächsten Zeitschritten räumlich verfolgt. Die Funktionsweise dieses Zellverfolgungsalgorithmus wird in den folgenden Abschnitten beschrieben.

4.3.1 Identifikation von Reflektivitätskernen

Um konvektive Zellen zu identifizieren, wird zunächst das gesamte Volumen der Radardaten unabhängig von der Höhe auf Gebiete untersucht, die eine hohe Radarreflektivität aufweisen. Dabei werden Bereiche detektiert, deren Reflektivität einen bestimmten Schwellenwert überschreitet (Abb. 4.3a). Als Schwellenwert wurde ein Wert von 35 dBZ verwendet, da bei einer reinen Betrachtung konvektiver Zellen schwacher Niederschlag mit geringer Reflektivität vernachlässigt werden kann. Für jedes dieser als ROIP (region of intensive precipitation) bezeichneten Gebiete wird anschließend die maximale Reflektivität bestimmt. Zur weiteren Abgrenzung wird für jede ROIP eine untere Reflektivitätsgrenze festgelegt, die 10 dBZ niedriger als das Maximum des jeweiligen Gebietes ist (Abb. 4.3b). Dadurch können innerhalb einer ROIP mehrere Reflektivitätskerne (engl. Reflectivity Core - RC) bestimmt werden (Abb. 4.3c). Es sind also innerhalb einer ROIP alle Reflektivitätskerne durch die gleiche Untergrenze begrenzt.

In TRACE3D sind darüber hinaus einige Routinen enthalten, die Radareffekte und Störechos (siehe Abschnitt 2.4.4) elimieren und korrigieren (Handwerker, 2002):

- **Bodenechos:** Starke Bodenechos können ähnliche Reflektivitätswerte wie konvektive Zellen aufweisen. Deshalb werden Echos unter 1 km über Grund aus den Daten entfernt.

- **Störechos:** Störechos beispielsweise durch Flugzeuge und solche, die durch anomale Strahlausbreitung entstehen, werden in TRACE3D entfernt, indem sehr kleine RCs entfernt werden. Ein RC muss eine gewisse Mindestfläche einnehmen und eine bestimmte vertikale Ausdehnung haben.

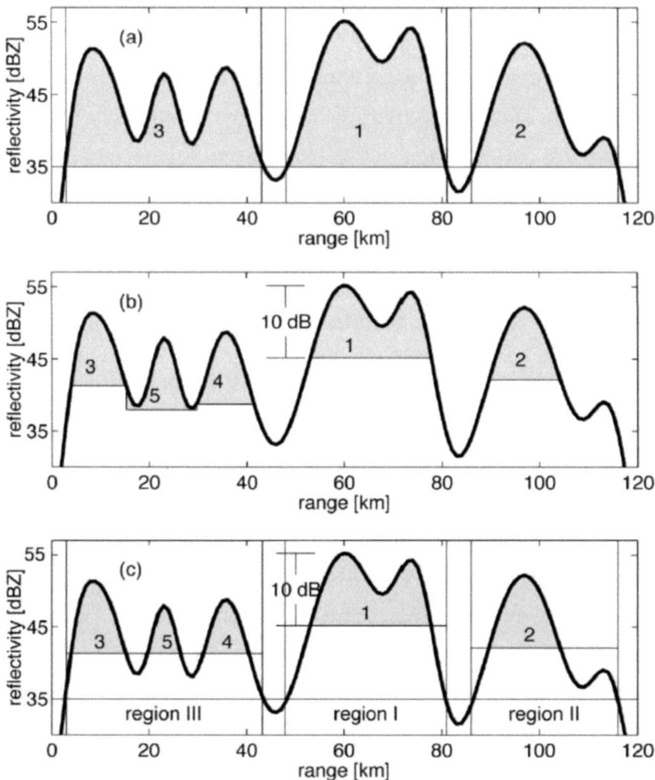

Abb. 4.3: Dargestellt ist die Radarreflektivität als Funktion der Entfernung vom Radar mit den detektierten Reflektivitätsmaxima. Es wird das Verfahren zur Detektion der Reflektivitätskerne nach Handwerker (2002) beschrieben.

- **Erkennung des Hellen Bands:** Da das Helle Band eine sehr geringe vertikale Ausdehnung von nur ca. 1 km hat (Sauvageot, 1992), wird auch dieses bei TRACE3D eliminiert. Ein RC muss mindestens auf 10% der gesamten vom RC belegten Fläche in zwei verschiedenen Elevationen bzw. Höhenlagen zu finden sein. Dies ist beim Hellen Band in der Regel nicht gegeben.

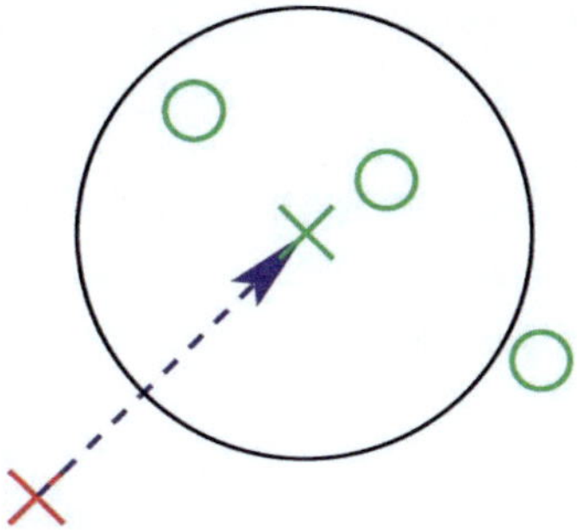

Abb. 4.4: Zellverfolung mit TRACE3D (Handwerker, 2002): Das rote Kreuz zeigt die Position des RC zum Zeitpunkt $t - dt$, das grüne Kreuz die mit Hilfe der Verlagerungsgeschwindigkeit abgeschätzte Position des RC zum Zeitpunkt t. Der schwarze Kreis stellt den Suchradius dar, innerhalb dessen nach RCs gesucht wird.

4.3.2 Zellverfolgung

Nach der Detektion von mehreren RCs in aufeinanderfolgenden Datensätzen versucht TRACE3D, eine zeitliche Verbindung zwischen ihnen herzustellen. Je kleiner das Zeitintervall zwischen den Datensätzen ist, umso besser ist die Zuordnung möglich. Die zeitliche Auflösung von dt=15 min bei den PZ-Radardaten ist dafür ausreichend. Bei der Zellverfolgung wird zunächst die Zuggeschwindigkeit eines RCs zum aktuellen Zeitpunkt t abgeschätzt. Diese Abschätzung geschieht gemäß folgenden Verfahren (Kunz et al., 2012):

1. Wurde ein RC schon in vorangegangenen Datensätzen im zeitlichen Abstand dt und $2dt$ detektiert, sind seine Positionen zu diesen Zeitpunkten $\vec{r}_m(t - 2dt)$ und $\vec{r}_m(t - dt)$ bekannt. Daraus kann die Verlagerungsgeschwindigkeit bestimmt werden. Ist diese Verlagerungsgeschwindigkeit konstant, kann die Position des RC für den aktuellen Datensatz $\vec{r}_m(t)$ abgeschätzt werden.

2. Wurde der RC schon in mehreren vorangegangenen Datensätzen erkannt, wird die Verlagerungsgeschwindigkeit als gewichtetes Mittel der früheren berechneten Geschwindigkeiten ermittelt.

3. Ein neu detektierter RC wird zunächst mit der durchschnittlichen Verlagerungsgeschwindigkeit aller zum Zeitpunkt $t - dt$ vorhandenen RCs belegt.

4. Im ursprünglichen Programm gemäß Handwerker (2002) geht in manchen Fällen auch die radiale Dopplergeschwindigkeit in die Berechnung mit ein. Diese Daten liegen jedoch für das betrachtete Gebiet und den betrachteten Zeitraum nicht vor.

An der mit Hilfe der Verlagerungsgeschwindigkeit abgeschätzten neuen Position wird der weitergezogene RC innerhalb eines bestimmten Suchradius gesucht (Abb. 4.4). Die Größe des Suchradius wird individuell je nach Länge des Verlagerungsvektors und Abstand zum nächstgelegenen Nachbar-RC bestimmt.

Spezialfälle bei der Zellverfolgung

Besonders bei Wetterlagen mit Multizellen und Superzellen treten teilweise **Teilungen** und **Verschmelzungen** von konvektiven Zellen auf. Zu deren Identifikation wird bei TRACE3D die Fläche des ursprünglichen RCs zum Zeitpunkt $t - dt$ mit der Fläche des RCs zum Zeitpunkt t verglichen. Sind die Flächen ähnlich groß, wird eine Zellteilung ausgeschlossen. Ist der in Verlagerungsrichtung gefundene RC dagegen deutlich kleiner als der ursprüngliche, wird eine Zellteilung in Erwägung gezogen. Ist das der Fall, untersucht der Algorithmus, ob es weitere RCs zum Zeitpunkt t gibt, die näher an der abgeschätzten Position liegen als die Distanz, um die sich der Zellkern im letzten Zeitschritt verlagert hat. Demnach hat hier eine Zellteilung stattgefunden. Zur Identifikation von Zellverschmelzungen wird das Verfahren in umgekehrter Reihenfolge durchlaufen.

Nur in sehr seltenen Fällen treten **Zellkreuzungen** innerhalb eines Zeitschritts auf. Deshalb wird eine solche Kreuzung in TRACE3D verwendet, um Fehler zu korrigieren. Liegen sich kreuzende Zugbahnen permament sehr nahe beeinander, werden diese unglaubwürdigen Verknüpfungen entfernt. Dazu werden die RCs, die an Zugbahnkreuzungen beteiligt sind, zu einer Gruppe zusammengefasst und die Verlagerungsgeschwindigkeit gemittelt. Die Verlagerungsgeschwindigkeiten der einzelnen Verknüpfungen werden mit der der gesamten Gruppe verglichen. Nur die Verknüpfung mit der besten Übereinstimmung bleibt erhalten.

Häufig treten beispielsweise bei Gewitterlinien oder MCS große **Häufungen von RCs** auf sehr kleinem Raum auf. TRACE3D überprüft, ob dabei eine Zellverfolgung überhaupt sinnvoll ist. Dafür wird das Verhältnis zwischen der in einem Zeitschritt zurückgelegten Strecke eines RCs und der Distanz zu seinem Nachbarn zum gleichen Zeitpunkt betrachtet. Je nach Verhältnis wird in diesen Regionen der Algorithmus zur Zellteilung bzw. -verschmelzung unterdrückt und eine eindeutige Zuordnung erwirkt.

4.4 Detektion von Hagel anhand von Radardaten

Im Abschnitt 2.4.5 wurden bereits die verschiedenen gebräuchlichen Verfahren beschrieben, mit denen Hagel anhand von Radardaten detektiert werden kann. Da die zur Verfügung stehenden dreidimensionalen Radardaten über eine relativ grobe räumliche Auflösung verfügen und nur Informationen über diskrete Reflektivitätsklassen (siehe Abschnitt 3.1) enthalten, können nicht alle beschriebenen Kriterien getestet und angewendet werden. Als geeignetes Verfahren hat sich für die Untersuchung mit 2D-Radardaten (RX-Produkt) das Kriterium nach Mason (1971) ergeben. Die Vorgehensweise bei der Analyse dieser Datensätze wird in Kapitel 4.4.1 beschrieben. Für die Untersuchungen mit 3D-Radardaten (PZ-Produkt) wurde das Kriterium nach Waldvogel et al. (1978) modifiziert, das in Abschnitt 4.4.2 näher erläutert wird.

4.4.1 Hageldetektion im RX-Produkt (2D)

Aus den vorliegenden Daten des RX-Produkts (Abschnitt 3.1.3) wurde für jeden Tag ein Datensatz erstellt, der das Maximum der aufgetretenen Radarreflektivität Z für jeden Ort enthält. Die Abbildung 4.5 zeigt den maximal erreichten Wert der 2D-Radarreflektivität am 26. Mai 2009. An diesem Tag traten im Süden und Nordosten Deutschlands starke Hagelunwetter auf. In den betroffenen Bereichen wurden verbreitet hohe Reflektivitätswerte über $Z=55$ dBZ gemessen.

Bei der Aufbereitung der Rohdaten wurden zunächst die in 5-minütiger Auflösung vorliegenden Radardatensätze jedes Tages einzeln ausgewertet. Für jedes Pixel der Größe 1×1 km^2 wurde der über 24 h aufgetretene Maximalwert der Radarreflektivität berechnet. Dabei wird jedoch nicht berücksichtigt, über welchen Zeitraum die maximalen Reflektivitätswerte aufgetreten sind. Sehr schnell ziehende Gewittersysteme verursachen das in

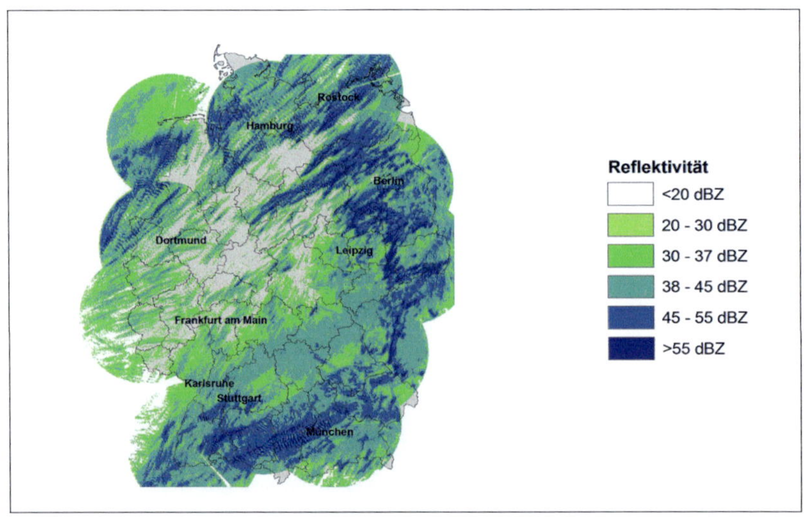

Abb. 4.5: Maximale Radarreflektivität am 26. Mai 2009 berechnet aus dem RX-Produkt.

Abschnitt 4.5 beschriebene Streifenmuster. Die Auswertung erfolgte daher sowohl mit den ursprünglichen als auch mit den advektionskorrigierten Daten.

Zur Unterscheidung von Hagel und Regen auf Grundlage der 2D-Radardaten wird zunächst das Kriterium nach Mason (1971) mit einem Schwellenwert von $Z{>}55$ dBZ verwendet (Kap. 2.4.5). Dieses Kriterium wurde auch in mehreren anderen Studien verwendet (z.B. Schiesser, 1990; Hohl et al., 2002). Dieser Schwellenwert von 55 dBZ ist jedoch nicht speziell auf die hier betrachteten Gebäudeschäden sowie das vorliegende Radarprodukt angepasst. Daher erfolgte hier die später beschriebene Anpassung, bei der der Schwellenwert schrittweise verändert wurde, wodurch ein Schwellenwert für die bestmögliche Detektionsgüte ermittelt werden konnte.

4.4.2 Hageldetektion im PZ-Produkt (3D)

Für die Erkennung von Hagel aus 3D-Radardaten (PZ) kann neben einem einzelnen festen Schwellenwert auch die vertikale Ausdehnung der Gewitterzelle berücksichtigt werden. Für die Hagelentstehung ist eine möglichst große vertikale Ausdehnung der

Gewitterwolke notwendig (siehe Abschnitt 2.3.3). Wie schon in Abschnitt 2.4.5 beschrieben, wird häufig der Abstand zwischen der Höhe der Nullgradgrenze und der maximalen Höhe des Reflektivitätswertes von 45 dBZ betrachtet, um Hagel zu identifizieren. In diesem Bereich liegen die besten Wachstumsbedingungen für die Entstehung von großem Hagel vor. Ist dieser Bereich besonders groß, tritt mit hoher Wahrscheinlichkeit Hagel auf. Nach Waldvogel et al. (1978) ist Hagel möglich, wenn dieser Abstand einen Wert von 1,4 km überschreitet. Da in den zur Verfügung stehenden 3D-Radardaten aufgrund der Verwendung von Reflektivitätsklassen nur eine Klassengrenze bei 46 dBZ enthalten ist, wird die maximal erreichte Höhe dieser Klassengrenze verwendet. So ergibt sich als modifiziertes Hagelkriterium (HK) für die Arbeit:

$$HK = H_{46dBZ} - H_{0°C-Grenze} \qquad [4.5]$$

Der vertikale Abstand HK, der für die Detektion von Hagelereignissen am besten geeignet ist, wird gegenüber Versicherungsdaten evaluiert und, in Abweichung zum Kriterium nach Waldvogel et al. (1978), bestimmt. Abbildung 2.24 in Abschnitt 2.4.5 zeigt eine Abhängigkeit der Hagelwahrscheinlichkeit von diesem Kriterium. Je größer diese Differenz ist, umso wahrscheinlicher ist das Auftreten von Hagel am Boden. Für die Bestimmung der Höhe der Nullgradgrenze werden COSMO Modellanalysen verwendet, die in den PZ-Produkten schon enthalten sind. Dabei liegt für jedes Radargebiet der Größe 400×400 km^2 eine einheitliche Höhe der Nullgradgrenze für jeden Zeitpunkt vor. Durch diese nur sehr grobe Auflösung von $H_{0°C-Grenze}$ und die diskreten Reflektivitätsklassen können sich besonders in den Randgebieten des Erfassungsbereichs der Radarstationen Sprünge in den Werten des Hagelkriteriums ergeben.

Die Auswertung des Hagelkriteriums erfolgt wie beim RX-Produkt ebenfalls tageweise, wobei für jeden Ort der Maximalwert des betrachteten Tages berechnet wurde. In Abbildung 4.6 ist das maximale HK am 26. Mai 2009 dargestellt. Im Bereich besonders hoher Werte ist eine hohe Wahrscheinlichkeit für Hagel am Boden gegeben.

Bei Werten des HK von über 8 km kann es bei der Berechnung zu Problemen kommen, da über einer Höhe von 12 km keine Radarinformation mehr vorliegt. Bei hochliegender Nullgradgrenze (im Sommer mindestens 3 km) werden verfälschte Werte für das HK berechnet. So kann beispielsweise bei einer großen Vertikalausdehnung der Gewitterzelle und hochliegender Nullgradgrenze das HK niedriger sein als bei tiefer liegender Nullgradgrenze und großer Vertikalausdehnung des 46 dBZ-Bereichs. Nach Abbildung 4.7

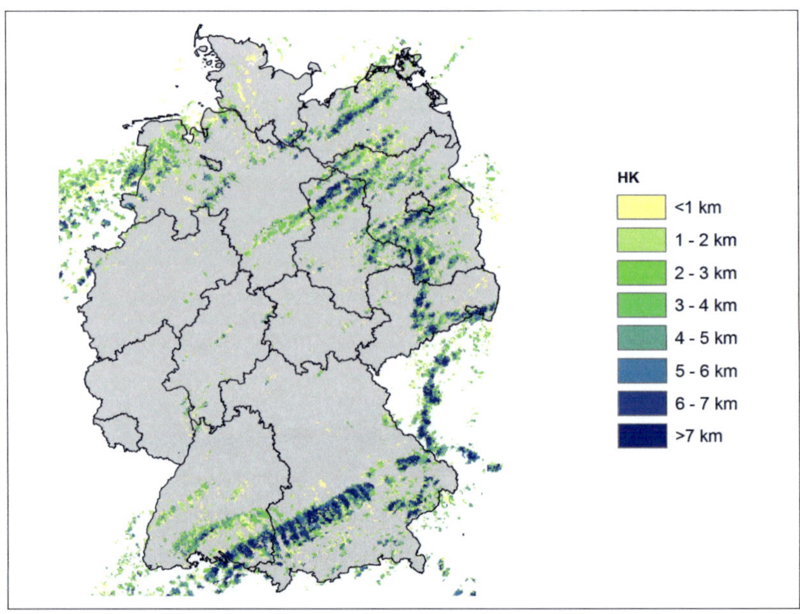

Abb. 4.6: Maximales Hagelkriterium (HK) am 26. Mai 2009, berechnet aus dem PZ-Produkt der Radardaten.

liegt die Nullgradgrenze im südlichen Deutschland (Feldberg) ganzjährig höher als im Norden (Hamburg). Die Unterschiede sind im Frühjahr am größten.

4.5 Advektionskorrektur der Radardaten

Bei der Betrachtung der maximalen Radarreflektivität oder des maximalen Hagelkriteriums eines Tages ist häufig ein Streifenmuster sichtbar (Abb. 4.6 und 4.10a). Dieses Muster tritt auf, wenn die Zelle in einem Messintervall (RX: 5 min, PZ: 15 min) eine größere Distanz zurücklegt, als ihre horizontale Ausdehnung beträgt. Dieser Effekt tritt demnach vor allem bei sich rasch verlagernden Zellen und bei geringen Ausdehnungen der RCs auf. Bei der Untersuchung von maximalen Intensitätswerten an einem bestimmten Ort kann also ein Minimum vorliegen, obwohl die Zelle mit ihrer maximalen Intensität über den Ort gezogen ist.

Durch die hier beschriebene und für diese Arbeit entwickelte Advektionskorrektur kön-

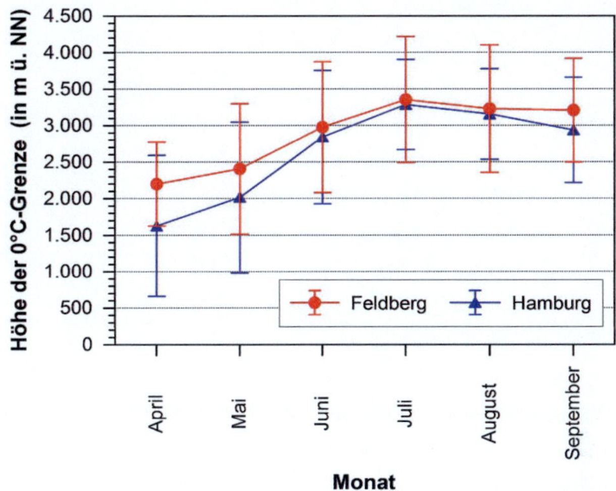

Abb. 4.7: Mittlere Höhe der Nullgradgrenze mit Standardabweichung aus COSMO-Modelldaten über die Jahre 2005 bis 2011 an den Radarstandorten Feldberg und Hamburg.

nen diese unerwünschten Effekte eliminiert werden und spätere Analysen mit einer sehr hohen räumlichen Auflösung durchgeführt werden.

Zur Korrektur des auftretenden Verlagerungseffektes muss die Zugrichtung und -geschwindigkeit einer Gewitterzelle bekannt sein. Diese Informationen werden durch den Zellverfolgungsalgorithmus TRACE3D berechnet. Dabei werden die Daten in das im Abschnitt 3.1.2 beschriebene Koordinatensystem mit der Auflösung von 900×900 km^2 projiziert. Für jeden Punkt entlang einer Zugbahn liegen die Verlagerungsgeschwindigkeiten in Ost-West- (du) sowie in Nord-Süd-Richtung (dv) vor. Somit ergibt sich für jeden Punkt der Position (x,y) der Zugbahn ein Verlagerungsvektor

$$\mathbf{U}(x,y) = \begin{pmatrix} du(x,y) \\ dv(x,y) \end{pmatrix}$$

der Zelle. Da TRACE3D nur die Zugbahn des Schwerpunkts der Zelle bestimmt (Abb. 4.8), erfolgt zunächst eine n-fache Vervielfältigung der Zugbahnen mit parallelem Verlauf, um ein Vektorfeld für die Verlagerung der gesamten Gewitterzelle zu erzeugen. Die Parallelverschiebung der Zugbahnen an die Position (b,c) im Koordinatensystem wird mit

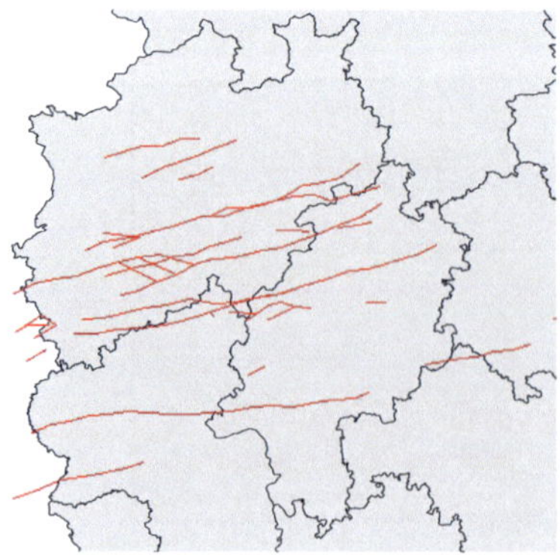

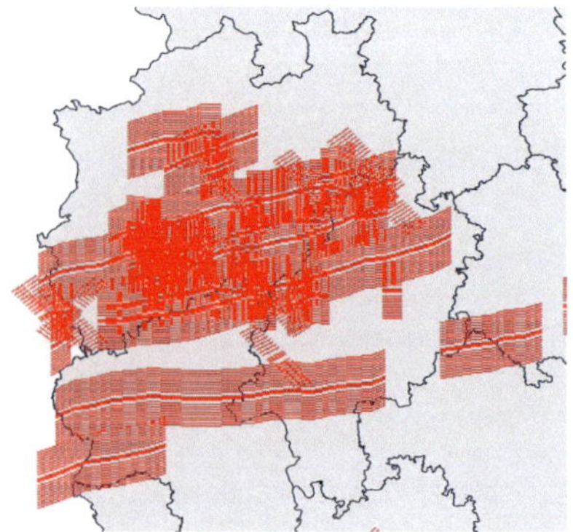

Abb. 4.8: Mit TRACE3D erzeugte Zugbahnen der Gewitterzelle. An jeden Punkt der Zugbahn liegt die Verlagerungsrichtung und -geschwindigkeit vor.

Abb. 4.9: Vektorfeld mit parallel vervielfältigten Zugbahnen aus TRACE3D

Hilfe der normierten Normalenvektoren $\mathbf{t}_1$ und $\mathbf{t}_2$ auf die Zugrichtung mit einem Abstand bis maximal 20 km seitlich der Zugbahn des Schwerpunktes der Zelle durchgeführt. Eine Zugbahnbreite, die die hier verwendeten 40 km überschreitet, ist bei den betrachteten Systemen sehr unwahrscheinlich oder gar nicht möglich. Die Position (b,c), an die der Verlagerungsvektor $\mathbf{U}$ verschoben wird, wurde mit folgender Beziehung berechnet:

$$(b,c) = \left(x + n \cdot \left| \frac{\partial \mathbf{t}_{1,2}}{\partial x} \right|, y + n \cdot \left| \frac{\partial \mathbf{t}_{1,2}}{\partial y} \right| \right) \qquad [4.6]$$

Man erhält dadurch ein Verlagerungsfeld des gesamten Zellkomplexes (Abb. 4.9).

Wird entlang einer der so erzeugten Zugbahnen ein Maximum des Hagelkriteriums (HK, siehe Abschnitt 4.4.2) beziehungsweise der maximalen Radarreflektivität (dBZ_{max}, siehe Abschnitt 4.4.1) erkannt, erfolgt eine Suche nach einem weiteren Maximum in Richtung und Abstand des Verlagerungsvektors im Suchradius r. Um eine bestmögliche Übereinstimmung zu erhalten, wurden verschiedene Suchradien getestet. Die besten Ergebnisse ergeben sich für einen Radius von r=3 km. Das HK (bzw. dBZ_{max}) wird nun für zwei Zwischenschritte zwischen den beiden Maxima am Beginn und Ende des Verlagerungvektors auf der Breite des Suchradius gemittelt. Als gemittelte Zwischenwerte

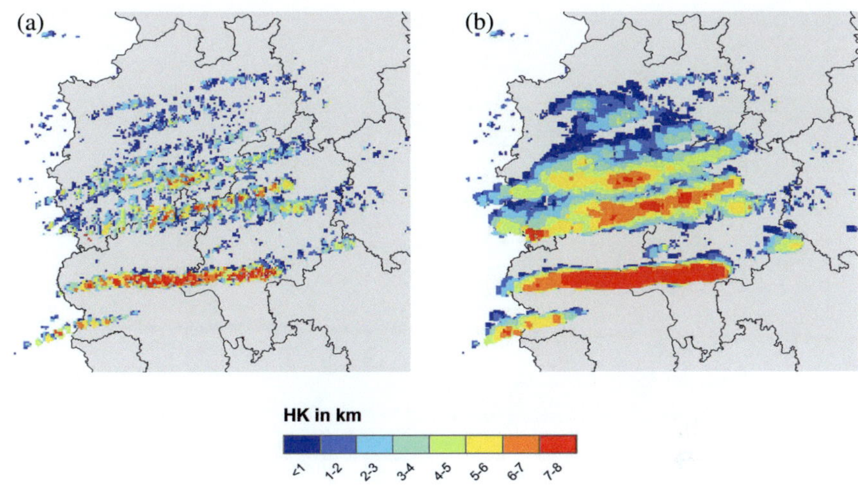

Abb. 4.10: Maximales Hagelkriterium am 27.07.2005 ohne Advektionskorrektur (a) und nach erfolgter Advektionskorrektur (b).

ergeben sich $HK1$ (bzw. $dBZ_{max}1$) und $HK2$ (bzw. $dBZ_{max}1$). Wird entlang der Zugbahn das jeweilige Maximum aus dem Mittelwert oder den schon vorhandenen Werten eingesetzt, ergibt sich

$$HK(x+du\pm r, y+dv\pm r) = max[HK(x+du\pm r, y+dv\pm r), HK1] \qquad [4.7]$$

$$HK(x+2du\pm r, y+2dv\pm r) = max[HK(x+2du\pm r, y+2dv\pm r), HK2] \qquad [4.8]$$

für die Korrektur des HK. Bei Korrektur der 2D-Radarreflektivität ergeben sich analoge Beziehungen mit dBZ_{max} anstelle des HK. Dadurch verschwindet das Streifenmuster und das Hagelkriterium HK entlang der Zugbahn wird kontinuierlich dargestellt (Abb. 4.10b).

Diese Advektionskorrektur kann nur für Zugbahnen angewendet werden, die durch TRACE3D identifiziert wurden. Erfüllt eine Gewitterzelle nicht diese Kriterien (Abschnitt 4.3), kann keine Zugbahn und damit keine Advektionskorrektur berechnet werden. Stellenweise kann der Zellverfolgungsalgorithmus aufgrund der unzureichenden Auflösung der Radardaten von 2×2 km^2 oder einer komplexen Struktur der Gewitterzellen keine eindeutigen Zugbahnen bestimmen. In diesen Gebieten ist auch die Advektionskorrektur fehlerhaft und kann zu große oder falsch orientierte Gebiete mit hohem Hagelkriterium und Radarreflektivität erzeugen.

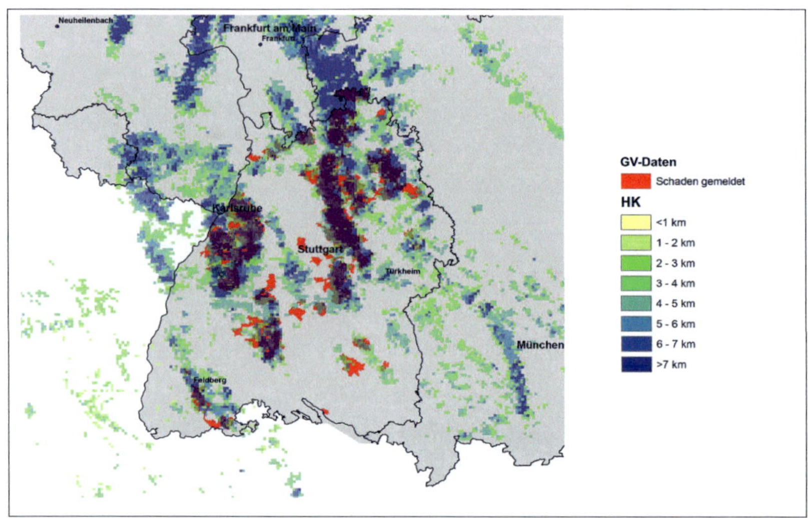

Abb. 4.11: Kombination von Schadengebieten nach den GV-Schadendaten (rot) und dem aus Radardaten bestimmten Hagelkriterium (HK), beispielhaft für den 30.05.2008. Es sind nur Hagelschäden in Baden-Württemberg dargestellt.

4.6 Kombination von Versicherungsdaten mit Radardaten

Zur bestmöglichen Identifikation von Hagel am Boden wurden die verschiedenen korrigierten Radardatensätze gegenüber den vorliegenden Versicherungsdaten evaluiert. Ziel dieser Evaluierung war es, sowohl geeignete Schwellenwerte für die Radardaten zur Detektion von Hagel zu bestimmen, als auch die Güte der Methoden quantitativ zu untersuchen und zu bewerten. Dabei wurde auch die Güte der Radarkriterien (2D oder 3D) statistisch analysiert. Dafür erfolgte zunächst eine Transformation der Versicherungsdaten in das Koordinatensystem der Radardaten (Abschnitt 3.1.2). Somit konnte auf diesem 900×900 km^2 - Raster für jeden Ort ein direkter und systematischer Vergleich zwischen Radarsignal und eventuell aufgetretenem, bei einer Versicherung gemeldeten, Hagelschaden erfolgen. In Abbildung 4.11 sind beispielhaft für einen Tag Gebiete mit am Boden entstandenen Schäden in Baden-Württemberg in Verbindung mit dem HK dargestellt.

Für jeden Tag und für jedes Gebiet der Größe 1×1 km^2 wurde geprüft, ob ein Hagelschaden und eine Schwellwertüberschreitung des Radarkriteriums vorliegt. Da die horizontale Auflösung der 3D-Daten nur 2 km beträgt und auch die Versicherungsdaten durch die Aggregierung auf 5-stellige Postleitzahlengebiete relativ große Ungenauigkeiten implizieren, wurden die Datensätze nicht nur an einem Ort, sondern auch für ein größeres Gebiet miteinander verglichen. Wurde keine direkte Übereinstimmung am selben Ort gefunden, erfolgte eine Suche in einem größeren Gebiet der Größe 5×5 km^2. Die Ergebnisse (Radarkriterium erfüllt: Ja/Nein, Hagelschaden: Ja/Nein) wurden in einer Kontingenztabelle (Tab. 4.1) zusammengefasst, aus der verschiedene Gütemaße abgeleitet werden können, die die Qualität des jeweiligen Radarkriteriums als Prädiktor für Hagelschäden beschreiben (siehe Abschnitt 4.1). Berücksichtigt wurden hier der Heidke Skill Score (HSS), die Fehlalarmrate (engl. False Alarm Rate - FAR) und die Entdeckungswahrscheinlichkeit (engl. Probability of Detection - POD). Die auf die oben beschriebene Weise bestimmten Gütemaße sind somit Mittelwerte über das gesamte Untersuchungsgebiet.

Der Vergleich von Radardaten mit den Schadendaten der Vereinigten Hagelversicherung (VH) kann für ganz Deutschland durchgeführt wurden. Jedoch liegen hier keine Informationen über die räumliche Abdeckung der versicherten Gebiete vor.
Da die Daten der Gebäudeversicherung (GV) nur für die Bundesländer Baden-Württemberg, Hessen und Thüringen in ausreichender Dichte vorliegen, beschränkt sich die Betrachtung auch nur auf diese Bundesländer. Die Schadenmeldungen der GV stehen für diese Arbeit auf der Ebene fünfstelliger Postleitzahlengebiete zur Verfügung, was eine weitere Einschränkung der Genauigkeit mit sich bringt. Mit Hilfe eines Landnutzungsdatensatzes (CORINE, 2000) wurden alle unbebauten Gebiete ausgeblendet.
Für die GV-Daten wurden verschiedene Mindestwerte für die Schadenfrequenz angenommen, ab denen Ereignisse als Hagelereignisse gezählt werden. Die folgende Betrachtung erfolgte für Ereignisse ohne Berücksichtigung eines Schwellenwertes für die Schadenfrequenz und für Ereignisse ab einer Schadenfrequenz von 0,1%.

Zur Ermittlung der bestmöglichen Übereinstimmung von Radardaten und Versicherungsdaten wurden die Schwellenwerte der Radarkriterien (2D oder 3D) systematisch angehoben. Mit diesen verschiedenen Schwellenwerten erfolgte die Berechnung verschiedener Gütemaße jeweils für den gesamten Untersuchungszeitraum im Untersuchungsgebiet. So konnten die Schwellenwerte für die bestmögliche Detektion von Hagel bestimmt werden. Für die GV-Daten lagen für die Berechnung die Jahre 2005 bis 2011 zugrunde, mit den Daten der VH wurde der Zeitraum 2005-2009 betrachtet. Die Untersuchungen erstrecken sich nur auf das Sommerhalbjahr mit den Monaten April bis September. Im Jahr 2005 wurde der April wegen mangelhafter und größtenteils nicht vorhandener Radardaten nicht in die Analysen mit einbezogen.

4.6.1 Evaluierung der 2D-Radardaten mit Versicherungsdaten

Bei der Kombination der 2D-Radardaten mit den Versicherungsdaten wurden die Schwellenwerte der Radarreflektivität zwischen 45 dBZ und 65 dBZ im Abstand von 1 dBZ variiert. Für die SV-Daten erfolgte zunächst keine Berücksichtigung eines Schwellenwertes der Schadenfrequenz, um eine bessere Vergleichbarkeit mit den VH-Daten zu erreichen, die nur als dichotome Daten vorliegen (Schaden: Ja/Nein).

Der höchste HSS (0,44) wird bei den GV-Daten für einen Schwellenwert von 54 dBZ erreicht. Erwartungsgemäß ist die FAR bei einem sehr hoch angesetzten Schwellenwert am niedrigsten und bei geringen Schwellenwerten am größten (Abb. 4.12a). Die POD beschreibt einen ähnlichen Verlauf, sie erreicht die höchsten Werte beim niedrigsten verwendeten Schwellenwert von 45 dBZ. Dieser Verlauf ergibt sich dadurch, dass bei niedrig liegendem Schwellenwert auch schwache Ereignisse detektiert werden, die keine oder nur wenige Schäden verursachen. Entsprechend werden die tatsächlich stattgefundenen Schadenereignisse zwar besser erfasst, es treten jedoch auch verstärkt Fehldetektionen auf.

Wenn die Schadenmeldungen der GV erst ab einer Schadenfrequenz von 0,1% pro Postleitzahlengebiet berücksichtigt werden, wird ein maximal möglicher HSS von 0,61 bei einer Radarreflektivitätsschwelle von 56 dBZ (Abb. 4.12b) erreicht. Da hierbei nur Tage mit mehreren Schäden berücksichtigt werden, ist der Reflektivitätswert für die bestmögliche Detektion auch deutlich höher gegenüber der Berechnung ohne Schwellenwert. Während die FAR bei beiden Betrachtungen einen ähnlichen Verlauf aufweist, liegt die POD bei der Untersuchung mit Berücksichtigung der Schadenfrequenz teil-

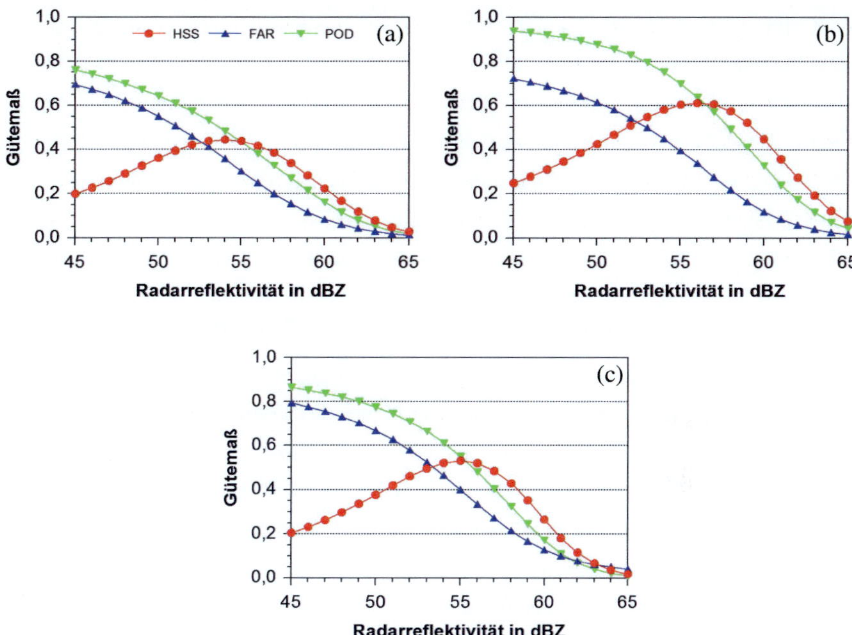

Abb. 4.12: Heidke Skill Score (HSS, rot), Entdeckungswahrscheinlichkeit (POD, grün) und Fehlalarmrate (FAR, blau) nach Evaluierung der Radarreflektivität (in dBZ) mit Versicherungsdaten für einen Radius von 5 km: GV-Daten 2005 bis 2011 ohne Schwellenwert
für die Schadenfrequenz (a), GV-Daten 2005 bis 2011 bei einer Schadenfrequenz >
0,1 % (b) und VH-Daten 2005 bis 2009 (c).

weise deutlich höher. Beim Wert des höchsten HSS beträgt sie 0,64, während sie in
der vorigen Betrachtung beim höchsten HSS nur 0,48 ergibt. Bei Berücksichtigung
eines Schwellenwerts für die Schadenfrequenz werden schwache Ereignisse, die möglicherweise im Radar nicht vollständig detektiert werden können und Tage mit wenigen Schäden herausgefiltert, so dass daher die POD zunimmt. Das bestätigt die
Notwendigkeit, die Versicherungsdaten durch einen geeigneten Schwellenwert zu fil-
tern. Durch Berücksichtigung der Schadenfrequenz werden ungenaue Meldungen und
Falschmeldungen eliminiert und dadurch die Übereinstimmung der beiden Datensätze
erhöht.

Der HSS zeigt im Bereich seines Maximums nur eine geringe Sensitivtität gegenüber der Reflektivität, das heißt er ändert sich nur wenig bei einer kleinen Verschiebung des Schwellenwerts von Z.

Für die ganz Deutschland umfassenden VH-Daten ergibt sich ein maximaler HSS von 0,53 für einen Schwellenwert der Reflektivität von 55 dBZ (Abb. 4.12c). Die FAR und die POD haben einen ähnlichen Verlauf wie bei den GV-Daten. Die FAR bleibt jedoch mit zunehmender Radarreflektivität lange relativ hoch. So erreicht sie beim maximalen HSS einen Wert von 0,40, während sie in den oben beschriebenen Vergleichen mit den SV-Daten nur 0,37 bzw. 0,33 erreicht. Dieser Effekt ist auf die über das Jahr variable Vulnerabilität der versicherten Flächen zurückzuführen. Tritt beispielsweise nach der Ernte ein Hagelschlag auf, ist dieser nicht mehr für die Versicherung relevant und es ergibt sich bei der Betrachtung der Gütemaße ein Fehlalarm.
Die Unterschiede des maximalen HSS, die sich bei den zwei Versicherungsdatensätzen ergeben, haben verschiedene Ursachen. Der VH-Datensatz umfasst ein völlig anderes Gebiet als die GV-Daten. Auch die Untersuchungszeiträume sind verschieden, da der VH-Datensatz bereits im Jahr 2009 endet. Erfolgt die Untersuchung mit dem GV-Datensatz für den Zeitraum 2005 bis 2009, ergeben sich jedoch nur geringe Abweichungen im Vergleich zum gesamten Zeitraum (Abb. 4.14a).

Insgesamt ergibt sich bei den 2D-Radardaten die beste Übereinstimmung zwischen den Schadendaten und den Radardaten für Schwellenwerte zwischen 54 und 56 dBZ . Dieses Ergebnis bestätigt den schon bei Mason (1971) angegebenen Wert von 55 dBZ, obwohl bei den hier durchgeführten Vergleichen andere Datensätze verwendet wurden. Für alle weiteren Analysen im Rahmen dieser Arbeit wird daher ein Schwellenwert für die Radarreflektivität von 55 dBZ für die bestmögliche Detektion von Hagelschlag am Boden verwendet.

4.6.2 Evaluierung der 3D-Radardaten mit Versicherungsdaten

Für das aus 3D-Radardaten berechnete HK wurde der Schwellenwert im Bereich von 0 bis 10 km in Schritten von 0,5 km erhöht. Dafür wurden wie im vorigen Abschnitt beschrieben jeweils die Gütemaße aus der Kontingenztabelle berechnet.

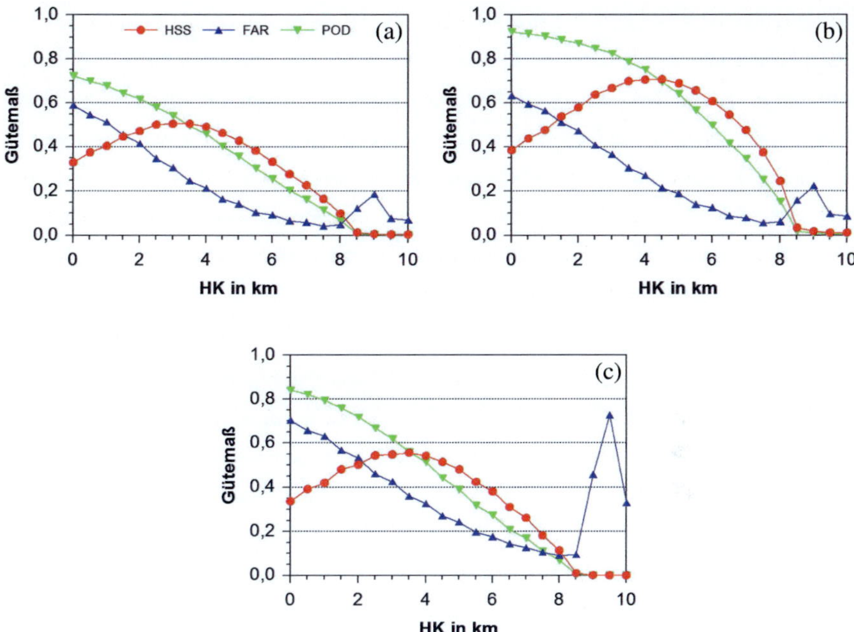

Abb. 4.13: Heidke Skill Score (HSS, rot), Entdeckungswahrscheinlichkeit (POD, grün) und Fehlalarmrate (FAR, blau) nach Evaluierung des Hagelkriteriums (in km) mit Versicherungsdaten für einen Radius von 5 km: GV-Daten 2005 bis 2011 ohne Schwellenwert
für die Schadenfrequenz (a), GV-Daten 2005 bis 2011 ab einer Schadenfrequenz >
0,1% (b) und VH-Daten 2005 bis 2009 (c).

Bei der Evaluierung der 3D-Radardaten mit den GV-Daten ohne Berücksichtigung der
Schadenfrequenz ergibt sich bei bester Übereinstimmung ein maximaler HSS von 0,51.
Der zugehörige Schwellenwert für das HK beträgt 3,0 km (Abb 4.13a). Deutlich bessere
Ergebnisse liefert wieder die Evaluierung mit den gefilterten GV-Ereignissen bei Berücksichtigung einer Schadenfrequenz von über 0,1% (Abb 4.13b). Dafür erreicht der HSS
einen Wert von 0,71 bei einem HK von 4,5 km. Die Kurve verläuft allerdings zwischen
3,5 km<HK<4,5 km sehr flach, was auf eine hohe Detektionsgüte in diesem Bereich
schließen lässt. Hier liegt der HSS zwischen 0,70 und 0,71. Diese hohen Werte belegen
die gute Übereinstimmung zwischen dem hier berechneten Kriterium für die Auswertung
der Radardaten und den Versicherungsdaten. Sowohl die FAR als auch die POD nehmen

mit zunehmendem Schwellenwert für das HK ab und zeigen für diesen Bereich eine vergleichsweise hohe Detektionsgüte an. Die FAR liegt im beschriebenen Bereich zwischen 0,30 und 0,21, was den niedrigsten Wert aller Analysen darstellt. Auch die POD ist mit Werten zwischen 0,79 und 0,69 sehr hoch, was einer erheblichen Verbesserung entspricht. Ab einem HK von 8 km sind die Werte aller drei Gütemaße nahe Null. Lediglich die FAR erreicht für HK>9 km noch ein sekundäres Maximum, was jedoch auf die Charakteristik der Berechnung des HK zurückzuführen ist. HK-Werte über etwa 8 km liefern keine sinnvolle Aussage mehr (siehe Abschnitt 4.4.2).

Der Vergleich der Ergebisse der GV-Daten mit berücksichtigter Schadenfrequenz mit denen der VH-Daten zeigt einen ähnlichen Verlauf bei geringeren Werten des HSS. Mit den VH-Daten wird ein maximaler HSS von 0,55 bei einem Schwellenwert für das HK von 3,5 km erreicht (Abb 4.13c). Die FAR und die POD in diesem Bereich zeigen jedoch deutlich geringere Werte gegenüber den gefilterten GV-Daten. Die größten Werte der FAR werden hier bei einem HK von über 9 km erreicht. Dieses Maximum der FAR ist deutlich stärker ausgeprägt als bei der Evaluierung mit den GV-Daten.
Die Unterschiede in den Gütemaßen bei Betrachtung der unterschiedlichen Versicherungsdatensätze bleiben hier ebenfalls erhalten, wenn die Untersuchung für den gleichen Zeitraum 2005 bis 2009 und das gleiche Gebiet (GV-Gebiet) durchführt wird (Abb. 4.14).

Übereinstimmend zeigen die Untersuchungen die beste Detektion von Hagelereignissen, die mit Schäden verbunden sind, für die 3D-Radardaten bei einem Schwellenwert für das HK zwischen 3,5 und 4 km. Diese Ergebnisse decken sich annähernd mit den in Abbildung 2.23 dargestellten Ergebnissen von Waldvogel et al. (1979). Auch dort tritt beim Erreichen eines HK von 3,5 km mit großer Wahrscheinlichkeit Hagel auf. Bei einer weiteren Erhöhung des Schwellenwerts der Schadenfrequenz bei den GV-Daten nimmt auch der Schwellenwert des HK für die bestmögliche Detektion zu. Im Umkehrschluss heißt das, dass mit einem höheren HK auch auf Hagelereignisse höherer Intensität und damit auch mit einem höheren Schadenpotential geschlossen werden kann.

Für alle weitere Analysen in dieser Arbeit wird für die Detektion von Hagelereignissen aus 3D-Radardaten ein Schwellenwert von HK=3,5 km verwendet. Abweichend davon

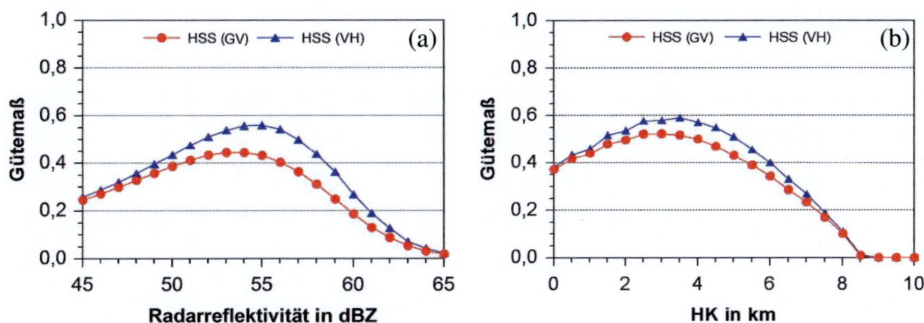

Abb. 4.14: Heidke Skill Score nach Evaluierung der Radarreflektivität in dBZ (a) und des Ha-
gelkriteriums in km (b) mit Versicherungsdaten der SV ohne Schwellenwert für die
Schadenfrequenz (rot) und der VH (blau) für einen Radius von 5 km für das GV-Gebiet
(Baden-Württemberg, Hessen und Thüringen) in den Jahren 2005 bis 2009.

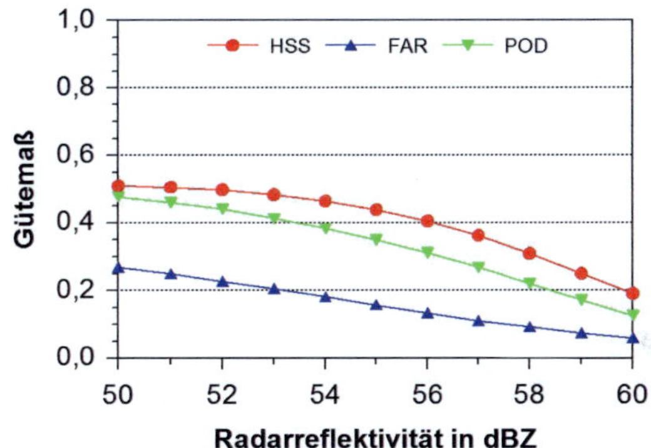

Abb. 4.15: Heidke Skill Score (HSS, rot), Entdeckungswahrscheinlichkeit (POD, grün) und Fehlalarmrate (FAR, blau) bei der Evaluierung der Kombination von HK=3,5 km und
2D-Radarreflektivität (in dBZ) mit GV-Versicherungsdaten von 2005 bis 2011.

wird für die Detektion von starken Hagelereignissen ein Schwellenwert von HK=6 km
berücksichtigt.

4.6.3 Kombination von 2D- und 3D-Daten

Neben der einzelnen Evaluierung der 2D- und 3D-Radardaten wurde als weiteres Hagel-kriterium eine multikriterielle Methode durch Kombination von HK und der Radarreflek-tivität aus den 2D-Radardaten untersucht. Bei Überschreitung der Schwellenwerte beider Parameter ist das Kriterium für Hagel erfüllt. Hierbei wurden ebenfalls die jeweiligen Schwellenwerte zwischen HK-Werten von 2 bis 8 km und Reflektivitätswerten zwischen 45 und 65 dBZ systematisch variiert. In Abbildung 4.15 sind die entsprechenden Güte-maße für HK=3,5 km und veränderte Schwellenwerte der Radarreflektivität dargestellt. Dabei zeigt sich für abnehmende Schwellenwerte der Radarreflektivität ein ansteigender HSS. Demnach wird der HSS maximal, wenn ein möglichst niedriger Schwellenwert der 2D-Radarreflektivität verwendet wird. Auch die FAR und die POD folgen diesen Verlauf. Die alleinige Betrachtung des HK ergibt damit höhere Gütemaße, eine Kombination aus 2D- und 3D-Daten bringt keine weitere Verbesserung der Detektionsgüte. Dementspre-chend wird dieses Verfahren für die weitere Untersuchung nicht verwendet.

4.6.4 Räumliche Analyse der Gütemaße

In den Abschnitten 4.6.1 und 4.6.2 wurden die durchschnittlichen Werte der Gütemaße über das gesamte Untersuchungsgebiet betrachtet. Innerhalb des Untersuchungsgebiets treten jedoch große regionale Unterschiede in der Detektionsgüte auf. Die Versicherungs-dichte ist nicht überall konstant und die Abdeckung durch das Radarnetzwerk weist systematische Ungenauigkeiten und Lücken auf. Grundlage der hier durchgeführten räumlichen Untersuchung der Gütemaße sind die 3D-Radardaten mit HK>3,5 km und die GV-Daten mit einer Schadenfrequenz >0,1%. Die Berechnungen erfolgen hierbei mit einer reduzierten räumlichen Auflösung jeweils für Gebiete der Größe 10×10 km^2. Abbildung 4.16 zeigt die räumliche Verteilung des HSS für das Geschäftsgebiet der SV. Während in weiten Teilen Hessens und Baden-Württembergs sehr hohe Werte erreicht werden, treten auch sehr große Gradienten und geringe Werte des HSS auf. So gibt es beispielsweise in Thüringen größere Gebiete, wo nur sehr wenige Versicherungsverträge existieren und deshalb auch sehr selten oder nie Hagelschäden gemeldet werden. In diesen Gebieten ist mangels Datengrundlage gar keine Berechnung der Gütemaße möglich. Eine geringe Übereinstimmung zwischen Radardaten und Versicherungsdaten findet sich in

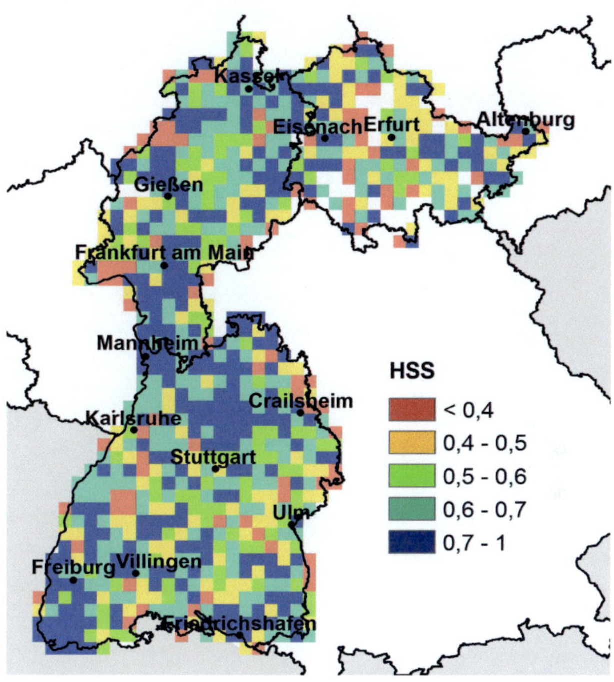

Abb. 4.16: Heidke Skill Score (HSS) nach der Evaluierung des Hagelkriteriums (HK>3,5 km) aus 3D-Radardaten mit den Daten der SV (Schadenfrequenz > 0,1%) von 2005 bis 2011.

den meisten dünn besiedelten Regionen des Untersuchungsgebiets. Besonders in Thüringen, aber auch im Nordschwarzwald, auf der Schwäbischen Alb westlich von Ulm und in den Mittelgebirgen Hessens tritt dieser Effekt auf. In dicht besiedelten Regionen wie beispielsweise dem Rhein-Main-Gebiet zwischen Mannheim und Frankfurt ist der HSS relativ hoch. Dort kann eine gute Detektion von Hagel durch das Radarmessverfahren erreicht werden. Berechet man den Mittelwert über alle Gebiete mit HSS>0, wird ein Wert von 0,66 erreicht. Dieser Wert ist etwas geringer als der in Abbildung 4.13 gezeigt maximale Wert. Gründe hierfür sind die unterschiedlichen Berechnungsverfahren und die Gebietsgrößen.

Betrachtet man die FAR und POD für diese Gebiete (Abb. 4.17 und 4.18) ergibt sich erwartungsgemäß ein ähnliches Bild. Besonders die POD ist in weiten Teilen des Un-

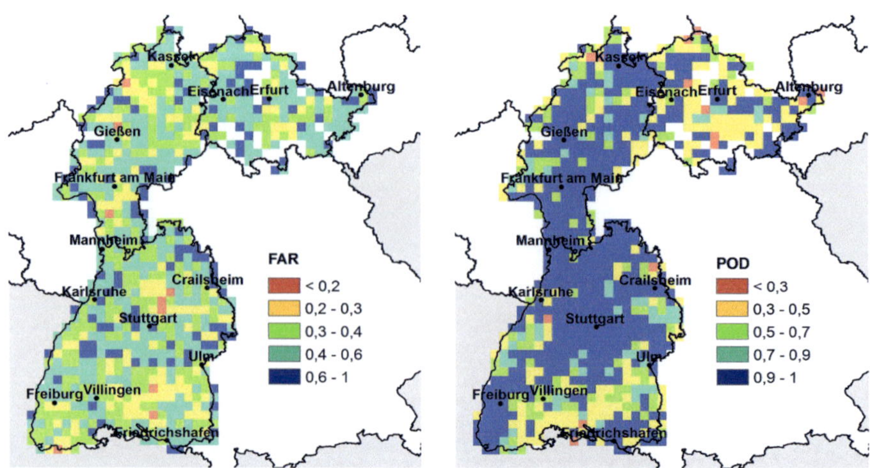

Abb. 4.17: Fehlalarmrate (FAR) bei der Evaluierung der Radardaten mit HK>3,5 km mit den Daten der GV von 2005 bis 2011.

Abb. 4.18: Entdeckungswahrscheinlichkeit (POD) bei der Evaluierung der Radardaten mit HK>3,5 km mit den Daten der GV von 2005 bis 2011.

tersuchungsgebiets sehr hoch. Lediglich in den weniger dicht besiedelten Regionen im Süden Baden-Württembergs, im Nordschwarzwald und auch in Thüringen werden niedrige Werte erreicht. Zum Beispiel kann im Thüringer Wald aufgrund der zu geringen Versicherungsdichte keine sinnvolle Evaluierung der Ergebnisse durchgeführt werden. Die FAR zeigt im größten Teil des Untersuchungsgebiets Werte im mittleren Bereich der Güteskala. Besonders hoch ist sie jedoch in Thüringen, was wieder auf die geringe Versicherungsdichte und dadurch ungenauer detektierte Hagelereignisse zurückzuführen ist.

Wird zur Evaluierung der 3D-Radardaten der VH-Datensatz verwendet, kann die räumliche Verteilung der Größen für ganz Deutschland berechnet werden. Für den HSS (Abb. 4.19) ergeben sich dabei ebenfalls erhebliche Ungenauigkeiten. Besonders in Gebieten, in denen sich wenige oder keine landwirtschaftlichen Flächen befinden, sind die Werte des HSS niedrig oder es liegen keine Daten zur Berechnung vor. Dies ist

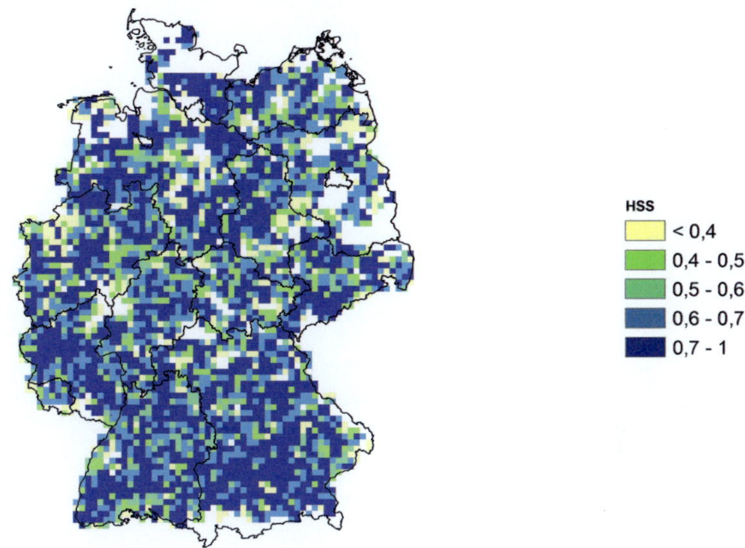

Abb. 4.19: Heidke Skill Score (HSS) nach der Evaluierung des Hagelkriteriums (HK>3,5 km) aus 3D-Radardaten mit den Daten der VH 2005 bis 2009.

besonders im Alpenvorland und in manchen Mittelgebirgen wie Schwarzwald, Taunus, Rhön, Thüringer Wald und Bayerischer Wald der Fall. Auch in den Bereichen entlang der Küsten im Norden Deutschlands sowie in Brandenburg und Mecklenburg-Vorpommern sind Lücken erkennbar. In den restlichen Regionen werden verbreitet HSS-Werte von über 0,7 erreicht, was gemäß Abschnitt 4.6.2 einer relativ hohen Detektionsgüte entspricht. Für ganz Deutschland wird im Mittel für den HSS über alle Gebiete mit HSS>0 ein Wert von 0,74 berechnet. Dieser Wert ist höher als in Abschnitt 4.6.2 angegeben. Die Gründe hierfür sind ebenfalls die unterschiedliche Größe der zugrunde gelegten Gebiete und die unterschiedliche Bildung der Mittelwerte.

5 Räumliche und zeitliche Variation von Hagelereignissen in Deutschland

Ein Ziel der Arbeit ist es, das Auftreten von Hagelgewittern in hoher räumlicher und zeitlicher Auflösung zu untersuchen. Auch sollen die Analysen einen tieferen Einblick in die Charakteristik von Hagelgewittern und deren Zugbahnen geben.

Im folgenden Kapitel werden die entwickelten Verfahren angewendet, um verschiedene statistische Analysen der Hagelaktivität zu erstellen. Zunächst werden im Abschnitt 5.1 die Verfahren mit den verfügbaren Datensätzen im Rahmen von zwei Fallstudien vorgestellt. Anschließend erfolgt im Abschnitt 5.2 die Untersuchung der räumlichen Verteilung der Hageltage im gesamten Untersuchungszeitraum sowie für jeden Monat des Sommerhalbjahrs. Die Ergebnisse der Anwendung des Zellverfolgungsalgorithmus TRACE3D mit Auswertungen der charakteristischen Eigenschaften der Zugbahnen von Hagelgewitter werden im Kapitel 5.4 dargestellt. Eine Diskussion über den Einfluss verschiedener Wetterlagen und Konvektionsbedingungen erfolgt in den Abschnitten 5.5 und 5.6.

Die Orografie hat einen maßgeblichen Einfluss auf die Auslösung und Entwicklung von starken Gewittern. Diese Einflüsse werden im Kapitel 5.7 für verschiedene Regionen des Untersuchungsgebiets betrachtet und statistisch untersucht. Die vorliegenden Radardaten wurden außerdem mit verschiedenen weiteren Größen kombiniert. Ergebnisse aus der Kombination mit Versicherungsdaten zur Ableitung einer Schadenwahrscheinlichkeit sind in Abschnitt 5.8, der Zusammenhang zwischen beobachteter Hagelkorngröße und Radardaten in Abschnitt 5.9 dargestellt.

5.1 Fallstudien

Im folgenden Kapitel sollen anhand einzelner Hagelereignisse die in Kapitel 4 beschriebenen Verfahren veranschaulicht werden. Zunächst wird der Hagelzug vom 26. Mai 2009 näher betrachtet, der mit seiner Schadenhöhe und der Größe der betroffenen Flä-

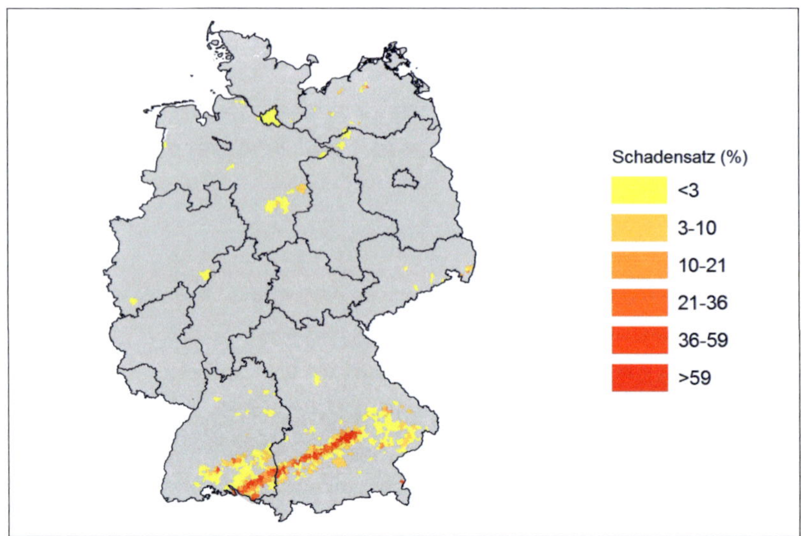

Abb. 5.1: Schadensatz (in %) pro Postleitzahlengebiet am 26. Mai 2009. Dargestellt sind Landwirtschaftsschäden versicherter Flächen der VH.

chen ein historisches Schadenereignis für die Landwirtschaft in Süddeutschland darstellt. Auch der anschließend beschriebene Hagelsturm am 28. Juni 2006 war für die Stadt Villingen-Schwenningen ein beachtliches Ereignis, bei dem über 70% der versicherten Gebäude in der Stadt beschädigt wurden. Diese beiden Ereignisse unterscheiden sich deutlich in der Art und Charakteristik der Gewittersysteme sowie in der räumlichen Ausdehnung. Während im Mai 2009 ein sehr großflächiger Gewitterkomplex über weite Teile Süddeutschlands hinwegzog, war das Hagelgewitter von Villingen-Schwenningen im Jahr 2006 nur ein kleines und relativ kurzlebiges System.

5.1.1 Hagelereignis 26. Mai 2009 - Süddeutschland

Am Nachmittag des 26. Mai 2009 wurde der Südwesten Deutschlands von einem MCS erfasst, das von der Schweiz bis an die deutsch-tschechische Grenze zog und teils sehr schwere Hagelschäden hinterließ. Die beschädigten Flächen erstreckten sich vom Bodensee bis in den Osten Bayerns, wo das System in den Abendstunden zerfiel. Im Norden und Nordosten von Deutschland traten an diesem Tag ebenfalls teils heftige Gewitter

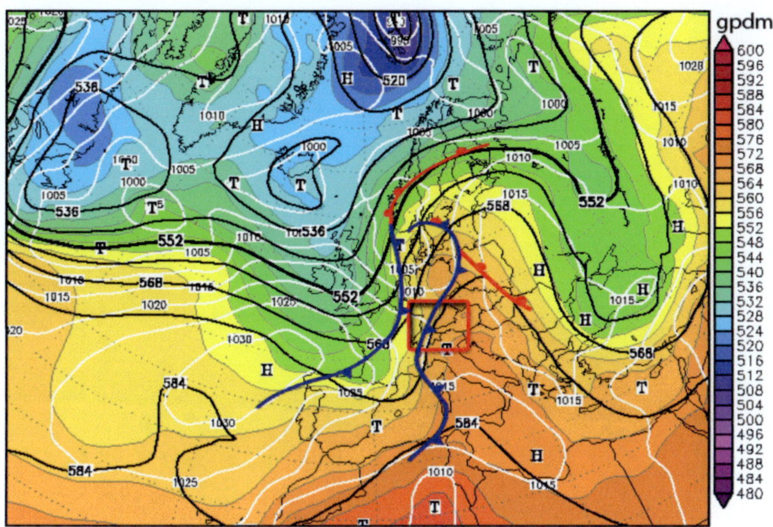

Abb. 5.2: Geopotential 500 hPa (schwarze Linien), Bodendruck (weiße Linien) und relative
Topografie (farbige Konturen) am 26.05.2009 um 12 UTC. Zusätzlich ist die Lage der
Bodenfronten eingezeichnet (Kunz, 2011).

auf, die auch dort große Schäden hinterlassen haben. In der Geschichte der Vereinigten
Hagelversicherung VVaG war dies bislang der Tag mit den größten Hagelschäden. Es sind
alleine in der Landwirtschaft Schäden in einer Größenordnung von über 100 Millionen €
aufgetreten. Dabei waren gebietsweise über 60% der versicherten Flächen betroffen (Abb.
5.1). Im Bodenseeraum wurden zwei Drittel der Obsternte und deutschlandweit ein Drittel der Hopfenernte zerstört. Aufgrund der Stärke des Ereignisses liegen für diesen Tag
zusätzlich Informationen über den Schadensatz der bei der VH gemeldeten Schäden vor.
In den betroffenden Gebieten traten darüber hinaus auch erhebliche Schäden an Gebäuden
auf, allein bei der Gebäudeversicherung betrug die Schadensumme über 15 Millionen €.
Auch in der Schweiz wurden an diesem Tag erhebliche Hagelschäden gemeldet. In der
European Severe Weather Database (ESWD) sind Meldungen von Hagelkörnern bis zu
5 cm Durchmesser enthalten.

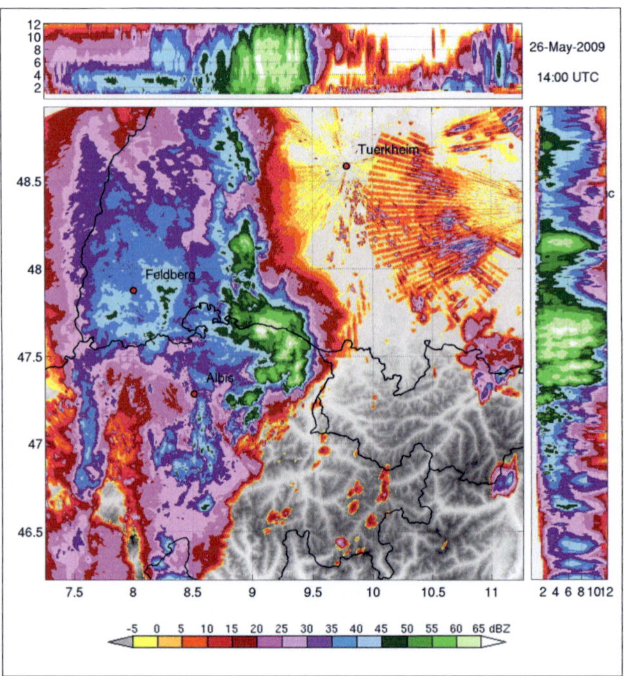

Abb. 5.3: 3D-Radarreflektivität am 26. Mai 2009 um 14 UTC als Komposit der Daten der Radare
Albis (CH), Feldberg, Türkheim und München.

Am 26. Mai 2009 lag Deutschland auf der Vorderseite eines Trogs, dessen Achse
sich um die Mittagszeit von Schottland bis zum Golf von Lyon in Frankreich erstreckte
(Abb. 5.2). Die zu einem Tief über den britischen Insel gehörende Kaltfront lag um 12
UTC noch deutlich westlich von Deutschland, das im Vorfeld der Front von einer feucht-
warmen Luftmasse beeinflusst wurde. In dieser warmen Luftmasse wurden an diesem
Tag relativ hohe Werte der CAPE von über 700 J kg^{-1} in Süddeutschland gemessen.
Die für diesen Tag vom DWD angegebene Wetterlagenklassifikation war *SWZAF*. Dies
ist eine Wetterlage mit einer Südwestströmung, zyklonalen Bedingungen in Bodennähe,
antizyklonaler Krümmung in einer Höhe von 500 hPa und vergleichsweise feuchter
Luftmasse. Nach Kapsch et al. (2012) treten in Verbindung mit dieser Wetterlage häufig
Hagelereignisse auf.

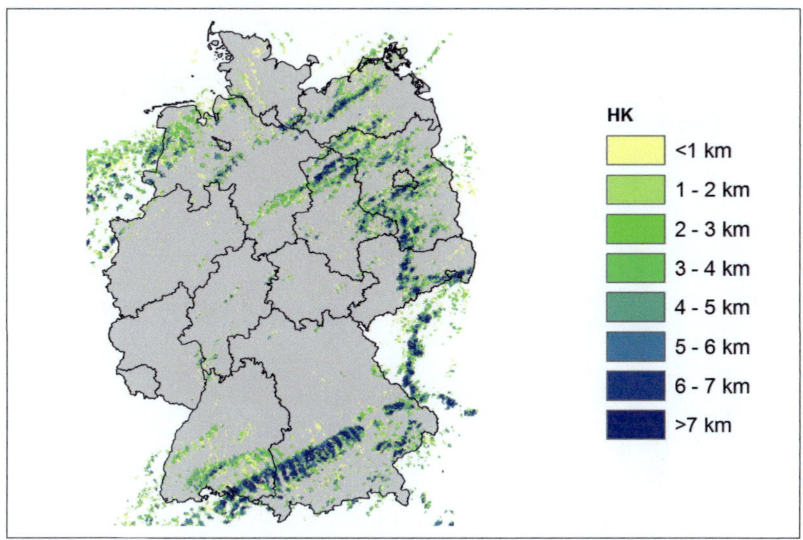

Abb. 5.4: Maximales HK ohne Advektionskorrektur am 26. Mai 2009.

Bei dem Gewitterkomplex handelte es sich ein mesoskaliges konvektives System, das sich im Vorfeld der von Westen nähernden Kaltfront entwickelt hatte. Der Ursprung der Entwicklung des MCS lag bereits einige Stunden vorher im Bereich des Genfer Sees (Kunz, 2011). Dieses MCS zeigte sehr hohe Werte der Radarreflektivität bis über 70 dBZ an seiner Vorderseite, gefolgt von einem großen Bereich mit stratiformen Niederschlägen (Abb. 5.3. Die Maximalwerte des HK lagen, wie in Abbildung 5.4 zu erkennen, großflächig über 6 km.

Betrachtet man die Kombination aus den Ergebnissen der Radaranalyse und der Versicherungsdaten (Abb. 5.5), ist optisch eine relativ gute Übereinstimmung sichtbar. Allerdings sind auch einige Besonderheiten und Störeffekte erkennbar. Im Bodenseeraum beispielsweise, wo die Gewitterzelle die ersten Schäden in Deutschland verursachte, ist der advektionskorrigierte Radardatensatz fehlerbehaftet. In diesem Gebiet wurden durch den Zellverfolgungsalgorithmus TRACE3D (Abschnitt 4.3) keine Zellen detektiert, was trotz Advektionskorrektur zu einem, wie auch in Abbildung 5.4 erkennbaren, Wellenmuster des HK führt. Dadurch werden beim HK keine durchgehenden Bereiche mit

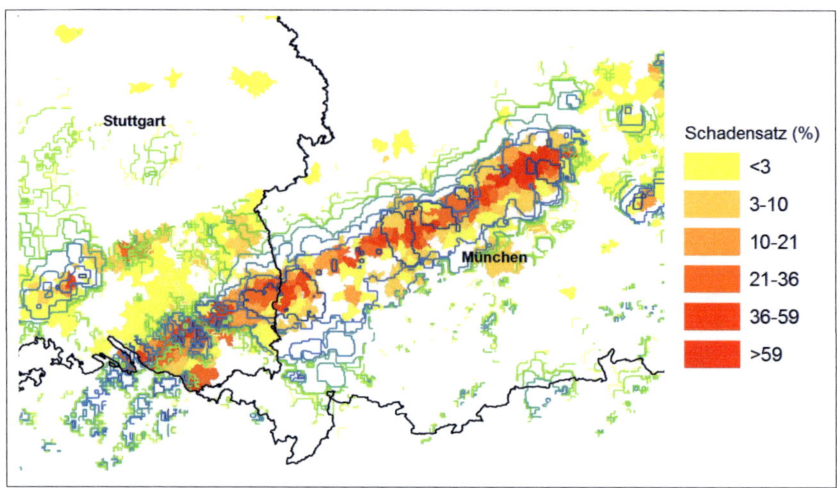

Abb. 5.5: Kombination von advektionskorrigierten Radardaten des HK (Isolinien, Farbskala siehe Abb. 5.4) und VH-Daten (Schadensatz) am 26. Mai 2009.

hohen Werten zusammengefasst. Weiter nordöstlich entlang der Zugbahn ist die Struktur gleichmäßiger, es lassen sich anhand der Isolinien größere zusammenhängende Gebiete mit hohen Werten des HK erkennen. In diesem Bereich hat die Advektionskorrektur fehlerfrei funktioniert. Besonders in einem Bereich nördlich von München stimmen die mit dem Radar detektierten Ausmaße der Zugbahn sehr gut mit den Schadengebieten überein.

Nach dem Zerfall des großen Gewitterkomplexes nordöstlich von München entstanden weniger strukturierte Einzel- und Multizellen, die keine klaren Zugbahnen mehr aufweisen. Auch sind in diesem Bereich die Postleitzahlengebiete teilweise sehr groß, so dass mit hoher Wahrscheinlichkeit Schäden immer nur in einem Teil des Gebiets aufgetreten sind.

Nach der kategorischen Verifikation zwischen Radardaten und GV-Daten für Baden-Württemberg, ergibt sich bei einem Schwellenwert für das HK von 3,5 km ein HSS von 0,46. Die FAR ist sehr niedrig bei 0,08, aber auch die POD erreicht nur 0,38. Die niedrige FAR zeigt, dass mit den vorliegenden Radardaten zwar Schäden in fast allen Bereichen

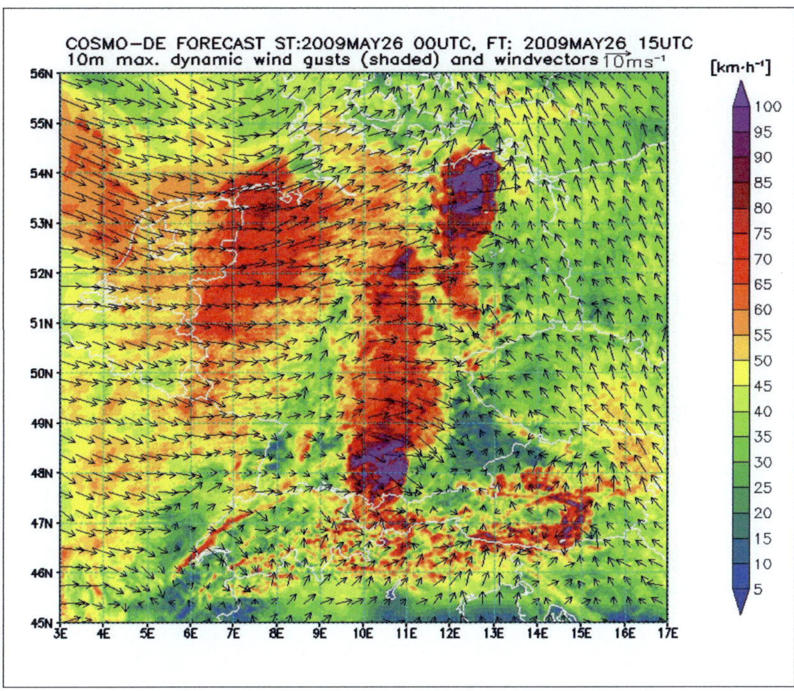

Abb. 5.6: Mit COSMO modellierte Windböen in 10m Höhe am 26. Mai 2009 um 15 UTC.

mit HK>3,5 km aufgetreten sind, jedoch weist die niedrige POD auch auf eine erhebliche Anzahl nicht erkannter Schadengebiete hin. Dabei zeigt sich jedoch wieder ein Effekt, der durch die auf PLZ-Ebene vorliegenden Versicherungsdaten hervorgerufen wird. Besonders in Regionen mit großen Postleitzahlengebieten wird ein Schaden dem ganzen Gebiet zugeordnet, während nur ein kleiner Teil davon betroffen ist. Für die Analyse wurden allerdings nur Gebiete innerhalb des Versicherungsgebiets der GV betrachtet, die nach dem Landnutzungsdatensatz (CORINE, 2000) bebaut sind.

Die Verifikation mit Daten der VH ergibt geringfügig andere Ergebnisse. Dabei beträgt der HSS lediglich 0,42 und die FAR 0,66. Die POD erreicht mit 0,87 einen deutlich besseren Wert. Die beobachteten Unterschiede lassen sich mit der unterschiedlichen Genauigkeit der Daten, dem unterschiedlichen Gebiet und mit der nicht vorhandenen Information über die Lage der versicherten Flächen innerhalb großer Postleitzahlengebiete erklären. Die

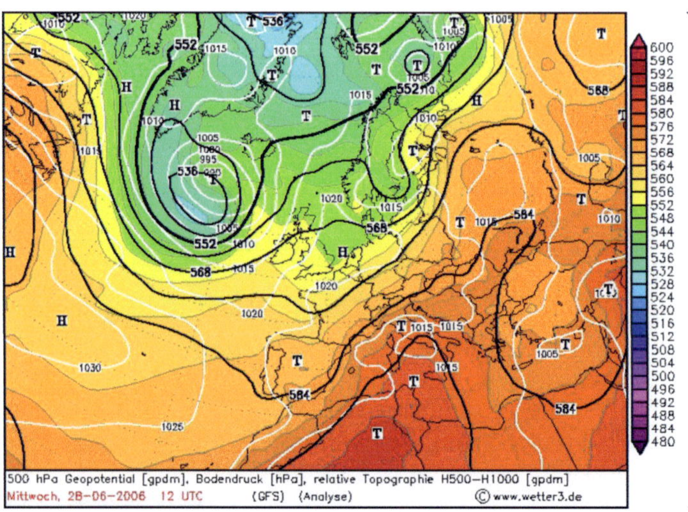

Abb. 5.7: Geopotential in 500 hPa (schwarze Linien), Bodendruck (weiße Linien) und relative
Topografie (farbige Konturen) am 28.06.2006 um 12 UTC.

höhere POD ist auf die im Vergleich zu der in den GV-Daten berücksichtigten bebauten
Fläche viel größere versicherte landwirtschaftliche Fläche zurückzuführen.

Eine weitere Ursache des variablen Schadenbilds ist das Auftreten von Hagel in
Verbindung mit starken Windböen, die den Impuls der Hagelkörner zusätzlich verstärken
und das Schadenpotential deutlich erhöhen können. In COSMO-Modellsimulationen nach
Kunz (2011) zeigen sich im Bereich des MCS sehr starke bodennahe Windböen bis zu
100 km h^{-1} (Abb. 5.6). Das zeigt auch, dass Hagelschäden am Boden nicht alleine durch
Radarsignale vollständig erfasst werden können, sondern dass bodennahe konvektive
Windböen, wie sie häufig bei Böenwalzen eines Gewittersystems auftreten, hierbei eine
entscheidende Rolle spielen können.

5.1.2 Hagelereignis 28. Juni 2006 - Villingen-Schwenningen

Am 28. Juni 2006 wurden die Städte Villingen-Schwenningen und Trossingen in Baden-
Württemberg von einem Hagelunwetter schwer getroffen. Nach Angaben der Gebäude-

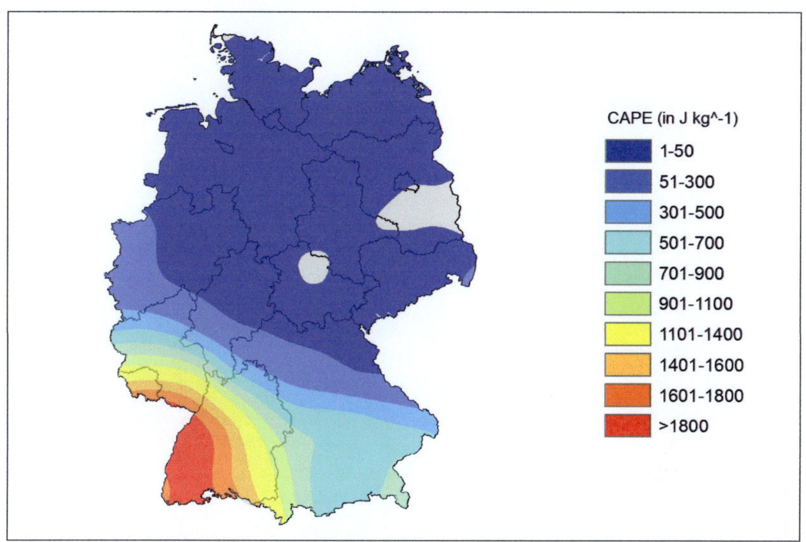

Abb. 5.8: Tagesmaximum des CAPE (in J kg^{-1}) am 28.06.2006 aus ERA-Interim Daten.

versicherung entstanden innerhalb kürzester Zeit Schäden in einer Höhe von über 200 Millionen €. Die Schadenfrequenz in Villingen-Schwenningen und in den umliegenden Ortschaften lag nach den GV-Daten teilweise bei über 70%.

Deutschland lag auch hier auf der Vorderseite eines schwachen Höhentrogs im Einflussbereich einer südwestlichen Strömung (Abb. 5.7). Eine Betrachtung der ERA-Interim-Reanalysedaten der CAPE zeigt Werte von über 1800 J K^{-1} im äußersten Südwesten Deutschlands (Abb. 5.8). Dementsprechend war das Konvektionspotential im Südwesten Deutschlands an diesem Tag am höchsten, während im Norden und Nordosten ungünstige Bedingungen für hochreichende Konvektion vorhanden waren.

Die Wetterlagenklassifikation wurde mit *SWAZF* angegebene. Auch das ist nach Kapsch et al. (2012) eine Wetterlage, die eine erhöhte Häufigkeit für Hagelgewitter aufweist. Durch eine Südwestströmung wurden an dem Tag feucht-warme Luftmassen in den Südwesten Deutschlands transportiert. Am Boden herrschte eine antizyklonale, in der Höhe eine zyklonale Strömung.

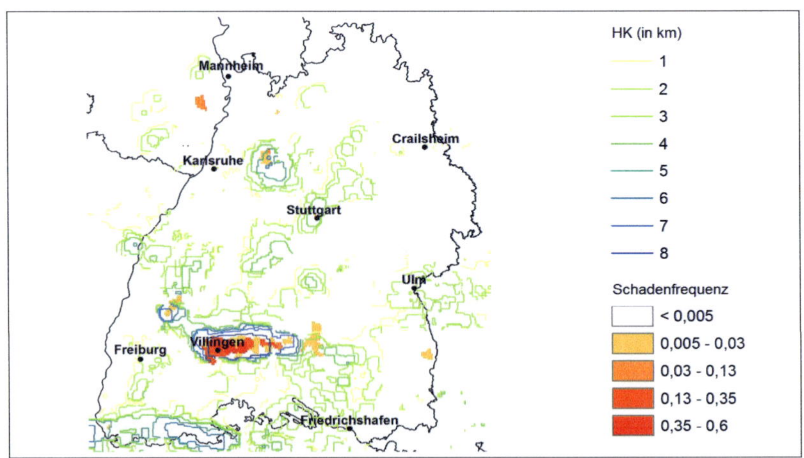

Abb. 5.9: Maximales Hagelkriterium (Isolinien im km) aus advektionskorrigierten Radardaten und Schadenfrequenz (Gebäudeschäden) für Baden-Württemberg am 28.06.2006.

Die Struktur des Hagelunwetters entsprach einer Superzelle mit einer geringen räumlichen Ausdehnung. Diese bildete sich im Lee der Ausläufer der Vogesen im Rheintal, verstärkte sich relativ schnell und erreichte dann in der Gegend von Villingen-Schwenningen und Trossingen ihre maximale Intensität.

In der ESWD sind in diesem Bereich Hagelkorndurchmesser von bis zu 9 cm verzeichnet. Dort wurden auch Werte des Hagelkriteriums von verbreitet über 8 km erreicht. Die Radarreflektivität lag bei sehr hohen Werten von über 65 dBZ bis in Höhen von fast 12 km (Abb. 5.10). Die horizontale Ausdehnung der Zelle war relativ gering, der Durchmesser des Bereichs maximaler Intensität betrug nur ca. 10 km. Die Zelle zog aus westlicher Richtung kommend über die Stadt hinweg und löste sich ungefähr nach 1,5 bis 2 Stunden wieder auf, nachdem sie sich zuvor geteilt hatte. Im Bereich der höchsten Intensitäten wurden auch die stärksten Hagelschäden gemeldet.

Die höchsten Werte des HK wurden im Bereich dieser Zelle gemessen, während andere kleinere Gewitter in Baden-Württemberg am selben Tag deutlich geringere Echos hervorriefen. In Abbildung 5.9 ist eine gute Übereinstimmung zwischen Hagelschäden am Boden und hohen Werten des HK zu erkennen. Auch die kleineren Gebiete mit

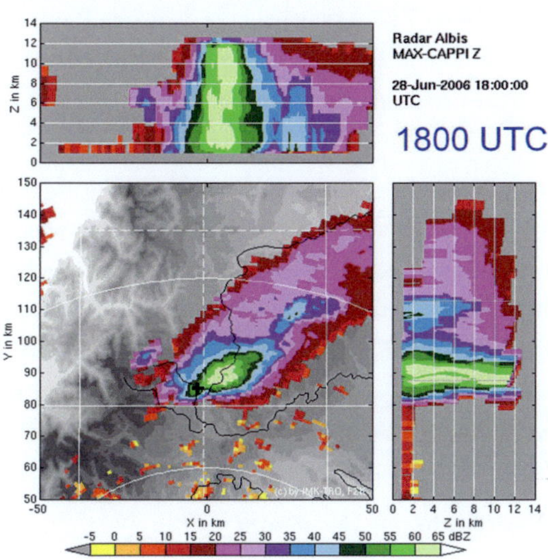

Abb. 5.10: Radarbild des Radars Albis (CH) vom 28.06.2006, 18 UTC.

Schäden, wie beispielsweise östlich von Karlsruhe, werden mittels Radar detektiert. Die Bereiche mit deutlich geringerer Intensität hatten auch keine größeren Hagelschäden mit einer Schadenfrequenz über 0,5% zur Folge. Allerdings lag das Hagelkriterium in diesen Gebieten in den meisten Fällen auch unter 4 km. Lediglich für ein in den Radardaten auftretendes Maximum des HK im südlichen Teil Baden-Württembergs wurden keine hohe Schadenfrequenz durch die GV registriert, obwohl das HK dort 6 km erreichte. Dort ist möglicherweise kein Hagel oder nur Hagelkörner mit kleinem Durchmesser und geringem Schadenpotential aufgetreten.

Nach der kategorischen Verifikation für die Übereinstimmung zwischen Radar- und Versicherungsdaten (GV) ergibt sich ein HSS vom 0,46. Die FAR beträgt 0,30, die POD 0,42. Bis auf die FAR liegen alle Werte in ähnlichen Zahlenbereichen wie am 26. Mai 2009. Ein Betrachtung ohne Advektionskorrektur der Radardaten liefert für den HSS nur einen Wert von 0,30. Auch die POD ist mit 0,21 dabei deutlich geringer. Lediglich die FAR ergibt mit 0,12 einen deutlich besseren Wert. Diese Unterschiede haben ihre Ursache in der durch die Advektionskorrektur geringfügig verbreiterten und verlängerten Zugbahnen. Dadurch werden mehr Schäden durch die Radardaten erfasst, jedoch treten auch häufiger

Falschdetektionen auf. Dieser Effekt kann bei kleinräumigen Ereignissen problematisch sein, da die Advektionskorrektur auf einen breiten Querschnitt der Zugbahnen angepasst ist und sich daher bei kleinen räumlichen Ausdehungen Fehler ergeben können.

Die Fallstudien zeigen, dass bei Hagelereignissen starker Intensität eine gute Detektion der Schadengebiete mit Radardaten möglich ist. Jedoch treten besonders bei schwächeren und nicht strukturierten Ereignissen teilweise erhebliche räumliche Ungenauigkeiten, Fehldetektionen und nicht detektierte Ereignisse auf. Insgesamt sind die entwickelten Methoden jedoch unter Berücksichtigung dieser Ungenauigkeiten für die statistische Untersuchung von Hagelereignissen geeignet. Durch die Betrachtung einer großen Anzahl von Ereignissen werden die Fehler, die verschiedene Ursachen habe, herausgemittelt.

5.2 Räumliche Verteilung der Hageltage

Mit Hilfe statistischer Auswertungen der advektionskorrigierten 3D-Radardaten in einer horizontalen Auflösung von 1×1 km^2 wird im Folgenden die räumliche und zeitliche Verteilung der Hageltage sowie deren Intensität bestimmt.

5.2.1 Anzahl der Hageltage

Wie sich in Abschnitt 4.6 gezeigt hat, wird bei einem Schwellenwert für das Hagelkriterium von HK>3,5 km die bestmögliche Übereinstimmung zwischen den 3D-Radardaten und den Versicherungsdaten erreicht. Daher wird für weitere Analysen dieser Schwellenwert verwendet und die im vorigen Kapitel 4 vorgestellten Methoden der Radardatenauswertung auf alle verfügbaren 3D-Radardaten im gesamten Zeitraum 2005 bis 2011 angewendet.

In Abbildung 5.11 ist die Anzahl der Tage dargestellt, an denen im Untersuchungszeitraum dieses Kriterium erfüllt wurde. Diese Tage werden im weiteren Verlauf als Radar-Hageltage bezeichnet. Bei der Verteilung der Radar-Hageltage ist eine hohe räumliche Variabilität erkennbar. Während in den küstennahen Bereichen der Nord- und Ostsee gar keine und nur eine geringe Anzahl an Radar-Hageltagen beobachtet werden kann (0 bis 5 Tage), ist die Anzahl in einem Gebiet südlich und östlich von Stuttgart, im bayerischen Alpenvorland und in Hessen deutlich größer. Es zeigen sich jedoch auch

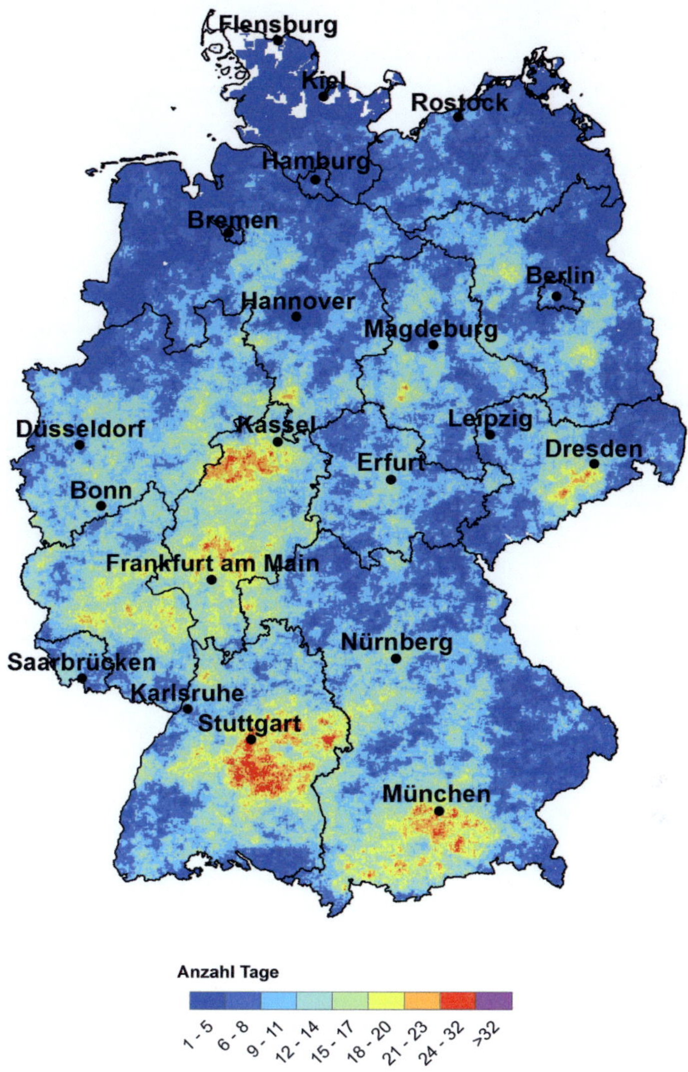

Abb. 5.11: Anzahl der Tage zwischen 2005 und 2011 für Gebiete der Größe 1×1 km^2, an denen das Hagelkriterium von HK>3,5 km erreicht wurde.

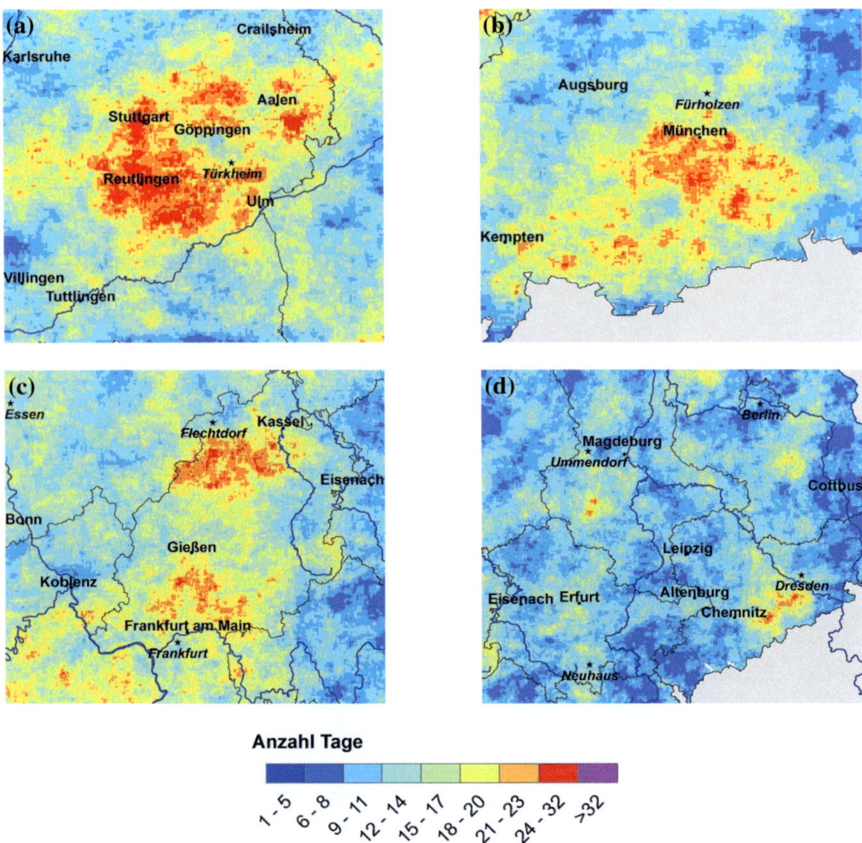

Abb. 5.12: Ausschnitte aus Abb. 5.11 für Baden-Württemberg (a), das bayerische Alpenvorland (b), Hessen (c) und den Osten Deutschlands (d).

im Süden Deutschlands Regionen, in denen die Häufigkeit von Radar-Hageltagen sehr gering ist, beispielsweise im äußersten Osten Bayerns.

Mit einer gesamten Anzahl von gebietsweise über 30 Radar-Hageltagen ist die Region südlich von Stuttgart das am häufigsten betroffene Gebiet Deutschlands. Diese Zone erstreckt sich vom Ostrand des Schwarzwaldes über die Region Stuttgart mit Tübingen, Reutlingen und der Hochfläche der Schwäbischen Alb bis an den Rand des Donautales bei Ulm (Abb. 5.12a). Ein weiteres Maximum zeigt sich südlich der Stadt Aalen auf der Hochfläche der östlichen Schwäbischen Alb. Besonders innerhalb dieses Gebietes mit maximaler Anzahl finden sich aber auch Strukturen mit großen horizontalen Gradienten. So ist beispielsweise südöstlich von Stuttgart ein lokales Minimum zu erkennen. Dieses Minimum befindet sich unmittelbar nordwestlich des Radarstandortes Türkheim. Möglicherweise ist eine Abschattung des Radars in diesem Sektor und die Dämpfung des Radarsignals bei starkem Niederschlag dafür verantwortlich. Ob die Orografie eine mögliche Ursache für die sehr hohe Anzahl von Radar-Hageltagen in dieser Region ist, wird im Abschnitt 5.7 diskutiert.

Ein weiteres großes Gebiet, das häufig von Hagel betroffen ist, ist das bayerische Alpenvorland südlich von München (Abb. 5.12b). Direkt südlich und südöstlich der Stadt München bis in die Region um Rosenheim werden bis zu 30 Radar-Hageltage gezählt. Auch südwestlich von München im östlichen Allgäu werden viele Radar-Hageltage detektiert. Ein lokales Minimum mit nur 10 Radar-Hageltagen befindet sich in der Region Ammersee und Starnberger See. In den Alpen selbst wird mit dem Radar eine deutlich geringere Anzahl von Hagelgewittern detektiert. Die Radarstrahlung wird inneralpin jedoch stark durch die Orografie abgeschattet, was zu einer unzuverlässigen Aussage in dieser Region führt.

Im gesamten Bundesland Hessen befinden sich mehrere Gebiete mit vielen Radar-Hageltagen. Es werden dabei teilweise Werte von über 25 Tagen erreicht. Südwestlich von Kassel ist ein besonders großflächiges Maximum erkennbar (Abb. 5.12c). Auch nördlich von Frankfurt am Main ist ein Maximum erkennbar, das jedoch nicht so stark ausgeprägt ist im Vergleich zu dem in Nordhessen. Diese Strukturen werden zum Teil durch die Orografie beeinflusst und ausgelöst, was im Abschnitt 5.7 näher beschrieben wird. Besonders auf der Ostseite dieser Gebiete mit häufig detektiertem Hagel treten sehr große Gradienten auf.

In Thüringen und im Norden Bayerns sind dagegen deutlich weniger Radar-Hageltage registriert. Dieser Bereich wird von der Radarstation Neuhaus im Thüringer Wald erfasst, die fast das gesamte Jahr 2011 über außer Betrieb war. Die Strukturen und das Minimum über Thüringen und Nordbayern sind jedoch bei Betrachtung des Zeitraums 2005 bis 2010, in dem das Radar Neuhaus in Betrieb war, fast identisch. Demnach treten in dieser Region weniger Hagelgewitter auf als in den weiter westlich gelegenen Gebieten.

Im Osten Deutschlands ist die Anzahl der Hageltage im Vergleich zu den schon beschriebenen Regionen relativ gering (Abb. 5.12d). Es treten jedoch einige Gebiete mit lokalen Maxima hervor. Dabei ist das Erzgebirge südlich und südwestlich von Dresden besonders häufig betroffen. Dieses Maximum ist hauptsächlich auf die besonders ausgeprägte Gewitteraktivität im Jahr 2007 zurückzuführen. Auch von Damian (2011) wurde bei der Untersuchung der Blitzdichte im Zeitraum 2000 bis 2009 (Abb. 3.5) dieses Maximum dem Jahr 2007 zugeordnet. Die maximale Anzahl der Radar-Hageltage dort ist mit Werten um 20 zwar um einiges geringer gegenüber den oben schon beschriebenen Regionen, jedoch stellen diese Werte für den gesamten Osten Deutschlands ein Maximum dar. Sonst werden dort in kleinen Gebieten nur Werte von 15 Tagen erreicht.

5.2.2 Vergleich der Anzahl Hageltage (3D) mit 2D-Radardaten

Wird die im vorigen Abschnitt erläuterte Untersuchung mit den 2D-Radardaten durchgeführt, ergibt sich die in Abbildung 5.13 dargestellte Verteilung. Dabei wurden alle Tage aufsummiert, an denen eine Radarreflektivität Z von mindestens 55 dBZ erreicht wurde. Die Gebiete, in denen nach 3D-Radardaten eine große Anzahl an Radar-Hageltagen detektiert wurde (Abb. 5.11), sind auch bei dem hier verwendeten Kriterium erkennbar. Jedoch ist die Anzahl der so detektierten Radar-Hageltage teilweise deutlich größer. So ergibt sich im Bereich südlich von Stuttgart eine maximale Anzahl an Radar-Hageltagen von über 40 für Z>55 dBZ gegenüber einer Anzahl knapp über 30 für HK>3,5 km. Auch die räumliche Ausdehnung der Gebiete mit vielen Radar-Hageltagen ist größer. So erstreckt sich beispielsweise das Maximum in Baden-Württemberg viel weiter in den Südwesten bis zum südlichen Schwarzwald. Außerdem treten neue Maxima auf, wie im Bereich des Radars in Essen oder südlich von Hamburg mit zum Teil über 20 detektierten Radar-Hageltagen. Diese Maxima waren in den Analysen der 3D-Radardaten nicht zu erkennen. Im gesamten Westen Deutschlands treten sehr viele Tage mit Z>55 dBZ auf. Auch dieses Gebiet mit hohen Werten ist bei Betrachtung des HK nicht in dieser Intensität erkennbar.

Aufgrund der räumlichen Nähe der Maxima (Abb. 5.13) zu den Radarstandorten des DWD-Radarverbunds ist ein Zusammenhang naheliegend. Solche Maxima sind im Umfeld der meisten Radarstationen zu finden. Lediglich wenige Ausnahmen wie Emden,

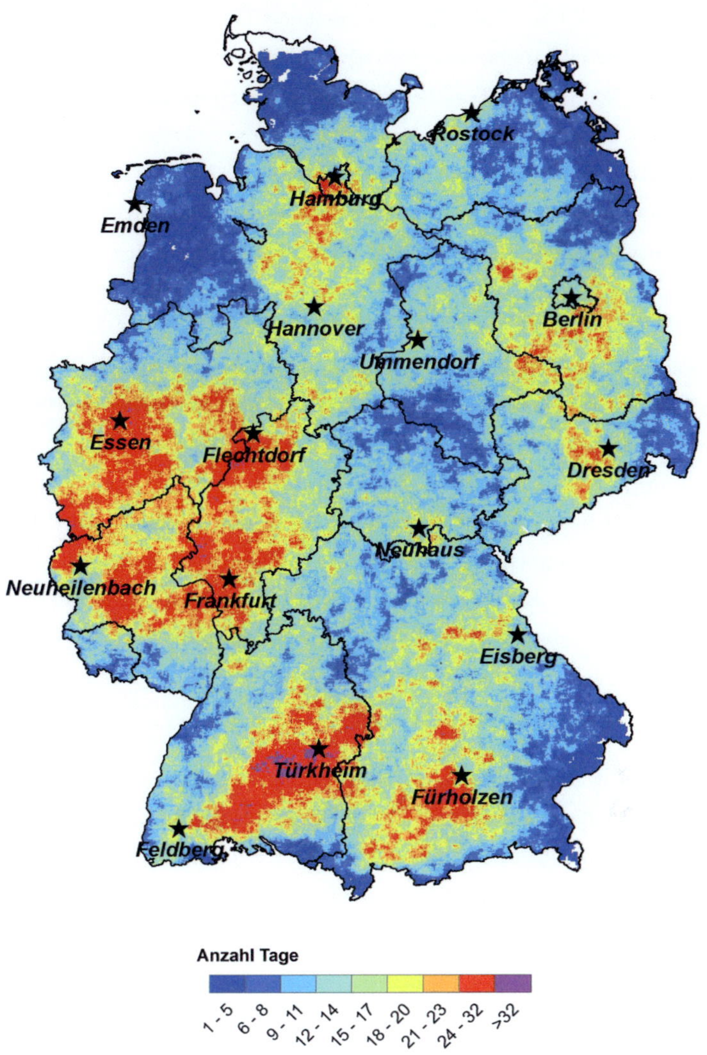

Abb. 5.13: Anzahl der Tage zwischen 2005 und 2011, an denen in den 2D-Radardaten eine
Radarreflektivität von mindestens 55 dBZ erreicht wurde. Ebenfalls eingezeichnet sind
die Radarstandorte des DWD-Radarverbunds.

Feldberg, Eisberg und Ummendorf sind zu erkennen. Die in den 2D-Daten verwende-te bodennahe Radarreflektivität scheint in der Nähe von manchen Radarstandorten oft erhöht zu sein im Vergleich zu Regionen in einem gewissen Abstand davon. Dabei könn-te die Dämpfung mit zunehmendem Abstand zum Radar eine Rolle spielen. Auch die Kalibrierung der einzelnen Radare kann unterschiedlich sein und zu unterschiedlichen Messwerten führen. Diese Effekte bei der Betrachtung der 2D-Radardaten spiegeln sich auch in der Berechnung der Gütemaße beim Vergleich mit den Versicherungsdaten wider (Abschnitt 4.6).

Die unterschiedliche Verteilung der Radar-Hageltage aus den beiden Radardatensätzen kann zum Teil auch meteorologische Ursachen haben. So können Gewittersysteme zwar bodennah eine hohe Radarreflektivität, jedoch nur eine relativ geringe vertikale Ausdeh-nung haben.

Insgesamt sind die Ergebnisse der Untersuchung der 3D-Daten plausibler als die Betrach-tung der 2D-Daten, was auch die Ergebnisse der kategorischen Verifikation in Kapitel 4.6.2 quantitativ belegen. Aus diesem Grund werden die nachfolgenden Untersuchungen nur mit 3D-Daten durchgeführt.

5.2.3 Hagelgewitter starker Intensität

Wird der Schwellenwert für das HK, ab dem ein Ereignis als Hagelereignis gezählt wird, verändert, lässt sich nach Witt et al. (1998) auf die Intensität des Ereignisses schließen. Bei einer großen vertikalen Ausdehnung der Gewitterzellen muss demzufolge mit einer erhöhten Wahrscheinlichkeit von großem Hagel gerechnet werden. Abbildung 5.14 zeigt die Anzahl der Tage, an denen ein HK>6 km erreicht wurde.

In weiten Teilen Deutschlands sind im Untersuchungszeitraum nur sehr wenige oder gar keine starken Hagelgewitter aufgetreten. Die Gesamtanzahl der Tage ist natürlich geringer als bei dem oben angewendeten Schwellenwert von HK>3,5 km (Abb. 5.11), die räumliche Verteilung ist aber ähnlich. Treten insgesamt viele Radar-Hageltage mit HK>3,5 km auf, ist auch die Anzahl derer mit hohen Werten des HK erhöht.

In einigen Gebieten wird eine vergleichsweise hohe Anzahl an starken Radar-Hageltagen detektiert, beispielsweise südlich von Stuttgart über 15 Tage. Kleinräumigere Maxima

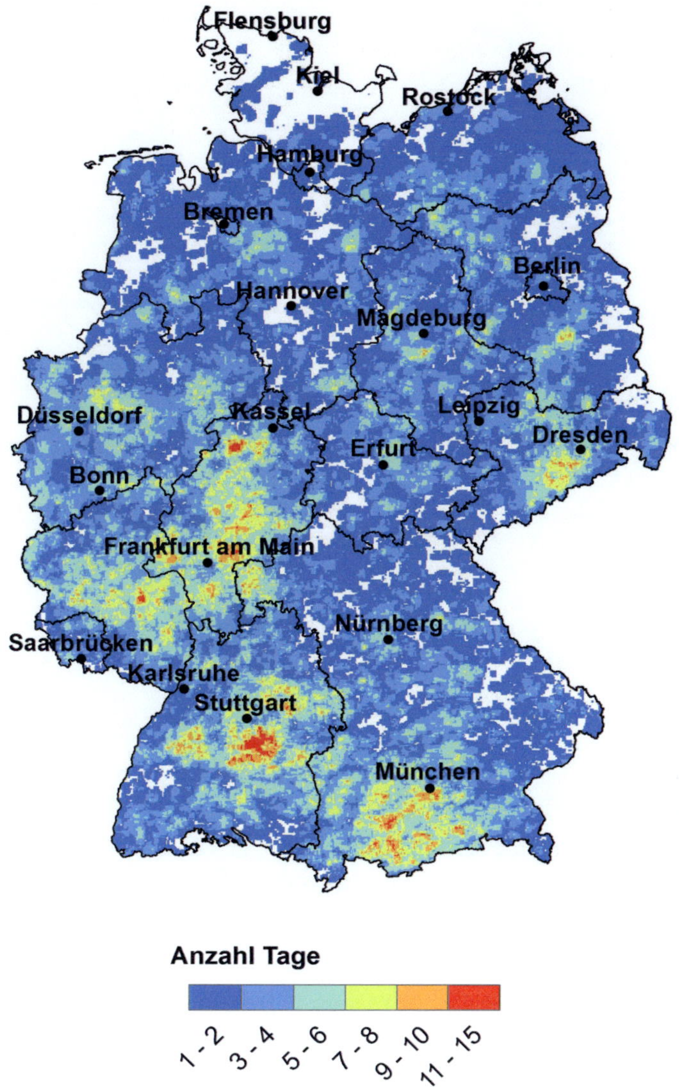

Abb. 5.14: Anzahl der Tage (2005-2011), an denen ein Hagelkriterium von HK>6 km erreicht wurde.

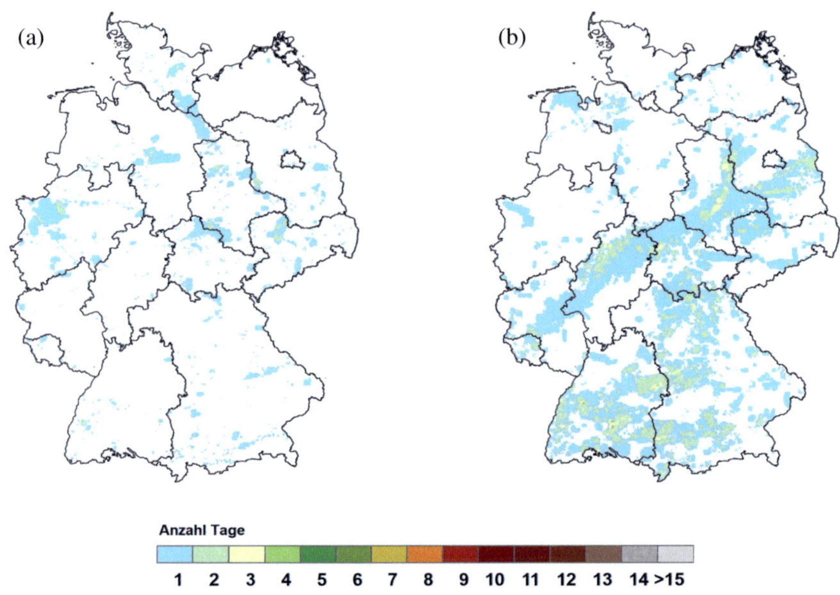

Abb. 5.15: Anzahl der Tage mit HK>3,5 km in den Monaten April (a) (2006-2011) und September (b) (2005-2011).

finden sich südlich und südwestlich von München, in Rheinland-Pfalz und in Hessen, dort besonders südwestlich von Kassel. Auffällig sind die deutlich höheren horizontalen Gradienten als bei HK>3,5 km.

In Baden-Württemberg sind die Maxima südlich von Stuttgart bei beiden verwendeten Schwellenwerten deutlich sichtbar. Bei genauerer Betrachtung fällt jedoch auf, dass die starken Hagelgewitter (HK>6 km) weiter südlich von Stuttgart auf der Hochfläche der Schwäbischen Alb auftreten. Das zeigt für dieses Gebiet, dass nur in einem Teil des Gebiets eine hohe Gesamtanzahl auch mit einer hohen Intensität verbunden ist. Ähnliches zeigt sich beispielsweise auch in Bayern. Während dort die größte Anzahl an Tagen mit HK>3,5 km direkt südlich und südöstlich von München zu verzeichnen ist, liegt das Maximum der starken Gewitter eher südwestlich von München.

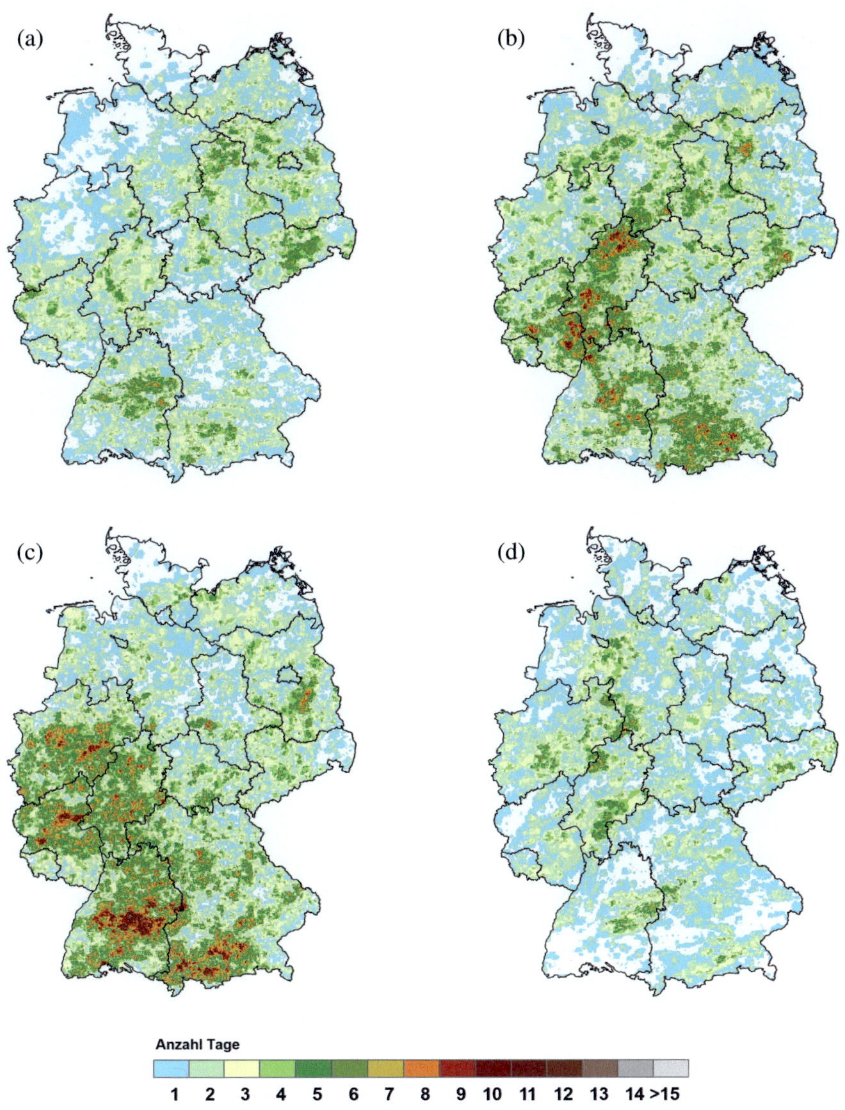

Abb. 5.16: Anzahl der Tage mit HK>3,5 km in den Monaten Mai (a), Juni (b), Juli (c) und August (d) der Jahre 2005 bis 2011.

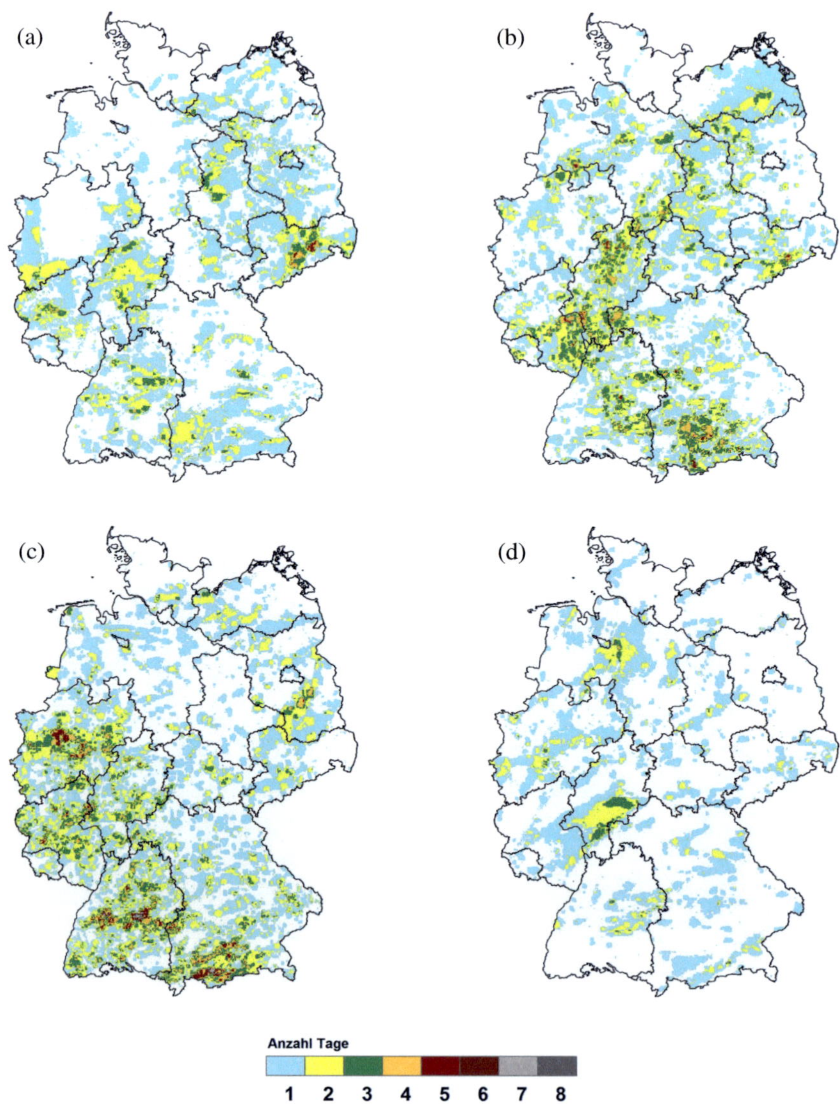

Abb. 5.17: Anzahl der Tage mit HK>6 km in den Monaten Mai (a), Juni (b), Juli (c) und August (d) der Jahre 2005 bis 2011.

5.3 Jahreszeitliche Unterschiede im Auftreten von Hagelgewittern

Betrachtet man die Anzahl der Tage, an denen ein bestimmtes Hagelkriterium erfüllt wird für jeden Monat, sind während des Sommerhalbjahres große Unterschiede erkennbar (Abb. 5.16). Während in den Monaten April und September fast keine Radar-Hageltage detektiert werden (Abb. 5.15), erreicht die Hagelaktivität im Juli ihr Maximum. Dies wird auch in anderen Arbeiten für andere Untersuchungsgebiete herausgestellt (z.B. Tuovinen et al., 2009; Pocakal et al., 2009).

Im April, für den Radardaten für die Jahre 2006 bis 2011 vorliegen, tritt nur in einzelnen kleinen Regionen mehr als ein Radar-Hageltag auf (Abb. 5.15a) als im April. Auffällig ist jedoch, dass diese wenigen Radar-Hageltage fast ausschließlich im Norden Deutschlands auftreten.

Im Mai werden in Deutschland deutlich mehr Radar-Hageltage mit HK>3,5 km identifiziert (Abb. 5.16a). Die meisten Ereignisse treten im Südwesten, insbesondere in Baden-Württemberg und im Nordosten Deutschlands auf. Auch im äußersten Westen ist eine erhöhte Aktivität erkennbar. Für den Untersuchungszeitraum von 2005 bis 2011 werden gebietsweise bis zu 9 Radar-Hageltage detektiert. Im Mai ist eine Häufung der starken Hagelgewitter (HK>6 km) vor allem im Bereich des Erzgebirges sichtbar (Abb. 5.17a). Dieses räumliche Muster ist aber auf das Jahr 2007 zurückzuführen, in dem in dieser Region viele Tage mit konvektiven Ereignissen auftraten. Nach der Auswertung der Radardaten traten dort an bis zu 6 Tagen schwere Hagelereignisse auf. In den restlichen Regionen liegt die Anzahl der schweren Ereignisse im Mai bei 2 bis 3. Durch den relativ kurzen Beobachtungszeitraum sind jedoch auch im Monat Mai noch starke regionale Unterschiede und die Signaturen einzelner Ereignisse erkennbar.

Die Verteilung der Radar-Hageltage im Juni zeigt ein ausgeprägtes Maximum der detektierten Ereignisse in Hessen und Teilen von Rheinland-Pfalz (Abb. 5.16b). Neben dem schon im Mai hervorgetretenen Gebiet mit hoher konvektiver Aktivität in Baden-Württemberg tritt auch das bayerische Alpenvorland stärker hervor. In diesen Gebieten werden bis zu 10 Radar-Hageltage detektiert, während in anderen Regionen wie beispielsweise im Osten von Bayern sowie im äußersten Osten und Norden Deutschlands im gesamten Untersuchungszeitraum kein Hagel registriert wurde. Die starken Ereignisse

(Abb 5.17b) beschränken sich auf die beschriebenen Gebiete, wobei dieses Kriterium (HK>6 km) maximal an 4 bis 5 Tagen erreicht wird.

Eine etwas veränderte Verteilung ist im Juli erkennbar (Abb. 5.16c). Der Osten Deutschlands ist kaum noch von Hagel betroffen. Grund hierfür kann der oft beobachtete kontinentale Einfluss in dieser Region während des Hochsommers sein. Am häufigsten tritt Hagel im Westen und Südwesten sowie im bayerischen Alpenvorland auf. Besonders in der Region um Stuttgart und südlich davon ist ein deutliches Maximum von teilweise über 15 Radar-Hageltagen im Untersuchungszeitraum erkennbar. Auch die Anzahl der Tage mit hohem HK ist im Juli in Baden-Württemberg am höchsten (Abb. 5.17c), allerdings treten im Alpenvorland ähnlich hohe Werte auf (6 bis 7 Tage). Da die gesamte Anzahl der Radar-Hageltage im Alpenvorland im Juli etwas niedriger ist im Vergleich zur Region Stuttgart, kann daraus geschlossen werden, dass der Anteil stärkerer Gewitter dort höher ist. Eine weitere Besonderheit tritt im zentralen Bereich Nordrhein-Westfalens auf. Dort ist zwar bei der Anzahl der Radar-Hageltage (HK>3,5 km) ein lokales Maximum sichtbar, jedoch tritt dieses Maximum bei der differenzierten Betrachtung der Vertikalausdehnung der Zellen deutlich stärker hervor. Ein Schwellenwert von HK>6 km wird in diesem Gebiet an mehr als 6 Tagen erreicht. Bei eines Gesamtzahl von 9 Hageltagen in dieser Region ist damit ein sehr hoher Anteil, nämlich zwei Drittel der Hagelgewitter, als stark einzustufen. Ein weiteres Maximum bei HK>3,5 km im Bereich der Eifel tritt bei höherem Schwellenwert nicht mehr markant hervor. Dort erreicht weniger als die Hälfte der Hagelgewitter eine hohe Intensität. Aufgrund der hohen Anzahl an Hageltagen dominiert der Juli die gesamte Verteilung der Hageltage über alle Monate (Abb. 5.11).

Im August wird eine deutlich geringere Hagelaktivität gegenüber den Monaten Juni und Juli beobachtet. Die Gebiete, die in den Vormonaten mit starken Maxima in der Anzahl und Intensität der Hagelgewitter auftraten, sind, wie in Abbildung 5.16d dargestellt, nicht mehr so häufig von Hagel betroffen. Die größte Aktivität mit bis zu 7 Radar-Hageltagen von 2005 bis 2011 befindet sich im August im östlichen Baden-Württemberg, im südlichen Hessen, sowie im Hessischen Bergland und nördlich von Kassel. Abbildung 5.17d zeigt nur noch sehr wenige starke Zellen mit Werten von HK>6 km. Lediglich im südlichen Hessen und östlich von Bremen befinden sich markante Maxima, die jedoch auch auf einzelnen zufälligen Ereignisse beruhen können. Auffällig ist jedoch das Maximum östlich von Bremen, da dort bis zu 4 Tage mit starken Hagelgewittern registriert wurden bei einer Gesamtanzahl von lediglich 5 bis 6 Tagen.

Die Verteilung der Hageltage im September wird ähnlich wie im April von einigen wenigen Hagelzugbahnen dominiert (Abb. 5.15b). Besonders auffällig ist dabei die Zugbahn eines für die Jahreszeit sehr außergewöhnlichen Gewitterkomplexes am 11. September 2011, die sich von Rheinland-Pfalz über Hessen und Thüringen bis nach Sachsen-Anhalt und Brandenburg erstreckt. Dieses Ereignis hat beispielsweise in Sachsen-Anhalt erhebliche Schäden durch Hagel, Starkniederschläge und Sturmböen verursacht.

Neben diesem Ereignis tragen lediglich kleinere Hagelgewitter vor allem in der Südhälfte Deutschlands zu der Verteilung bei. Im September werden in einigen Gebieten Deutschlands maximal 3 Hageltage gezählt. Besonders im Süden deutet die Struktur der Verteilung auf kleinere Gewitterkomplexe hin, die sich auch bei entsprechenden Wetterlagen im September noch aufgrund von Sonneneinstrahlung und feuchtlabiler Luftmassen bilden können. Dabei sind keine langen Zugbahnen mit hohem Schadenpotential mehr möglich.

In weiten Teilen des Untersuchungsgebiets sind in diesem Monat keine Hagelereignisse aufgetreten. Deshalb wird für diesen Monat, wie auch schon für den April, auf eine Betrachtung starker Ereignisse mit HK>6 km verzichtet.

Gerade in den Monaten mit wenigen Ereignissen, wie April und September, ist eine belastbare Aussage über die räumliche Verteilung der Hagelgewitter und über deren Intensität aufgrund des kurzen Beobachtungszeitraums von nur 7 Jahren nicht möglich. Trotzdem sind auch in diesen Monaten charakteristische Strukturen und Häufungen von Ereignissen erkennbar.

Die monatliche Betrachtung zeigt also eine deutliche Häufung an Radar-Hageltagen in den Monaten Juni und Juli. In den Monaten April und September treten dagegen fast keine relevanten Ereignisse auf.

Betrachtet man die Anzahl der Radar-Hageltage im Umfeld von den Radarstandorten, sind ebenfalls große regionale Unterschiede erkennbar. Abbildung 5.18 zeigt die Anzahl der Radar-Hageltage mit HK>3,5 km in den Sommermonaten April bis September im Untersuchungszeitraum 2005 bis 2011 für Gebiete der Größe 100×100 km^2 um die Radarstandorte Hamburg und Feldberg. Wegen des Zeitraums der zur Verfügung stehenden

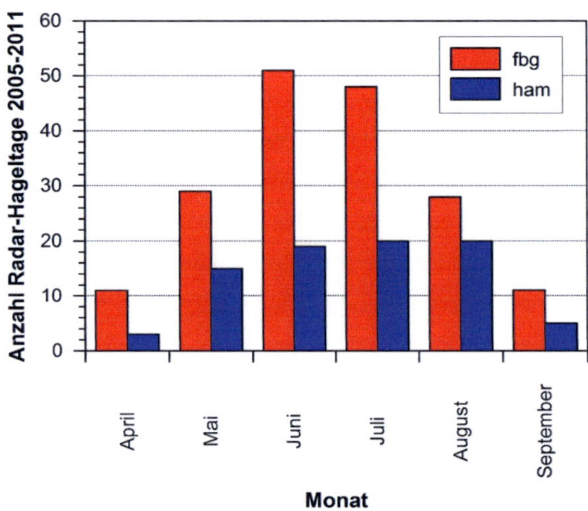

Abb. 5.18: Anzahl der Radar-Hageltage (HK>3,5 km) in einem Gebiet von 100×100 km^2 um die Radarstandorte Feldberg (fbg) und Hamburg (ham) in den Sommermonaten der Jahre 2005 bis 2011 (April nur 2006-2011).

Datensätze beinhaltet der April nur Tage ab dem Jahr 2006.

Die Anzahl der Radar-Hageltage ist, wie auch schon in den oben beschriebenen Analysen gezeigt wurde, im Süden Deutschlands (Feldberg) in allen Monaten deutlich größer als im Norden (Hamburg). Während im Umfeld der Station Feldberg bis zu 51 Radar-Hageltage detektiert werden (Juni), ist das Maximum im Bereich der Station Hamburg mit je 20 Tagen in den Monaten Juli und August deutlich geringer.

Insgesamt ist innerhalb Deutschlands ist ein großer Unterschied im Jahresgang der Anzahl der Radar-Hageltage erkennbar. Der Monat mit der größten Anzahl an Radar-Hageltagen in Süddeutschland ist der Juni, während im Norden in den Monaten Juli und August die größte Aktivität stattfindet. Das Maximum im Auftreten von Hagelgewittern liegt also im Norden Deutschlands zu einem späteren Zeitpunkt als im Süden. Während die Hagelaktivität im Süden ab dem Juli schon wieder abnimmt, ist im Norden erst im September eine Abnahme erkennbar.

Der Jahresgang der Anzahl der Radar-Hageltage an den betrachteten Stationen unterscheidet sich zum Teil deutlich von dem in anderen Forschungsarbeiten beschriebenen Jahresgang in anderen Regionen Europas. So ist beispielsweise nach Pocakal et al. (2009) in Kroatien der Monat mit den meisten Hagelereignissen der Juni, gefolgt von Mai und Juli (siehe auch Abb. 2.18). Daraus lässt sich schließen, dass zwar in weiten Teilen Deutschlands und auch in dem untersuchten Gebiet in Kroatien im Juni sehr viele Hagelgewitter auftreten, die Dauer und der Zeitraum der Hagelaktivität jedoch regional große Unterschiede aufweist und teilweise eher in das Frühjahr, teilweise weiter in den Herbst verschoben ist.

5.4 Charakteristik der Zugbahnen von Hagelgewittern

Für die Analyse der Anzahl der Zugbahnen werden die Ergebnisse des Zellverfolgungsalgorithmus TRACE3D verwendet. Die berücksichtigten Zugbahnen wurden wie in Abschnitt 4.3 beschrieben detektiert. Die Kriterien, die diesen Zugbahnen zugrunde liegen, unterscheiden sich gegenüber denen, die für die Analysen der im vorigen Abschnitt diskutierten Ergebnisse verwendet wurden. Vor allem wird dabei nicht wie bei der Berechnung des HK die komplette vertikale Ausdehnung einer Zelle betrachtet, sondern nur untersucht, ob ein Radarecho in mehr als einer Elevation auftritt. Auch wird die Höhe der Nullgradgrenze nicht berücksichtigt.

5.4.1 Zugbahndichte

Da die berechneten Zugbahnen keine horizontale Ausdehnung senkrecht zur Zugrichung haben, erfolgt die Untersuchung ihrer Anzahl auf einem Gitter mit einer räumlichen Auflösung von 10×10 km^2, es wird also als Bezugsfläche ein Gebiet der Größe 100 km^2 angenommen.

Betrachtet man die Anzahl der detektierten Zugbahnen, sind die im vorigen Abschnitt diskutierten Gebiete mit starker konvektiver Aktivität auch hier erkennbar (Abb. 5.19). Die Anzahl der detektierten Zugbahnen ist der Anzahl der mit HK>3,5 km detektierten Radar-Hageltage (Abb. 5.19 - Isolinien) in den meisten Gebieten sehr ähnlich. Im Gebiet südlich von Stuttgart werden beispielsweise maximal 39 Zugbahnen detektiert, während die maximale Anzahl der Radar-Hageltage 32 beträgt. Diese gute Übereinstimmung zeigt,

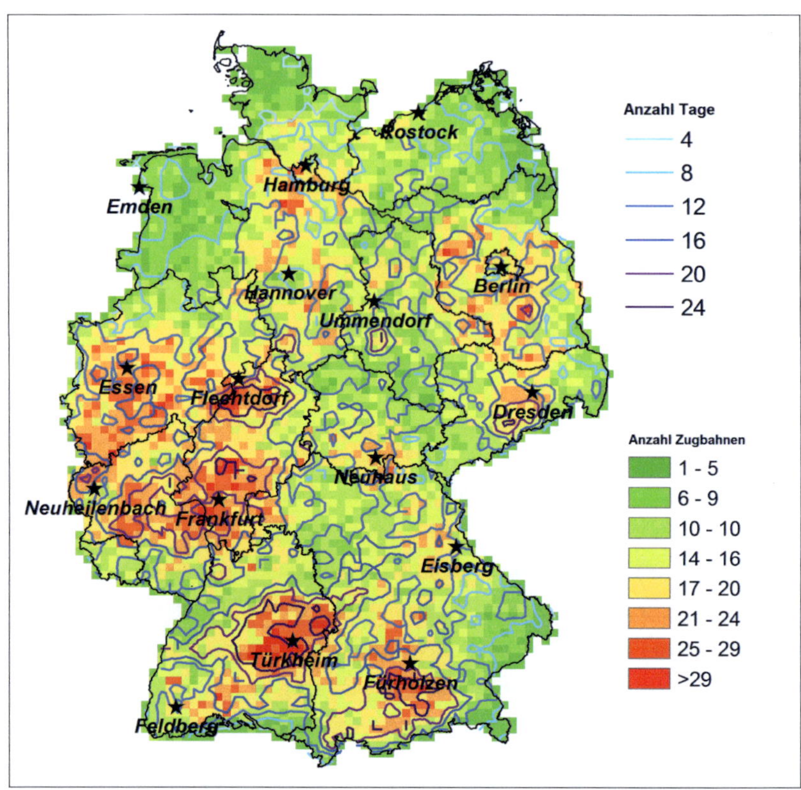

Abb. 5.19: Anzahl der mit TRACE3D detektierten Zugbahnen und Anzahl der Tage mit HK>3,5 km (Isolinien) im Zeitraum 2005-2011. Ebenfalls dargestellt sind die Radarstandorte des DWD-Radarverbundes.

dass nur in seltenen Fällen am selben Tag zwei Ereignisse im gleichen Gebiet auftreten. Jedoch zeigen sich hier auch einige Maxima, die bei der Untersuchung der Radar-Hageltage mit dem HK nicht auftreten. So ist eine leichte Häufung von Zugbahnen in den Regionen um die meisten Radarstandorte erkennbar. Durch die bessere räumliche Abdeckung dieser Bereiche durch das Radar kann TRACE3D mehr Zugbahnen detektieren. So treten beispielsweise im Westen von Deutschland um die Radarstationen Essen, Flechtdorf, Neuheilenbach und Frankfurt solche Maxima auf. Auch im Umfeld des Radars Hamburg ist eine deutliche Häufung von Zugbahnen erkennbar. An den Radaren

Feldberg, Emden und Ummendorf sind solche Maxima jedoch nicht erkennbar.

Um das Radar Emden zeigt sich sogar ein deutliches Minimum. Dieser Effekt wird eventuell durch relativ häufige Ausfälle dieses Radars verursacht, die in unregelmäßigen Abständen während des Untersuchungszeitraums aufgetreten sind (Tab. 3.2). Die Strukturen zeigen Ähnlichkeiten mit der Verteilung der Radar-Hageltage bei Betrachtung der 2D-Radardaten (Abb. 5.13).

Die größten Unterschiede zwischen der Anzahl der Radar-Hageltage nach dem HK und der Anzahl der Zugbahnen findet man im Norden und Westen Deutschlands. Besonders um das Radar Essen treten hier relativ große Unterschiede auf. Dort werden viele Zugbahnen erkannt, es treten jedoch vergleichsweise wenig Radar-Hageltage auf. Da für beide Methoden die gleichen Radardaten zugrunde liegen, kann eine mögliche Ursache die Struktur der konvektiven Systeme in dieser Region sein. Es treten dabei zwar hohe Reflektivitätswerte in mehreren Elevationen auf, so dass Zugbahnen detektiert werden. Die Zellen sind jedoch nicht so hochreichend, dass ein HK von 3,5 km überschritten wird. Die Charakteristik dieser konvektiven Zellen entspricht daher in diesen Gebieten möglicherweise häufiger denen von starken Schauern und eher schwächeren Gewittern. Auch für die Region um Hamburg könnte diese Überlegung zutreffen und die großen Unterschiede hervorrufen.

Umgekehrt verhält es sich beispielsweise in einem kleinen Gebiet östlich des Harzes. Dort werden sehr viele Hageltage detektiert, während nur sehr wenige Zugbahnen auftreten. Durch die geringe räumliche Ausdehnung des Gebiets kann vermutet werden, dass dort nur sehr kurze Zugbahnen entstehen oder die Zellen annähernd stationär sind. Diese trotzdem sehr hochreichenden Zellen verursachen Hagel, bewegen sich aber fast nicht, weshalb TRACE3D sie nicht als Zugbahn erkennt.

Größere Unterschiede sind auch in Baden-Württemberg erkennbar. Die Anzahl der Zugbahnen ist südwestlich des großen Maximums südlich von Stuttgart deutlich höher als die Anzahl der Radar-Hageltage. Das zeigt, dass dort viele Gewitterzellen enstehen und ihre maximale Intensität mit hohem HK erst nach einer gewissen Zeit entwickeln. Daher tritt in diesen Regionen Hagel erst stromab des Enstehungsortes der meisten Zellen auf. Diese Vergleiche zeigen eine sehr unterschiedliche Struktur der konvektiven Zellen über Deutschland. Während im Norden und Westen Deutschlands eine große Anzahl von

Zugbahnen nicht immer mit einer großen Anzahl an Radar-Hageltagen verbunden ist, zeigt sich im Süden ein deutlich größere Übereinstimmung. Dort deuten die Ergebnisse auf eher langlebige Gewittersysteme mit teils langen Zugbahnen hin.

5.4.2 Räumliche Ausdehnung der Zugbahnen

In Abbildung 5.20 ist die Häufigkeit von Zugbahnen mit verschiedenen Zugbahnlängen dargestellt. Der Zellverfolgungsalgorithmus TRACE3D hat im Untersuchungszeitraum im Radargebiet insgesamt 4326 Zugbahnen identifiziert. Dabei wurde bei 2465 Zugbahnen ein HK>3,5 km erreicht, das entspricht fast 57% aller detektierten Zugbahnen. Dieser sehr hohe Anteil beruht auf der Anpassung der freien Parameter von TRACE3D speziell für Hagelgewitter (Abschnitt 4.3). Es werden dafür nur die zwei höchsten Reflektivitäts-klassen zur Indentifikation eines Reflektivitätskerns für die Zellverfolgung verwendet. Für die Untersuchung wurden sowohl alle detektierten Zugbahnen betrachtet, also auch solche, die an beliebiger Stelle mit einem HK>3,5 km verbunden waren.

Die meisten Zugbahnen haben eine Länge zwischen 20 und 40 km, der Anteil beträgt 53% aller Zugbahnen und 52% derer, die mit Hagel verbunden waren. Für größere Zugbahnlängen betragen die Anteile bei einer Länge von 40 bis 60 km 21 bzw. 24%, bei einer Länge von 60 bis 80 km 9,7 bzw. 11% und bei einer Länge von 80 bis 100 km 5,9 bzw. 6,8%. Es ist somit in der Verteilung der Zugbahnlängen nicht eindeutig erkennbar, dass Gewitter mit großem HK längere Zugbahnen haben. Bei den sehr langen Zugbahnen (>300 km) ist die Anzahl sehr gering, so dass keine belastbare Aussage mehr getroffen werden kann.

5.5 Abhängigkeit der Hagelaktivität von verschiedenen Wetterlagen

Nach Kapsch et al. (2012) haben verschiedene Wetterlagen gemäß der objektiven Wetterlagenklassifikation (OWLK, siehe Abschnitt 3.4) einen erheblichen Einfluss auf die Entstehung von Hagelgewittern. Für die Sommerhalbjahre 2005 bis 2011 wurden an insgesamt 1244 Tagen durch den DWD die Wetterlagen mit Hilfe der OWLK klassifiziert. Im Folgenden wird untersucht, ob einzelne Parameter dieser Wetterlagen, wie die Strömungsrichtung und die Luftfeuchtigkeit, eine Auswirkung auf die räumliche Verteilung

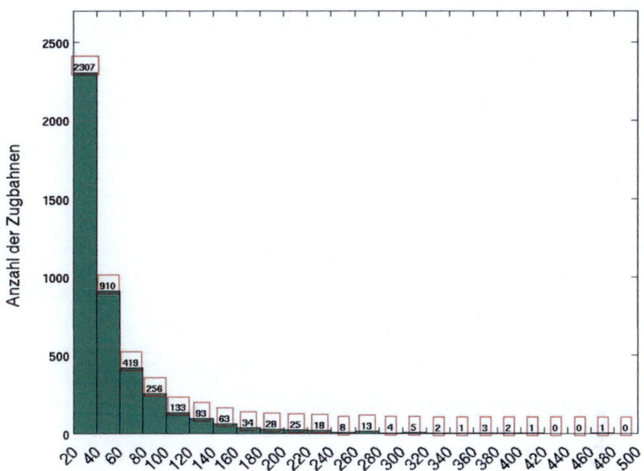

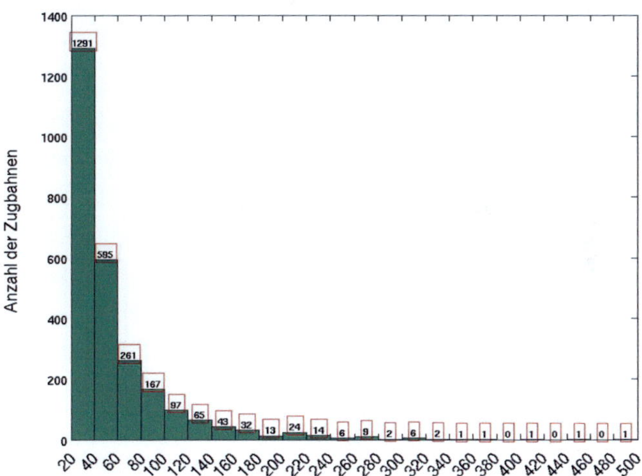

Abb. 5.20: Häufigkeit von Zugbahnen mit entsprechenden Längen ohne Schwellenwert (oben) und für ein HK>3,5 km (unten).

der Hagelgewitter haben. Der Zyklonalitätsindex wird nicht näher betrachtet, da diese Analysen keine eindeutigen Ergebnisse gezeigt haben.

5.5.1 Einfluss der Strömungsrichtung auf die räumliche Verteilung der Hagelereignisse

Die großräumige Strömungsrichtung beeinflusst die Entwicklung von Gewittern in zweierlei Hinsicht. Zum einen bestimmt die Herkunft und der zurückgelegte Weg einer Luftmasse den Feuchtegehalt und die Temperatur der Luftmasse und damit auch zum Teil ihr Konvektionspotential. Andererseits ist die Strömungsrichtung, wie bereits in Abschnitt 2.1.3 beschrieben, je nach orografischen Gegebenheiten für den Ort der Konvektionsentstehung maßgeblich.

An 275 Tagen im Untersuchungszeitraum konnte die Windrichtung für die OWLK nicht eindeutig zugeordnet werden. Diese Tage werden bei den Analysen nicht betrachtet.

NordoststrÖmung

Die wenigsten Radar-Hageltage wurden bei einer NordoststrÖmung detektiert. Im gesamten Untersuchungszeitraum 2005 bis 2011 im Sommerhalbjahr trat diese Wetterlage an 22 Tagen in Verbindung mit einem Hagelkriterium über 3,5 km auf. Insgesamt wurden im selben Zeitraum 93 Tage einer solchen Windrichtung zugeordnet. Demnach kam es an 24% aller Tage mit dieser Windrichtung zu Hagel. Die Abbildung 5.21a zeigt den Anteil an allen Radar-Hageltagen, die bei einer NordoststrÖmung aufgetreten sind. Dabei zeigen sich durchweg Werte von weniger als 10%, größtenteils wurden sogar keine Radar-Hageltage beobachtet.

Die absolute Anzahl an Radar-Hageltagen bei dieser Strömungsrichtung ist in Abbildung 5.22a dargestellt. Dabei werden als Maximum lediglich südlich von Stuttgart bis zu drei Tage mit HK>3,5 km erreicht. In weiten Teilen Norddeutschlands fand kein Ereignis statt. Auch in Nordhessen und im Alpenvorland, wo es im gesamten Untersuchungszeitraum sehr viele Hagelereignisse gab, wurden keine Ereignisse detektiert.

Eine Nordostströmung ist in Deutschland meist mit kontinental geprägten, trockenen Luftmassen verbunden, die nur ein geringes Gewitterpotential aufweisen. Deshalb treten unter diesen Bedingungen auch nur selten starke Gewitter mit Hagel auf (Gerstengarbe und Werner, 1993).

Südostströmung

Eine größere Anzahl an Hageltagen tritt bei einer Südostströmung auf. Eine südöstliche Windrichtung wurde im Untersuchungszeitraum 75 mal beobachtet. An 39 Tagen wurde in Deutschland Hagel identifiziert, was einem relativ hohen Anteil von 52% entspricht. Dabei waren besonders die westlichen Teile Deutschlands von Hagel betroffen. Betrachtet man den relativen Anteil der Radar-Hageltage bei dieser Wetterlage, ist besonders im Westen und Nordwesten Deutschlands ein hoher Anteil von gebietsweise über 50%, in kleinen Regionen über 80%, erkennbar (Abb. 5.21b).

In einigen Regionen Hessens, Nordrhein-Westfalens und von Rheinland-Pfalz trat im Untersuchungszeitraum an bis zu 7 Tagen Hagel auf. Ein Gebiet mit vergleichsweise großer Anzahl an Hageltagen befindet sich auch nördlich von Frankfurt am Main, am Nordrand des Taunus (Abb. 5.22b). Möglicherweise werden Gewitter in dieser Region durch Konvergenz- oder Leeeffekte bei der Um- oder Überströmung der Orografie ausgelöst oder verstärkt (Brombach, 2012). Jedoch ist die Anzahl der Ereignisse zu gering, um eine wirkliche Systematik zu erkennen.

Eine südöstliche Strömungsrichtung bringt häufig kontinentale Luftmassen in den Süden und Osten Deutschlands, die ein geringes Konvektionspotential aufweisen. Jedoch kann auch bei sich von Westen annähernden Fronten eine südliche oder südöstliche Strömung auftreten, die mit feuchterer Luft und höherem Konvektionspotential, besonders in den westlichen Teilen Deutschlands, verbunden ist. Nach Gerstengarbe und Werner (1993) ist bei diesen Wetterlagen im Westen Deutschlands mit erhöhter Niederschlagsaktivität zu rechnen.

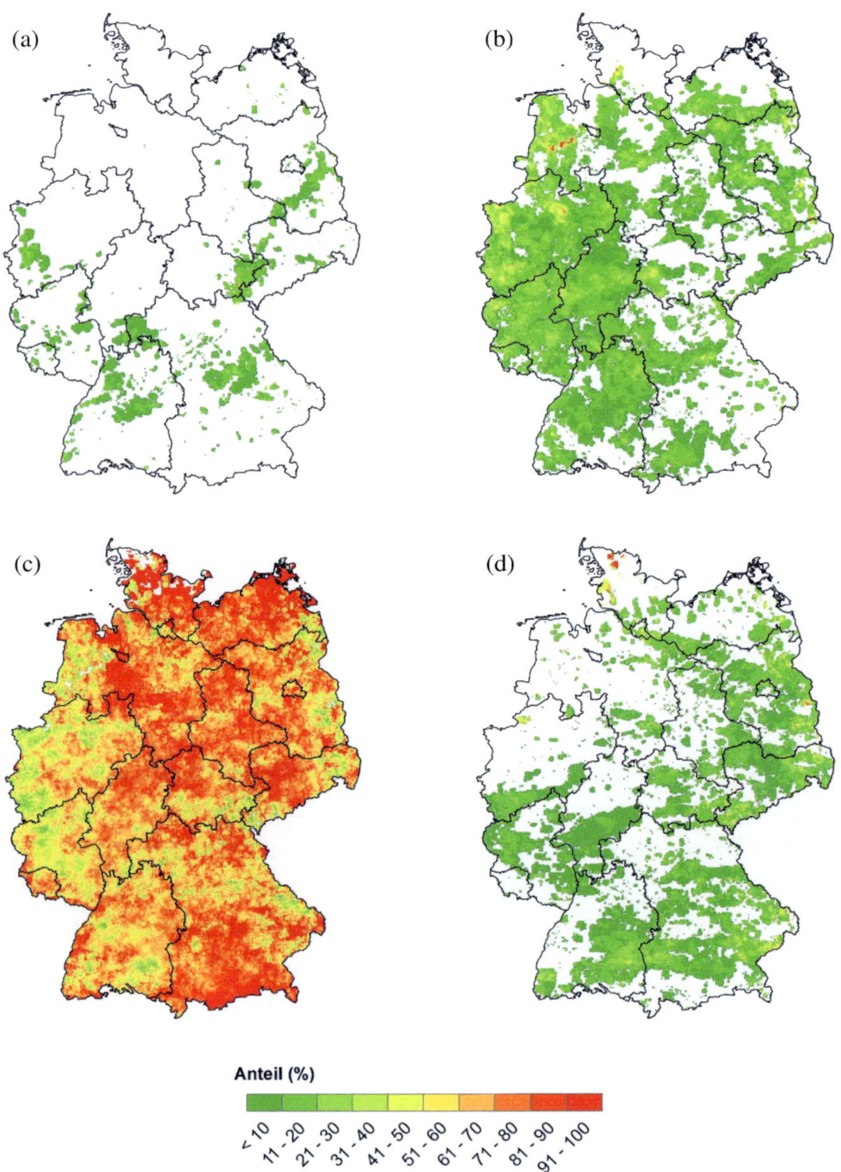

Abb. 5.21: Anteil der Radar-Hageltage mit entsprechenden Strömungsrichtungen gemäß objekti-
ver Wetterlagenklassifikation an allen Radar-Hageltagen mit HK>3,5 km in den Jahren
2005-2011: Nordost (a), Südost (b), Südwest (c) und Nordwest (d).

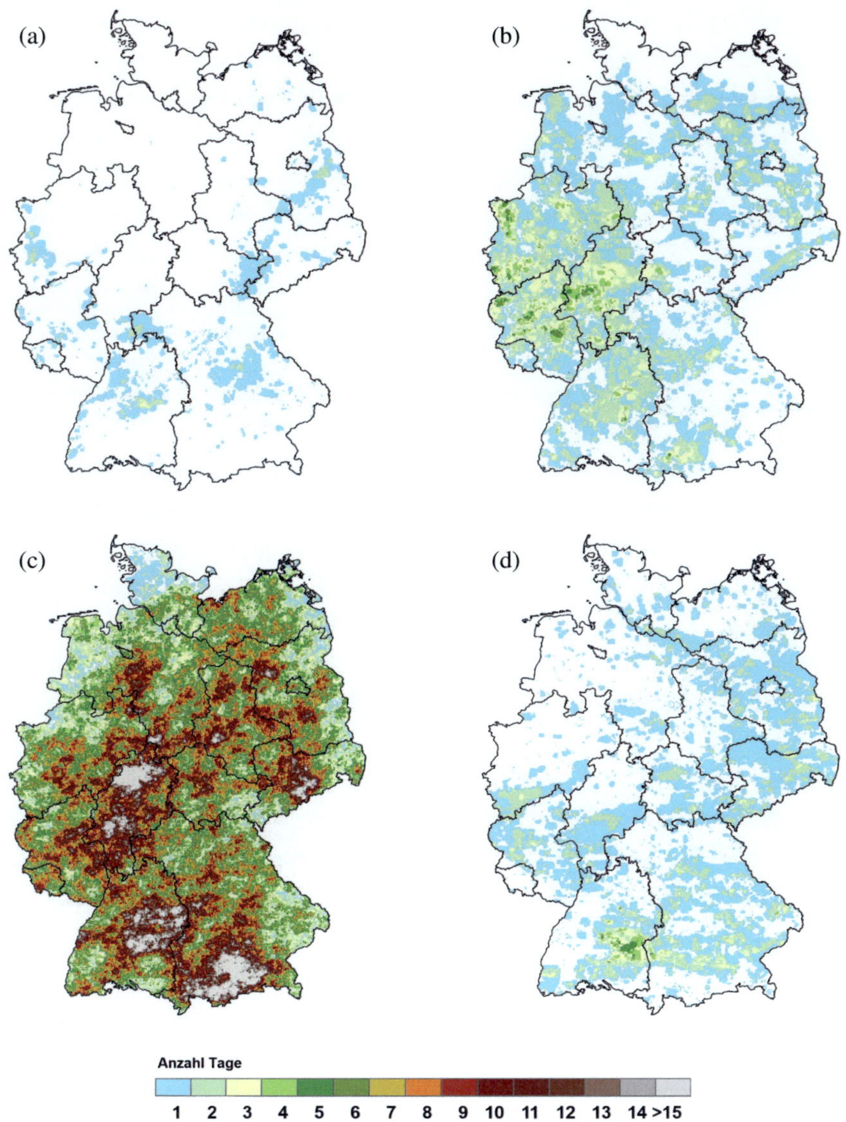

Abb. 5.22: Anzahl der Tage mit HK>3,5 km bei verschiedenen Hauptwindrichtungen nach der objektiven Wetterlagenklassifikation (2005-2011): Nordost (a), Südost (b), Südwest (c) und Nordwest (d).

Die Häufung der Hageltage im westlichen Teil Deutschlands kann jedoch auch durch die Charakteristik der nach der OWLK bestimmten Windrichtung zustande kommen. Ist der größte Teil Deutschlands unter Einfluss einer südöstlichen Strömung, kann der Westen oder Nordwesten bereits von anderen Luftmassen mit anderen Windrichtungen beeinflusst werden. Die Einordnung in eine OWLK-Klasse erfolgt, wie in Abschnitt 3.4 erläutert, nach einem gewichteten Mittelwert und kann deshalb in manchen Fällen nicht für ganz Deutschland repräsentativ sein. Beispielsweise bei sich von Nordwesten nähernden Fronten können im Westen Deutschlands schon Gewitter auftreten, während der Großteil des Landes noch unter dem Einfluss einer südöstlichen Strömung ist.

Südwestströmung

Die mit Abstand meisten Hageltage treten bei einer Wetterlage mit Südwestanströmung auf. Gebietsweise wurden im Untersuchungszeitraum bis zu 23 Tage detektiert, an denen das HK einen Schwellenwert von 3,5 km überschritten hat. Eine Südwestwetterlage ist in Deutschland sehr häufig, gemäß der OWLK trat sie im betrachteten Zeitraum an 499 Tagen auf. An 320 dieser Tage (64%) wurde in Deutschland mit dem Radar Hagel detektiert. Damit ist verglichen mit allen anderen Strömungsrichtungen, Hagel bei einer Südwestströmung am wahrscheinlichsten (siehe auch Kapsch, 2011).

In Deutschland sind Luftmassen, die aus Südwesten einströmen, mit guten Umgebungs-bedingungen für die Entstehung von Gewittern verbunden. Dabei wird feucht-warme und damit energiereiche Luft aus dem Mittelmeerraum oder vom Atlantik herangeführt, in der besonders häufig schwere Gewitter mit Hagel entstehen können (Kapsch, 2011). Auch nach Gerstengarbe und Werner (1993) ist bei einer solchen Wetterlage mit hohen Temperaturen und überdurchschnittlichen konvektiven Niederschlägen in Deutschland zu rechnen.

Der relative Anteil der Radar-Hageltage bei dieser Strömungsrichtung an allen Radar-Hageltagen beträgt in fast ganz Deutschland über 70%, teilweise über 90%. Lediglich in sehr kleinen Gebieten und in den westlichen Landesteilen ist der Anteil geringer (Abb. 5.21c). Betrachtet man die Anzahl der Radar-Hageltage bei Südwestwind (Abb. 5.22c), ist eine ähnliche Struktur erkennbar wie bei der Betrachtung aller Tage (Abb. 5.11).

Da die Gesamtzahl der Tage bei Südwestwind deutlich höher ist als bei allen anderen Windrichtungen, wird die räumliche Struktur dadurch dominiert.

Die schon bekannten Gebiete mit einer hohen Anzahl an Radar-Hageltagen im Alpenvorland, in der Mitte und im Osten Baden-Württembergs, in Hessen und im Erzgebirge treten bei einer Südwestströmung wieder besonders hervor. Dabei werden jeweils über 20 Radar-Hageltage beobachtet. In der räumlichen Verteilung ist außerdem eine sehr hohe Variabilität erkennbar. Beispielsweise treten in Baden-Württemberg zwischen dem Schwarzwald und der Region südlich von Stuttgart bei horizontalen Entfernungen von nur 50 km Differenzen von teilweise mehr als 15 Tagen auf. Die Ursachen für diese sehr großen Unterschiede liegen möglicherweise in den regionalen orografischen Gegebenheiten. Wie in Abschnitt 2.1.3 diskutiert, kann ein Gebirge je nach Stabilität der Schichtung um- oder überströmt werden und dadurch die Konvektion im Lee oder auf der Luvseite ausgelöst oder verstärkt werden. Eine genaue Betrachtung des Einflusses der Orografie, besonders bei einer südwestlichen Windrichtung, erfolgt im Kapitel 5.7.

Nordwestströmung

Im Untersuchungszeitraum war die Nordwestwetterlage mit einem Auftreten an 302 Tagen die am zweithäufigsten beobachtete Strömungsrichtung. An 88 Tagen (29 %) mit dieser Anströmrichtung wurde mit dem Radar Hagel detektiert. Dieser vergleichsweise geringe Anteil lässt sich auf die von Nordwesten her einströmenden kälteren Luftmassen zurückführen. Diese können zwar eine labile Schichtung aufweisen, aufgrund der geringeren Temperaturen ist aber auch die verfügbare latente Energie geringer (vgl. Clausius-Clapeyron-Gleichung). Die Hagelaktivität bei dieser Strömungsrichtung ist in Deutschland relativ gleichmäßig verteilt, lediglich im äußersten Nordwesten gab es keine Ereignisse. Jedoch wurden gebietsweise maximal 3 Radar-Hageltage am selben Ort gezählt. Insgesamt ist die Struktur durch diese geringe Anzahl auch hier von einzelnen Ereignissen bestimmt. Das absolute Maximum bei dieser Windrichtung befindet sich in Baden-Württemberg auf der Hochfläche der Schwäbischen Alb westlich von Ulm. Dort wurde an 5 Tagen der Schwellenwert für Hagel überschritten (Abb. 5.22d). Eine mögliche Ursache dieses deutlichen Maximums kann auch hier die Orografie sein (Brombach, 2012). Dabei befindet sich die betroffene Region im Lee der Schwäbischen Alb.

Auch der relative Anteil an Radar-Hageltagen bei dieser Strömungsrichtung liegt verbreitet unter 30% (Abb. 5.21d), lediglich im äußersten Osten und in kleinen Gebieten ganz im Norden Deutschlands werden höhere Werte erreicht. Da dort jedoch insgesamt nur wenige Radar-Hageltage auftreten, kann nicht auf eine generelle Systematik geschlossen werden.

Für die Analysen der räumlichen Verteilung der Radar-Hageltage wurden bislang nur die großräumigen Anströmrichtungen betrachtet. Mehrere Arbeiten haben jedoch gezeigt, das besonders lokalskalige Strömungen für die Auslösung und die Verstärkung hochreichender Konvektion relevant sind (z.B. Brombach, 2012; Gölz, 2011; Kunz und Puskeiler, 2010). Diese lokalskaligen Strömungen können je nach orografischen Gegebenheiten erheblich von der großräumigen Strömungsrichtung abweichen. Aufgrund der Komplexität dieser Effekte und der Größe des Untersuchungsgebiets können diese lokalskaligen Strömung nur in Einzelfällen diskutiert werden (Abschnitt 5.7).

5.5.2 Einfluss der Feuchte auf die räumliche Verteilung der Hagelereignisse

Für die folgende Betrachtung wird die in der OWLK angegebene Luftfeuchtigkeit berücksichtigt. In Abbildung 5.23 ist erkennbar, dass fast alle Radar-Hageltage in Verbindung mit Wetterlagen mit hoher Feuchte auftraten. Bei feuchten Wetterlagen steht genug latente Energie zur Bildung von starken Gewittern zur Verfügung.
Im Untersuchungszeitraum wurde an 627 Tagen die Wetterlage als feucht klassifiziert. An 409 Tagen davon wurde der Schwellenwert des HK von 3,5 km überschritten und somit ein Radar-Hageltag detektiert, was einem Anteil von über 65% entspricht. Bei insgesamt 617 als trocken eingestuften Tagen wurde dieser Wert nur an 166 Tagen überschritten. Der Anteil beträgt hier nur knapp 27%.

Die Verteilung der Hageltage bei trockenen Bedingungen weist einige Besonderheiten auf. Im Norden und Osten Deutschlands traten bei diesen Wetterlagen fast keine Hagelereignisse auf (Abb. 5.23b). Die Regionen mit den meisten Hageltagen liegen ausnahmslos im Süden Deutschlands, also in Baden-Württemberg und Bayern. Dabei treten Maxima mit bis zu 6 Hageltagen an Stellen hervor, die in der Betrachtung aller Tage nicht mar-

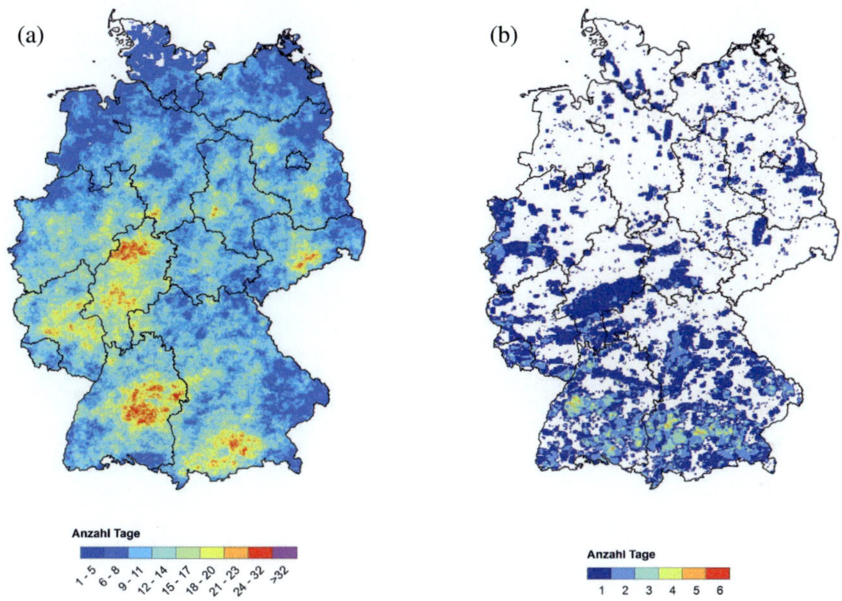

Abb. 5.23: Anzahl der Tage mit HK>3,5 km bei feuchter (a) und trockener Wetterlage (b) nach der objektiven Wetterlagenklassifikation.

kant waren. Bespielsweise liegt das Maximum in Baden-Württemberg im Bereich des Nordschwarzwalds, und damit in einer Region, in der sonst keine erhöhte Hagelaktivität beobachtet werden konnte. Auch mehrere Maxima im Bereich Oberschwabens treten nur bei den vorliegenden trockenen Bedingungen besonders hervor. Außerdem ist das bayerische Alpenvorland an mehreren Tagen betroffen. Manche Maxima, wie beispielsweise in Oberschwaben und im Alpenvorland, liegen in Gebieten, deren Untergrund einen höheren Feuchtegehalt aufweisen kann. Dementsprechend kann auch die bodennahe Luftschicht eine höhere Feuchtigkeit enthalten, was sich positiv auf die Entwicklung hochreichender Konvektion auswirkt.

Das Erscheinungsbild der Maxima deutet auf kleinere Gewittersysteme hin, da kaum längere Zugbahnen hervortreten. Besonders im Norden Deutschlands sind die Signaturen der Ereignisse nur sehr kleinräumig und es wird nur selten eine Zugbahn detektiert.

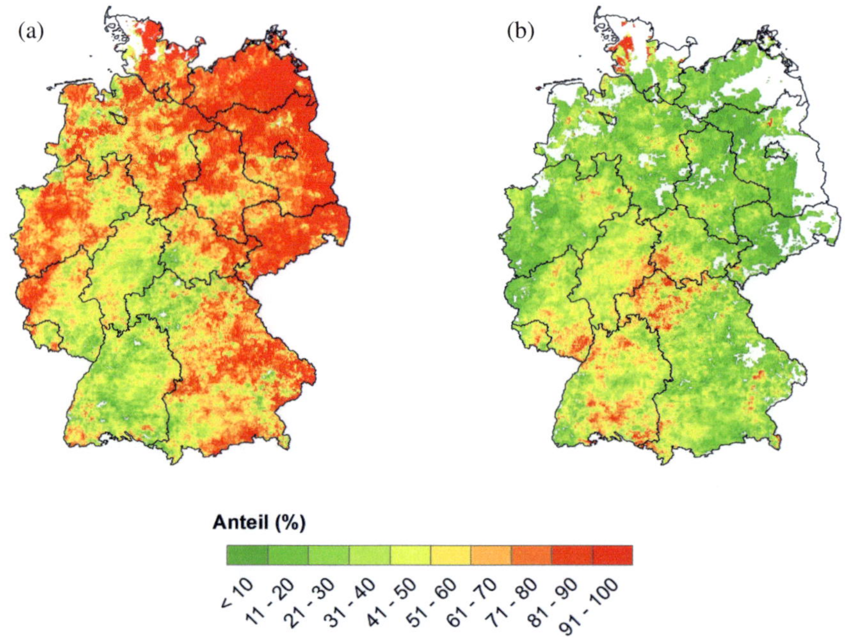

Abb. 5.24: Anteil der Radar-Hageltage (HK>3,5 km) mit entsprechenden Werten der CAPE aus ERA-Interim-Analysen an allen Radar-Hageltagen in den Jahren 2005-2011: CAPE 0-1000 J kg^{-1} (a) und CAPE 1000-2000 J kg^{-1} (b).

Eine Verbindung dieser Verteilung mit der Orografie ist nicht direkt erkennbar. Nur das Maximum im Bereich des Nordschwarzwalds befindet sich unmittelbar über den höchsten Bergen.

5.6 Einfluss des Konvektionspotentials auf die Entwicklung von Hagelgewittern

Wie bei Mohr (2013) gezeigt, treten Hagelereignisse fast ausschließlich im Zusammenhang mit einem hohen Konvektionspotential auf. Die CAPE (Abschnitt 2.1.2) ist dafür ein guter Indikator.

Zur Untersuchung des Einflusses des Konvektionspotentials auf die Anzahl und Intensität von Hagelgewittern wurde die CAPE aus ERA-Interim-Daten verwendet (siehe Abschnitt

3.5). Dabei wurden die Radar-Hageltage mit HK>3,5 km nur berücksichtigt, wenn in einem Gebiet der Größe 10×10 km^2 um das Ereignis ein bestimmter CAPE-Wert über- oder unterschritten wurde (Abb. 5.24 und 5.25).

In Abbildung 5.24 ist der relative Anteil der Radar-Hageltage mit HK>3,5 km bei bestimmten Werten für die CAPE dargestellt. Dabei zeigt sich, dass besonders in der Osthälfte, aber auch im Nordwesten Deutschlands nahezu alle Radar-Hageltage bei CAPE-Werten unter 1000 J kg^{-1} auftreten (Abb. 5.24a). Lediglich in Baden-Württemberg, Hessen, in den südlichen Teilen von Rheinland-Pfalz und im Nordwesten von Bayern liegt der relative Anteil dafür bei unter 50%. Dort entstehen die meisten Hagelgewitter bei hohen CAPE-Werten von 1000 bis 2000 J kg^{-1} (Abb. 5.24b). Bei diesen hohen Werten der CAPE tritt auch eine Region in Schleswig-Holstein besonders hervor. Da dort insgesamt jedoch besonders wenige Hageltage auftreten (nach Abb. 5.25 nur 1-3 Ereignisse), kann das als Einzelfall gewertet werden. Der Anteil der Hageltage in Baden-Württemberg bei hoher CAPE weist außerdem eine hohe räumliche Variabilität auf.
In der Region südlich von Stuttgart treten mehr als 50% der Ereignisse bei CAPE-Werten unter 1000 J kg^{-1} auf. In sonst nicht stark von Hagel betroffenen Regionen, wie dem Kraichgau im Norden von Baden-Württemberg oder dem äußersten Süden, ist das Verhältnis umgekehrt. Dort ergibt sich ein Maximum bei hohen CAPE-Werten.

Betrachtet man die Anzahl aller Radar-Hageltage, die in Verbindung mit einer CAPE bis 2000 J kg^{-1} auftreten (Abb. 5.25a), ist die Verteilung sehr ähnlich wie ohne Berücksichtigung der CAPE (Abb. 5.11), da in Mitteleuropa die CAPE selten höhere Werte erreicht (Mohr und Kunz , 2013).
Betrachtet man nur Tage mit CAPE-Werten unter 1500 J kg^{-1}, werden schon geringfügige Unterschiede sichtbar (Abb. 5.25b). Manche Maxima, wie beispielsweise das in Baden-Württemberg, treten nicht mehr so deutlich hervor, während andere komplett erhalten bleiben. So sind die Regionen im Erzgebirge und in Brandenburg mit nahezu unveränderter Anzahl zu erkennen.

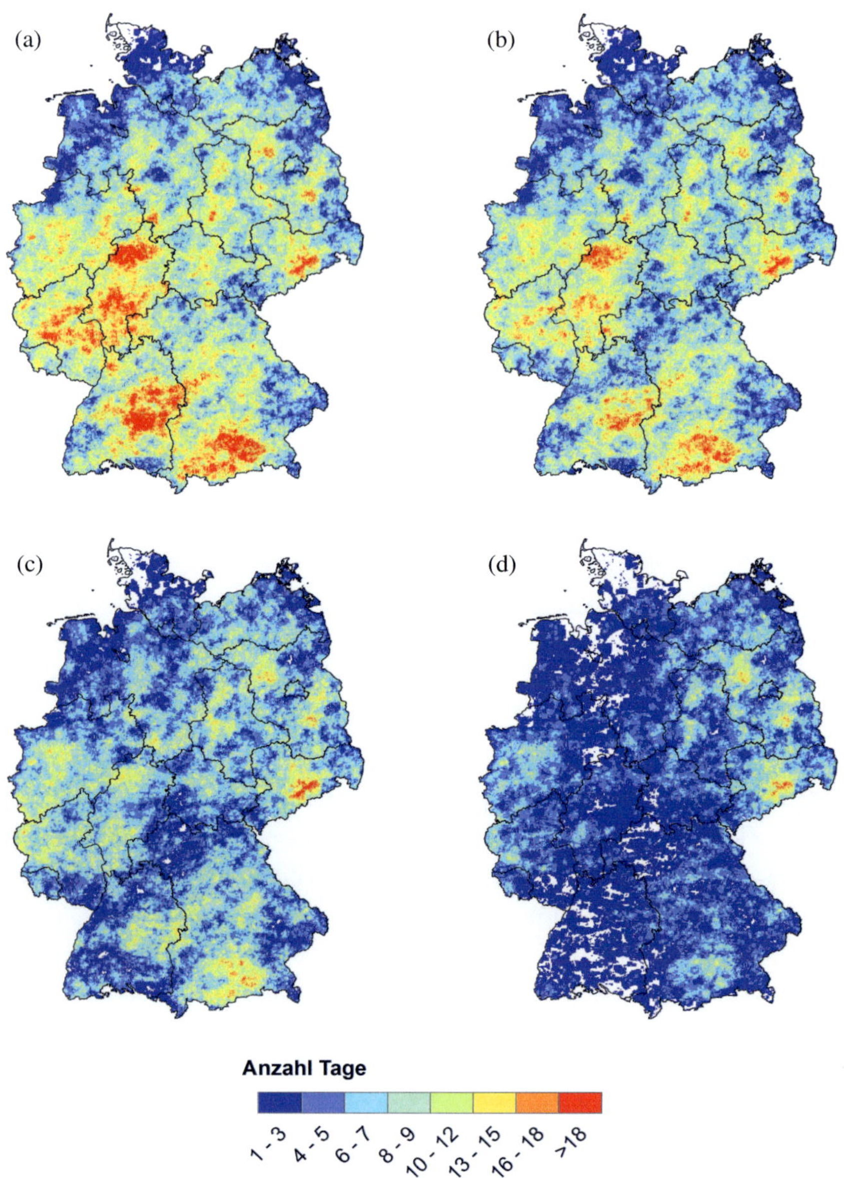

Abb. 5.25: Anzahl der Radar-Hageltage (HK>3,5 km) in den Jahren 2005-2011 bei verschiedenen CAPE-Werten aus ERA-Interim-Analysen mit CAPE<2000 J kg^{-1} (a), CAPE<1500 J kg^{-1} (b), CAPE<1000 J kg^{-1} (c) und CAPE<500 J kg^{-1} (d).

Noch deutlicher wird diese Tendenz, wenn nur noch Radar-Hageltage betrachtet werden, die mit einer CAPE unter $1000\,\mathrm{J\,kg^{-1}}$ verbunden sind (Abb. 5.25c). Das ausgeprägte Maximum in Baden-Württemberg verschwindet dabei fast vollständig. Daraus lässt sich schließen, dass in diesen Regionen für die Entstehung von Hagelgewittern eine hohe CAPE vorliegen muss.

Die Systeme im Osten Deutschlands, aber auch teilweise im äußersten Westen und im Alpenvorland treten auch bei relativ geringen CAPE-Werten auf. Auffällig ist das Maximum im Erzgebirge, das auch bei einer sehr geringen CAPE von unter $500\,\mathrm{J\,kg^{-1}}$ deutlich hervortritt. Hagelgewitter entstehen dort im Gegensatz zu den anderen Regionen schon bei verhältnismäßig niedrigen CAPE-Werten (Abb. 5.25d). Möglicherweise besitzen die konvektiven Zellen in dieser Region eine andere Struktur, beispielsweise können Hagelereignisse dort eher durch frontale Ereignisse verursacht werden als durch Multi- oder Superzellen. Bei frontalen Ereignissen wird die Konvektion durch großräumige Hebung ausgelöst und verstärkt, so dass die CAPE eine kleinere Rolle spielt.

Betrachtet man den Median der täglich um 12 UTC erreichten CAPE-Werte aus den ERA-Interim-Reanalysen, ist ein klarer Gradient von Südwest nach Nordost erkennbar (Abb. 5.26). Während im äußersten Südwesten, im Bereich des Südschwarzwalds und des Oberrheins, während des Sommerhalbjahres durchschnittliche CAPE-Werte von bis zu $160\,\mathrm{J\,kg^{-1}}$ auftreten, beträgt die gemittelte CAPE im Osten und Nordosten gebietsweise nur 45 bis $60\,\mathrm{J\,kg^{-1}}$. Auch im Nordwesten Deutschlands liegt nur ein geringes Konvektionspotential in Form von niedriger durchschnittlicher CAPE vor. Diese Ergebnisse werden auch durch die Analyse anderer Konvektionsindizes durch Mohr (2013) bestätigt. Entsprechend kann daraus geschlossen werden, dass besonders im Norden und im Osten Deutschlands auch viel seltener hohe CAPE-Werte auftreten als im Südwesten. Daher gibt es dort zum einen gebietsweise deutlich weniger starke Gewitter, zum anderen treten die in diesen Regionen beobachteten Gewittersysteme bei geringeren CAPE-Werten auf. So befindet sich auch das Maximum an Radar-Hageltagen im Erzgebirge in einem Bereich mit nur geringer durchschnittlicher CAPE. In Abbildung 5.27a ist auch erkennbar, dass diese Ereignisse fast alle bei niedrigen CAPE-Werten stattgefunden haben.

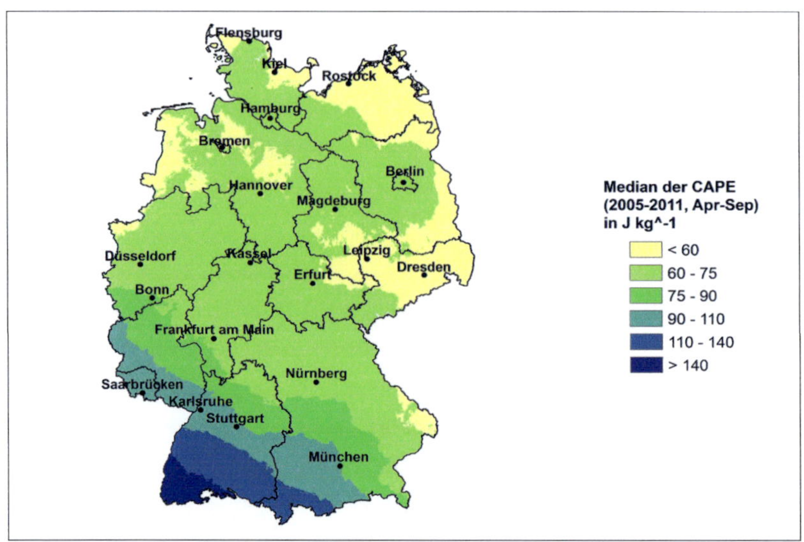

Abb. 5.26: Median der CAPE (in J kg^{-1}) nach ERA-Interim Reanalysedaten in den Jahren 2005 bis 2011, jeweils April bis September.

Werden nur die stärksten Hageltage mit einem HK>6 km für die Analyse herangezogen, ergibt sich ein ähnliches Bild. An Tagen mit geringer CAPE unter 500 J kg^{-1} (Abb. 5.27a) ist der Osten Deutschlands überdurchschnittlich häufig betroffen, während in Baden-Württemberg und Hessen fast kein Hagel auftritt. Eine leicht erhöhte Anzahl an Radar-Hageltagen wird im Westen Deutschlands und im Alpenvorland beobachtet.

An Tagen mit einer CAPE bis 2000 J kg^{-1} treten die bekannten Maxima in Hessen, Baden-Württemberg und Bayern wieder deutlich hervor.

Diese Untersuchung zeigt insgesamt, dass die in Deutschland hauptsächlich von Hagelgewittern betroffenen Gebiete nur an Tagen mit hoher CAPE gefährdet sind. Schwere Ereignisse traten außerdem nahezu immer in Verbindung mit einer hohen CAPE auf. Ist die CAPE gering, befinden sich die Hagelschwerpunkte in anderen Regionen. Angemerkt sei, dass das Hagelmaximum an Tagen mit geringer CAPE im Erzgebirge auf eine Phase starker Gewitteraktivität im Jahr 2007 zurückzuführen ist.

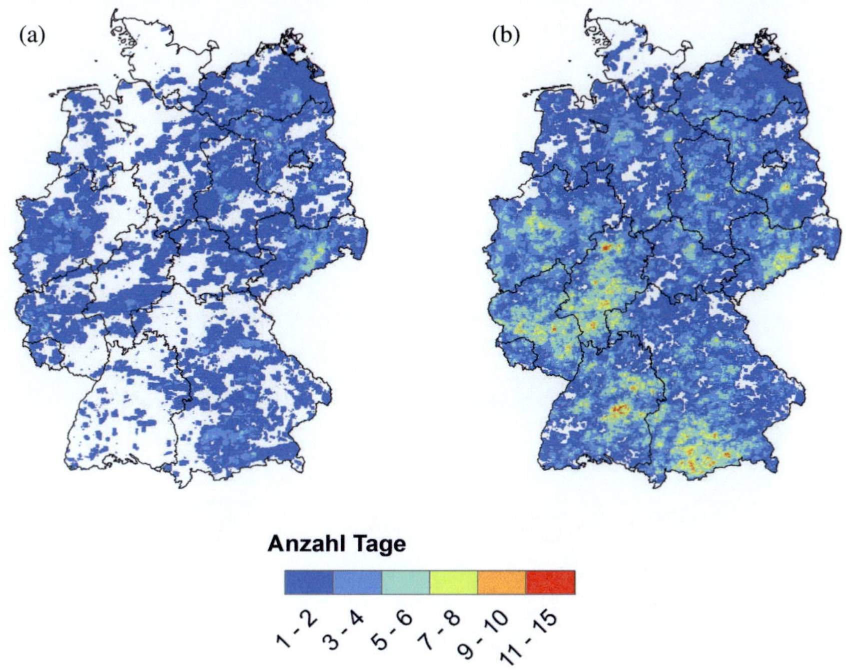

Abb. 5.27: Anzahl der Hageltage mit starkem Hagel (HK>6 km) in den Jahren 2005-2011 bei verschiedenen CAPE-Werten mit CAPE<500 J kg^{-1} (a) und CAPE<2000 J kg^{-1} (b).

5.7 Zusammenhang zwischen Orografie und räumlicher Verteilung der Hagelstürme

Wie schon im Kapitel 2.1.3 beschrieben, hat die Orografie einen großen Einfluss auf die Auslösung und Verstärkung von Konvektion (z.B. Houze, 1993; Kottmeier et al., 2008; Pocakal et al., 2009; Brombach, 2012). Dieser Einfluss ist in den oben beschriebenen Ergebnissen teilweise gut erkennbar.

Betrachtet man die Anzahl der detektierten Radar-Hageltage in Verbindung mit der Orografie (Abb. 5.28), ist ein gewisser Zusammenhang augenscheinlich. Über der Norddeutschen Tiefebene, in der keine größeren orografischen Hindernisse auftreten, ist die räumliche Struktur der Hageltage sehr homogen und die Anzahl ist durchweg gering.

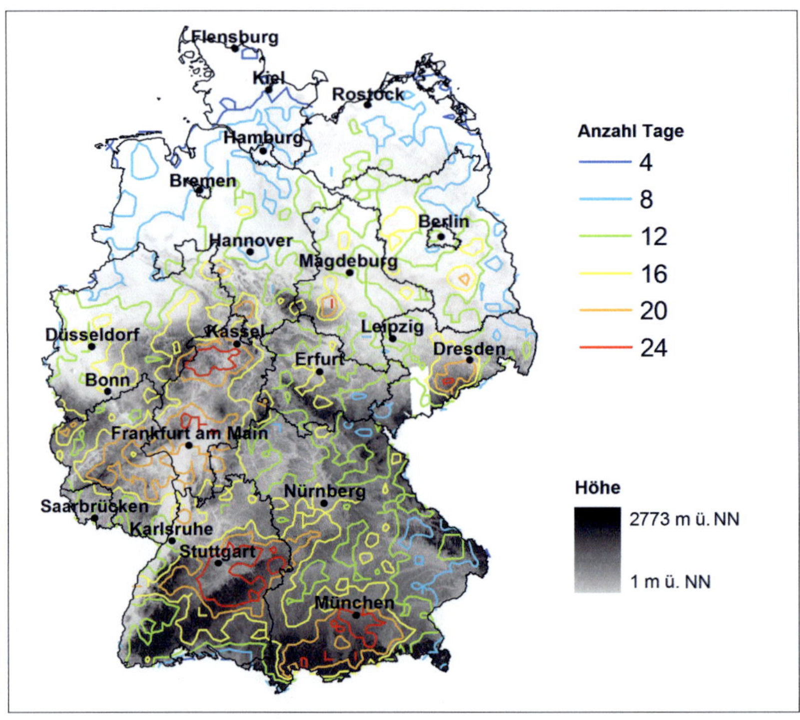

Abb. 5.28: Anzahl der Tage (2005-2011), an denen ein Hagelkriterium von HK>3,5 km erreicht wurde mit Orografie in m ü. NN.

Diese Effekte können ihre Ursachen jedoch auch in der Charakteristik der dort im klimatologischen Mittel vorherrschenden Luftmassen und Wetterlagen haben (Abb. 5.26). Im Bereich der Mittelgebirge und im Alpenvorland treten teilweise sehr viele Radar-Hageltage auf, wobei die Gradienten dabei sehr hoch sind. In diesen Regionen ist kein markanter Nord-Süd-Gradient erkennbar. In der Mitte Deutschlands, beispielsweise in Nordhessen, treten ähnlich viele Hageltage auf wie im Süden und Südwesten. Das Auftreten der in Abschnitt 5.2.1 gezeigten ausgeprägten Maxima ist zum Teil eng an die Orografie gekoppelt. Da diese Maxima (Baden-Württemberg, Hessen, östlich des Harz) von den Wetterlagen mit Südwestströmung dominiert sind (Abb. 5.21c), erfolgen die weiteren Betrachtungen meist für Tage mit dieser Strömungsrichtung.

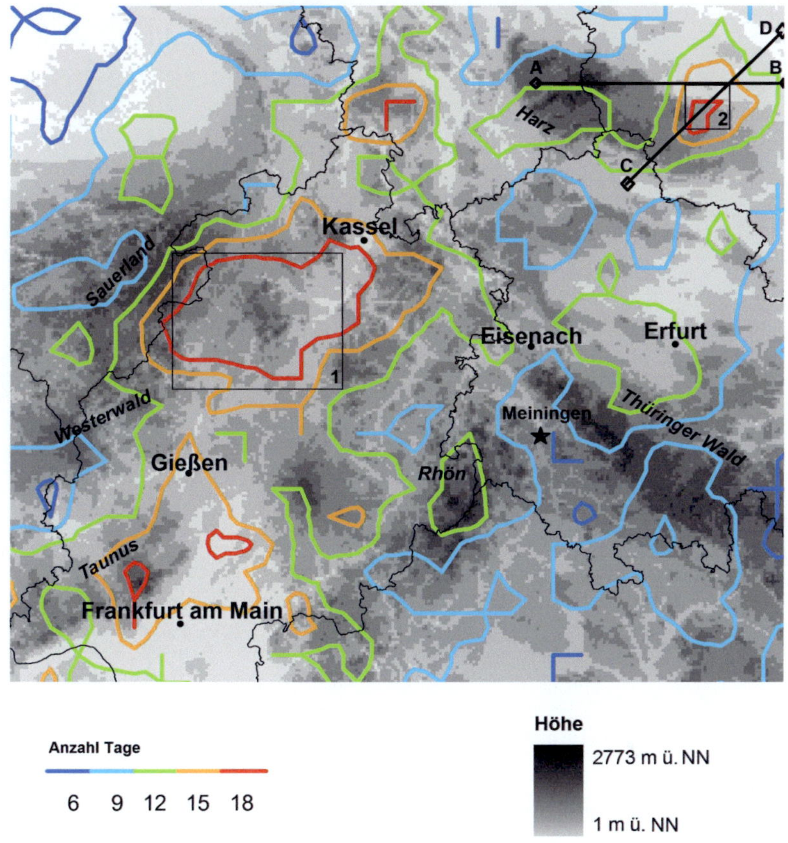

Abb. 5.29: Anzahl der Radar-Hageltage (HK>3,5 km, Isolinien) in der Region Hessen / Harz bei einer südwestlichen Strömungsrichtung mit Orografie in m ü. NN. Schwarz eingezeichnet sind die Bereiche der in Abbildung 5.30 dargestellten Vertikalschnitte A-B und C-D sowie die für die Strömungsanalysen betrachteten Gebiete 1 und 2.

Abbildung 5.29 zeigt die Lage der Maxima im Bereich von Nordhessen und östlich des Harzes bei einer Südwestwetterlage jeweils auf der Ostseite der Mittelgebirge. Das ausgeprägte Maximum südwestlich von Kassel liegt direkt östlich und damit teilweise im Lee des Westerwalds und des Sauerlands (Abb. 5.29, Gebiet 1). Der Bereich mit einer Anzahl von mehr als 18 Hageltagen beginnt in einem horizontalen Abstand von

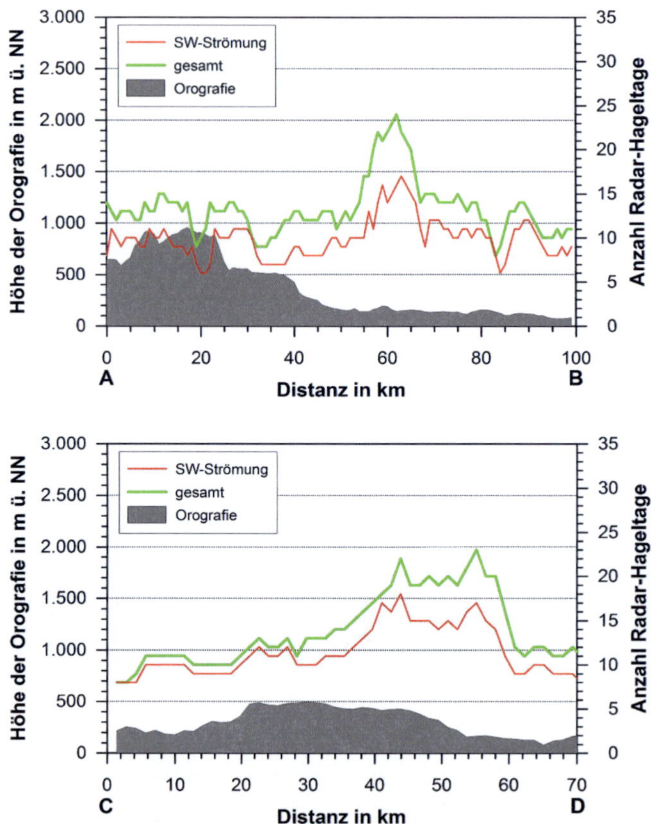

Abb. 5.30: Vertikalschnitte der Region Harz von West nach Ost (oben, A-B) und von Südwest nach Nordost (unten, C-D) nach Abbildung 5.29. Dargestellt ist die Anzahl der Radar-Hageltage (HK>3,5 km) bei Südwestanströmung (rot) und bei allen Anströmrichtungen (grün) und die Orografie in m ü. NN.

etwa 20 km von den höchsten Erhebungen. Die Orografie im Bereich des Maximums selbst ist eher wenig markant und leicht hügelig.

Die Dichte der durch TRACE3D berechneten Gewitterzugbahnen in diesem Bereich ist ebenfalls recht hoch (Abb. 5.19), jedoch liegt deren Maximum etwas weiter im Westen. Daraus lässt sich schließen, dass viele Gewitterzellen schon westlich des Gebiets entstehen und dann erst nach einer gewissen Zeit und zurückgelegten Distanz entlang ihrer Zugbahn mit Hagel verbunden sind.

Ein weiterer Bereich mit vielen Radar-Hageltagen zeigt sich in einem kleinen Gebiet östlich des Harzes. Die Abbildung 5.30 zeigt Vertikalschnitte entlang der in Abbildung 5.29 dargestellten Linien (A-B) und (C-D) durch dieses Maximum. Dabei zeigt sich ein Maximum mit bis zu 24 detektierten Radar-Hageltagen (19 an Tagen mit Südwestanströmung) ungefähr 40 km östlich des Brockens (1141 m ü. NN), der im Harz die höchste Erhebung darstellt (Abb. 5.30, Gebiet 2). Über den Höhenlagen des Harzes wird dagegen nur eine relativ geringe Anzahl an Radar-Hageltagen beobachtet. Direkt auf der Ostseite des Brockens befindet sich sogar ein lokales Minimum mit lediglich 8 detektierten Radar-Hageltagen (Abb. 5.30, A-B).

In einem Gebiet nördlich und nordöstlich von Frankfurt am Main treten mit bis zu 17 Tagen bei Südwestanströmung ebenfalls viele Radar-Hageltage auf. Das Maximum in dieser Region liegt fast direkt über den höchsten Erhebungen des Taunus, der Höhenlagen von fast 900 m erreicht. Ein weiteres lokales Maximum zeigt sich nordöstlich des Taunus in den flacheren Gebieten ungefähr 30 km nordöstlich von Frankfurt am Main.

Im Weserbergland westlich des Harzes befindet sich ebenfalls ein Maximum. Dort werden bei Südwestanströmung bis zu 17 Radar-Hageltage, bei Betrachtung aller Wetterlagen bis zu 23 Radar-Hageltage detektiert. Ein direkter Zusammenhang mit der Orografie ist dabei dabei nicht erkennbar.
Andere Mittelgebirge in dem in Abbildung 5.29 dargestellten Gebiet können eher mit Minima an Radar-Hageltagen in Verbindung gebracht werden. Sowohl auf der Ostseite der Rhön als auch auf der des Thüringer Walds treten nur relativ wenige Radar-Hageltage (maximal 10 Tage) auf.

Das Gebiet mit den meisten Radar-Hageltagen liegt in Baden-Württemberg südlich und südöstlich von Stuttgart (Abb. 5.31). Dabei werden bei der Betrachtung aller Wetterlagen an manchen Gitterpunkten der Größe 1×1 km^2 über 30 Radar-Hageltage, bei Südwestwetterlagen noch bis zu 25 Radar-Hageltage detektiert. Orografisch liegt das

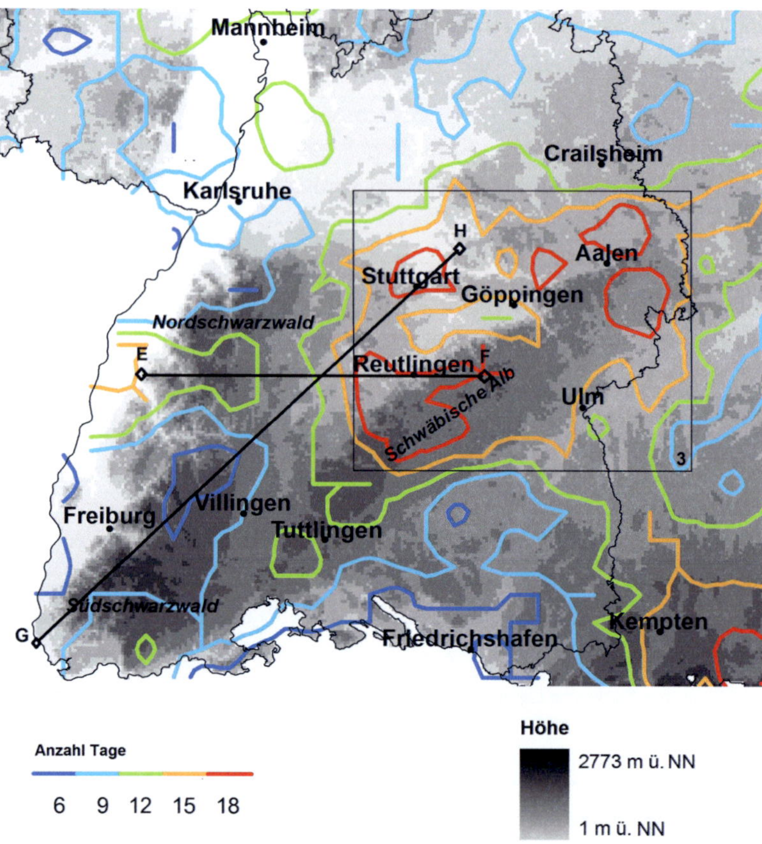

Abb. 5.31: Anzahl der Radar-Hageltage (HK>3,5 km, Isolinien) in der Region Schwarzwald /
Schwäbische Alb bei einer südwestlichen Strömungsrichtung mit Orografie in m ü.
NN. Schwarz eingezeichnet sind die Bereiche der in Abbildung 5.32 dargestellten
Vertikalschnitte E-F und G-H und das für die Strömungsanalysen betrachtete Gebiet 3.

betroffene Gebiet teilweise über der Hochfläche der Schwäbischen Alb von Reutlingen
und südlich davon bis hin zur Ostalb in der Region um Aalen. Eine erhöhte Anzahl an
Hageltagen ist auch nordwestlich der Schwäbischen Alb im Bereich von Stuttgart zu
verzeichnen.

Der Höhenzug der Schwäbischen Alb erstreckt sich von Südwest nach Nordost und liegt

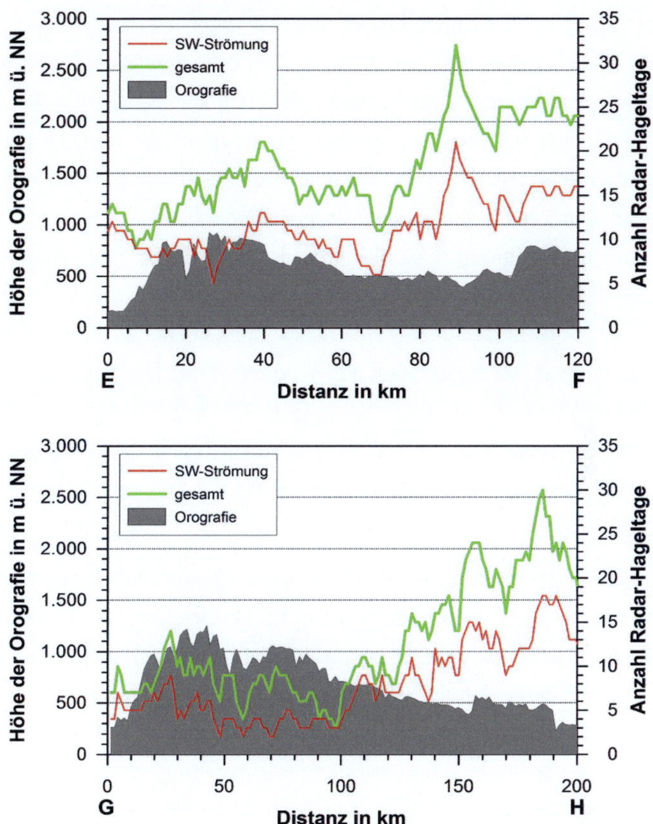

Abb. 5.32: Vertikalschnitte der Region Schwarzwald / Stuttgart von West nach Ost (oben, E-F) und von Südwest nach Nordost (unten, G-H) nach Abbildung 5.31. Dargestellt ist die Anzahl der Radar-Hageltage (HK>3,5 km) bei Südwestanströmung (rot) und bei allen Anströmrichtungen (grün) mit Orografie in m ü. NN.

daher bei Südwestwind parallel zur Strömung. Stromaufwärts liegt der Schwarzwald, der im Süden Höhenlagen von fast 1500 m über NN erreicht.

Die Gradienten der Radar-Hageltage in dem in Abbildung 5.31 gezeigten Bereich sind enorm groß. So werden über den Höhenlagen des Südschwarzwalds bei Südwestwind nur sehr wenige Hageltage (6) detektiert, während in den Bereichen der Schwäbischen

Alb über 20 Tage gezählt werden. Dieser hohe Gradient lässt auf eine verstärkte Ge-
witterbildung in der Region zwischen Villingen am östlichen Rand des Schwarzwalds
und der mittleren Schwäbischen Alb schließen. Bei Betrachtung des Vertikalschnitts von
West nach Ost durch dieses Maximum erkennt man innerhalb von nur 20 km horizontaler
Distanz einen Unterschied von über 20 Radar-Hageltagen (Abb. 5.32, E-F, zwischen
70 km und 90 km) bei Betrachtung aller Wetterlagen.

Vergleicht man in Abbildung 5.19 die Anzahl der in dieser Region mit Hilfe von
TRACE3D detektierten Zugbahnen, ist besonders im Bereich zwischen Villingen/Tuttlingen
und der mittleren Schwäbischen Alb eine relativ hohe Dichte an Zugbahnen bei einer
relativ geringen Anzahl an Radar-Hageltagen zu erkennen. Das zeigt, dass dort schon
viele konvektive Systeme existieren, diese jedoch nicht mit Hagel verbunden sind. Die
Verstärkung der Systeme erfolgt mit fortschreitender Zugbahn, bis schließlich weiter
stromab eine höhere Intensität und damit Hagel auftritt.

In Kunz und Puskeiler (2010) ist ebenfalls in der Region südlich von Stuttgart eine
hohe Anzahl an Hageltagen detektiert worden. Im Vergleich mit der hier vorliegenden
Arbeit ist die Lage der Maxima fast identisch. Das Maximum in Kunz und Puskeiler
(2010) erstreckt sich dabei jedoch nicht so weit nach Süden und nach Osten wie in der
vorliegenden Arbeit. Die Ursache dafür kann die unzureichende Radarabdeckung im
Randbereich des Radargebietes sein, da die Studie nur mit Radardaten eines Radars in
Karlsruhe durchgeführt wurde, dafür wurde jedoch ein 11-jähriger Zeitraum (1997-2007)
betrachtet. Das Minimum an Radar-Hageltagen im Bereich des Nordschwarzwalds ist
in beiden Studien enthalten. Die Verfahren beider Arbeiten sind zwar ähnlich, jedoch
wurden in Kunz und Puskeiler (2010) nur Schadentage aus Versicherungsdaten betrachtet
und die Detektion fand anhand von anderen Methoden mit 2D-Radardaten statt.

Bei einer nordwestlichen Strömungsrichtung ist die größte Anzahl der Radar-Hageltage
ebenfalls in der Region der Schwäbischen Alb zu finden (Abb. 5.22d). Bei einem Vergleich der Lage der Maxima zwischen Südwest- und Nordwestströmung fällt auf, dass der
Schwerpunkt bei Nordwestwind deutlich weiter südlich über dem Donautal liegt (Abb.
5.33). Das bei Südwestströmung sehr häufig betroffene Gebiet in der Region Stuttgart
und südlich davon ist bei dieser Anströmrichtung nicht erkennbar.

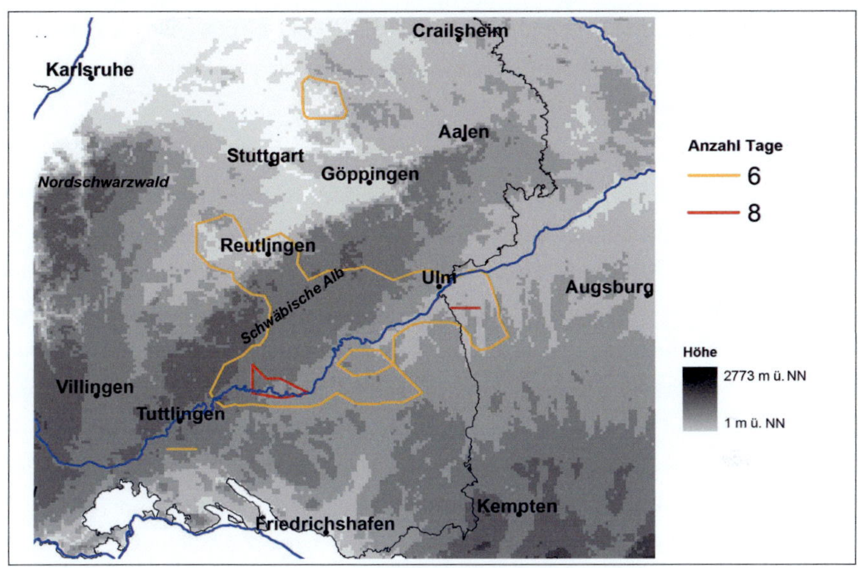

Abb. 5.33: Anzahl der Tage, an denen bei Nordwestströmung ein Hagelkriterium von HK>3,5 km erreicht wurde (Isolinien) und Orografie im Bereich der Schwäbischen Alb.

Die weiteren Maxima in Deutschland im Bereich des Erzgebirges (bis 15 Radar-Hageltage) und im Alpenvorland (bis 30 Radar-Hageltage) lassen sich zum Teil ebenfalls mit der Orografie in Verbindung bringen. Der Hagelschwerpunkt im Erzgebirge liegt bei einer Südwestwetterlage beispielsweise auf der nördlichen Seite der höchsten Erhebungen.

Im Alpenvorland ist die Situation wesentlich komplexer. Möglicherweise ist hier eine Beeinflussung der Strömung durch die Alpen der Auslöser für die hohe Anzahl an Radar-Hageltagen. So bildet sich zum Beispiel nach Winkler et al. (2006) im Bereich des Allgäus an vielen Tagen ein Konvergenzbereich aus, der zu einer gehäuften Entstehung von Gewittern in dieser Region führt. Ursache hierfür ist demnach das sogenannte 'Alpine Pumpen', eine zu den Alpen gerichtete nördliche Strömung im Alpenvorland, die durch Dichte- und Temperaturdifferenzen ausgelöst wird und an Tagen mit hoher Sonneneinstrahlung auftritt. Dieser Effekt wurde auch durch verschiedene andere Studien mit Messungen von Windfeldern sowie der Auswertung von Satelliten- und Modelldaten veranschaulicht (z.B. Lugauer und Winkler, 2005; Weissmann et al., 2005). Finke und Hauf (1996) belegten das gehäufte Auftreten von Gewitterzellen im bayerischen Alpenvorland durch eine Blitzstatistik.

Bei einer zusammenfassenden Betrachtung der Maxima der Radar-Hageltage fällt auf, dass sich fast alle auf der östlichen Seite der Mittelgebirge befinden. Da, wie in Abschnitt 5.5.1 gezeigt wurde, die meisten Hagelereignisse bei Wetterlagen mit südwestlicher Strömungsrichtung stattfinden, entspricht dies der Leeseite der Gebirgszüge. Die theoretischen Konzepte, die die Auslösung von Konvektion auf der Leeseite eines Hindernisses beschreiben, wurden in Kapitel 2.1.3 diskutiert. Wie dort beschrieben, kann eine Auslösung und Verstärkung von hochreichender Konvektion durch eine Umströmung von Hindernissen und eine damit verbundene leeseitige Strömungskonvergenz bei geringen Froudezahlen ($Fr < 1$) oder bei Überströmung des Hindernisses ($Fr >> 1$) durch Leewellen erfolgen. Daher wird das Ähnlichkeitskonzept der Froudezahl beispielhaft für die Bereiche maximaler Radar-Hageltage im Lee des Harzes und in der Region um Stuttgart genauer untersucht. Für diese Analysen standen Radiosondendaten von 12 UTC der Stationen Meiningen, Stuttgart und Essen für den Zeitraum 2005 bis 2009 zur Verfügung. Die zur Berechnung der Froudezahl benötigte Hindernishöhe H wurde für das Harz mit H=800 m und für den Schwarzwald südwestlich von Stuttgart mt H=1000 m angenommen. Für die Strömungsgeschwindigkeit U und -richtung β erfolgte eine dichtegewichtete Mittelung von 0 bis 2000 m, die Brunt-Väisälä-Frequenz N wurde quadratisch gemittelt, um imaginäre Werte auszuschließen.

Auf der Ostseite des Harzes wurde in einem 15×15 km^2 großen Gebiet (Abb. 5.29, Gebiet 2) an 23 Tagen ein HK>3,5 km erreicht. Aus Radiosondendaten der Station Meiningen ergibt sich für diese Tage eine durchschnittliche Windrichtung unterhalb 2000 m NN von 205°. Die Radiosondenstation in Meiningen ist jedoch mehr als 100 km vom genannten Untersuchungsgebiet entfernt und die Betrachtung deshalb entsprechend ungenau. Die durchschnittliche Froudezahl aus Radiosondendaten von Meiningen an diesen Tagen beträgt Fr=0,94, die durchschnittliche Froudezahl über alle Tage beträgt Fr=1,13. Bei diesen Werten für die Froudezahl an Radar-Hageltagen kann von einer teilweisen Umströmung des Harzes ausgegangen werden.

Der Vertikalschnitt (Abb. 5.30, C-D) durch das beobachtete Maximum der Radar-Hageltage von Südwest nach Nordost zeigt stromauf der maximalen Anzahl nur eine leicht erhöhte Orografie, die ungefähr 300 m über der Höhenlage im Bereich des Maximums liegt. Dieser langgezogene Höhenzug (Abb. 5.29) kann nicht, wie in Abbildung 2.4 gezeigt, störungsfrei umströmt werden. Entsprechend kann die Ursache für das häufige Auftreten von Hagelgewittern in dieser Region keine bodennahe Strömungskonvergenz durch eine Bergumströmung sein. Ein möglicher Grund für die Auslösung von Hagelgewittern könnte die Bildung von Schwerewellen über und stromab des Hindernisses sein. Das Maximum der Hageltage befindet sich bei Südwestanströmung mit einem Abstand von nur 15 bis 20 km sehr nahe an den maximalen Höhenlagen des Harzes (Abb. 5.30, C-D). Das kann auch auf eine Auslösung hochreichender Konvektion beim Überströmen des Hindernisses und auf eine weitere Verstärkung der konvektiven Systeme mit der weiteren Verdriftung durch die großräumige Strömung hindeuten.

Werden die selben Untersuchungen mit den Radiosondendaten von Stuttgart für ein Gebiet der Größe 120×100 km^2 um den Bereich der maximalen Anzahl an Radar-Hageltagen in Baden-Württemberg (Abb. 5.31, Gebiet 3) durchgeführt, ergibt sich eine mittlere Windrichtung an Radar-Hageltagen (HK>3,5 km) von 212°. Die Froudezahl an diesen Tagen beträgt Fr=1,08, während sie im Mittel lediglich Fr=0,87 erreicht. In dem relativ großen Untersuchungsgebiet wird der Schwellenwert des HK an insgesamt 124 verschiedenen Tagen überschritten. Die größere Anzahl im Vergleich zum oben beschriebenen Gebiet östlich des Harzes resultiert aus der deutlich größeren betrachteten Fläche.

Die Vertikalschnitte zeigen den Bereich maximaler Anzahl der Radar-Hageltage sowohl bei einer Betrachtung von West nach Ost (Abb. 5.32, E-F) als auch bei einem Schnitt von Südwest nach Nordost (Abb. 5.32 G-H) über den niedrigsten Regionen. Bei einer durchschnittlichen südwestlichen Anströmung werden also die meisten Hagelgewitter im Lee der Erhebungen erst ausgelöst oder verstärkt. Brombach (2012) zeigte anhand von semi-idealisierten Modellstudien mit COSMO-DE für das selbe Gebiet verschiedene bodennahe Divergenz- und Konvergenzeffekte an Hageltagen, die jedoch nicht eindeutig der Um- und Uberströmung des Schwarzwalds zugeordnet werden können. Ebenfalls zeigte sich stromab der höchsten orografischen Hindernisse eine Bildung von Schwerewellen.

Die horizontale Distanz zwischen dem Gipfel des Feldbergs im Südschwarzwald und dem westlichen Rand des Hagelmaximums beträgt fast 100 km und ist damit wesentlich größer als in den oben beschriebenen Regionen im Bereich des Harzes. Ein direkter Effekt, wie er bei der Umströmung des Südschwarzwalds enstehen könnte, ist mit den vorliegenden Radiosondendaten nicht erkennbar.

Ein weiterer Einfluss der Orografie auf die Entwicklung einer großen Anzahl starker Gewitter in dieser Region kann auch die Anströmung der Nordwestkante der Schwäbischen Alb sein. Bei einer eher westlichen Windrichtung kann dort Hebung auftreten, die die Entwicklung von Gewittern fördert.

Auf diese Weise kann möglicherweise auch das Maximum der Radar-Hageltage auf der Hochfläche der Schwäbischen Alb an Tagen mit nordwestlicher Strömungsrichtung erklärt werden. Das Gebiet befindet sich dabei komplett im Lee der Schwäbischen Alb. Die Gewitter werden durch Hebung an der Nordwestkante der Schwäbischen Alb ausgelöst, verstärken sich im Laufe der weiteren Entwicklung und ziehen mit dem Wind in Richtung Süden oder Südosten. Die maximale Intensität würde bei diesem Ablauf über der südlichen Schwäbischen Alb oder erst über dem Donautal erreicht. Einen solchen Effekt kann man bei Nordwestwind jedoch nur an dieser Stelle betrachten. Über anderen Mittelgebirgen sind keine derartigen Strukturen erkennbar.

Durch die komplexe Orografie in Baden-Württemberg ist es jedoch schwierig, aus der Verteilung der Radar-Hageltage auf die Strömungsverhältnisse zu schließen, die eine Auslösung von Gewittern bewirken. Detaillierte Untersuchungen der Strömung können nur mit einem numerischen Wettervorhersagemodell durchgeführt werden.

Ähnliche Ergebnisse wie in Baden-Württemberg zeigt auch die Untersuchung des Maximums südwestlich von Kassel. Das Maximum tritt nur an Tagen auf, die nach der objektiven Wetterlagenklassifikation mit Südwestwind verbunden sind. Nach Auswertungen der Radiosondendaten von Essen beträgt die mittlere Windrichtung an Radar-Hageltagen in diesem Gebiet 214° (Abb. 5.29, Gebiet 1). Die mittlere Froudezahl beträgt Fr=1,12 an Tagen mit HK>3,5 km und Fr=1,4 an den anderen Tagen. Das ausgeprägte Maximum an Radar-Hageltagen befindet sich bei dieser mittleren Windrichtung nahezu stromab der orografisch relativ flachen Region um Frankfurt am Main. Bei einer westlichen Strömungsrichtung können jedoch wieder die Berge des Westerwalds und des Sauerlands in Form einer Umströmung oder einer Leewellenauslösung einen Einfluss haben.

Insgesamt zeigt sich in den Ergebnissen ein großer Einfluss der Orografie auf die Häufigkeit von Hagelgewittern. Zwar können keine eindeutigen Effekte abgeleitet werden, jedoch tritt die Häufung von Radar-Hageltagen auf der Ostseite der Mittelgebirge sehr systematisch auf. Die homogene Verteilung der wenigen Hageltage im flachen Norden Deutschlands zeigt, dass ohne orografische Hindernisse keine regional verstärkte Auslösung von Hagelstürmen stattfindet.

5.8 Ableitung von Schadenwahrscheinlichkeiten

Für den Untersuchungszeitraum von 2005 bis 2011 wurden mit den vorliegenden Schadendaten der GV und den Radardaten Schadenwahrscheinlichkeiten berechnet. Damit kann jedem Wert des HK eine Wahrscheinlichkeit zugeordnet werden, mit der in einem bestimmten Umkreis ein Hagelschaden aufgetreten ist. Dafür wurden nur bebaute Gebiete berücksichtigt und es wurden die mit Blitzdaten gefilterten Radardaten verwendet. Für jeden Tag wurde an jeder bebauten Stelle untersucht, ob in einem bestimmten Radius ein Hagelschaden aufgetreten ist und ob ein bestimmtes HK überschritten wurde. Das in Abbildung 5.34 dargestellte Diagramm zeigt erwartungsgemäß eine Zunahme der Schadenwahrscheinlichkeit mit zunehmendem HK. Die höchste Hagelwahrscheinlichkeit (0,88) in einem Umkreis von 10 km wird bei einem HK von 7 km erreicht.

Die Berechnungen liegen für Suchradien von 5 km und von 10 km vor. Die Wahrscheinlichkeit für das Auftreten eines Hagelschadens ist bei einer Betrachtung eines $10 \times 10 \ \mathrm{km}^2$ großen Bereiches um das gemessene Radarsignal deutlich größer als bei der Betrachtung eines $5 \times 5 \ \mathrm{km}^2$-Gebietes, da mehr Gebäude in diesem Gebiet liegen, und Fehler, die durch eine mögliche Verdriftung der Hagelkörner auftreten können, abgeschwächt werden.

Jedoch ist bei HK=0 km, also keinem vorliegenden Radarsignal, immer noch eine gewisse Schadenwahrscheinlichkeit gegeben. Diese kann ihre Ursache in Datenlücken des Radardatensatzes haben, wie sie zum Beispiel durch Ausfälle von Radaranlagen (siehe Abschnitt 3.1, Tab. 3.2) oder durch abgeschirmte Bereiche im Abtastvolumen des Radars

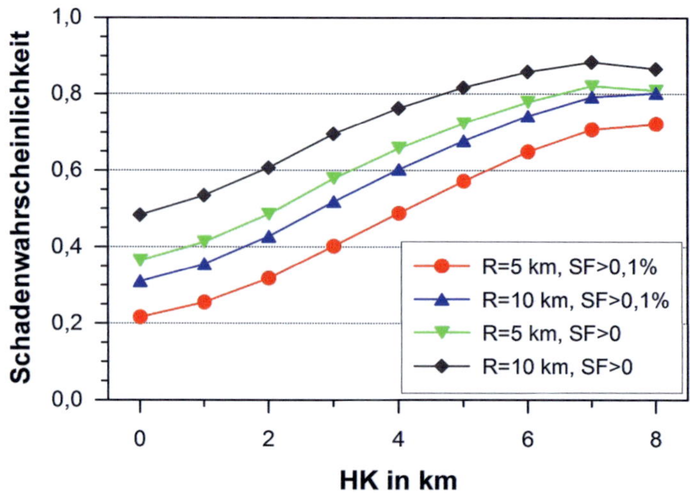

Abb. 5.34: Wahrscheinlichkeit, mit der bei dem jeweiligen Hagelkriterium (HK) Hagelschäden bei der GV gemeldet wurden. Dargestellt ist die Schadenwahrscheinlichkeit für verschiedene Suchradien (R) und Schwellenwerte für die Schadenfrequenz (SF): R=5 km und SF>0,1% (rot), R=10 km und SF>0,1% (blau), R=5 km und SF>0 (grün), R=10 km und SF>0 (schwarz).

(siehe Abschnitt 2.4.4) auftreten. So können beispielsweise beim Ausfall eines Radars Hagelschäden in den Versicherungsdaten enthalten sein, die jedoch nicht mit dem Radar detektiert wurden. Auch eine ungenaue oder falsche zeitliche Angabe in den Schadenmeldungen der Versicherung kann zu einer falschen Zuordnung führen.

Im Gegensatz zu Witt et al. (1998) wird bei keinem HK-Wert eine Schadenwahrscheinlichkeit von 1 erreicht. Wird beispielsweise mit dem Radar Hagel detektiert, muss dieser nicht zwangsläufig zu Hagelschäden an Gebäuden führen. So kann ein Gebäude mit geringer Vulnerabilität oder in einer nur wenig exponierten Lage trotz größeren Hagelkörnern unbeschädigt bleiben. Eine gewisse Unsicherheit ist also bei dieser angewendeten Methode unvermeidlich.

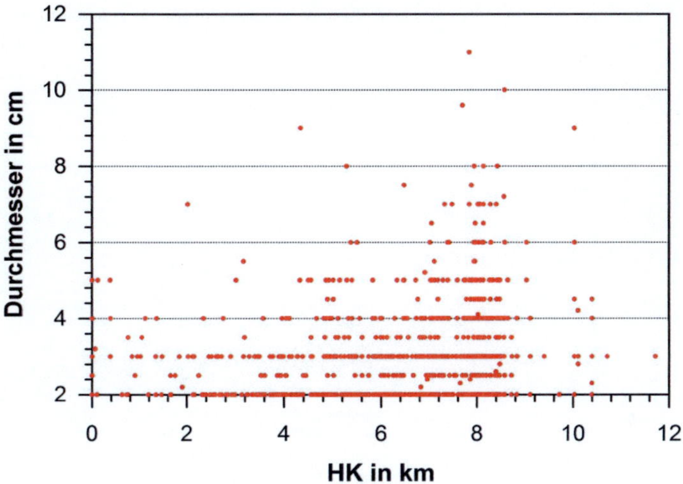

Abb. 5.35: Zusammenhang zwischen dem in der ESWD aufgeführten Hagelkorndurchmesser und dem maximalem HK im Umkreis von 10 km um das Ereignis.

Die Schadenwahrscheinlichkeiten liegen für einen höheren Schwellenwert der Schadenfrequenz (SF>0,1%) erwartungsgemäß niedriger. Insgesamt ist eine gute Korrelation zwischen dem HK und der Schadenwahrscheinlichkeit erkennbar. Die bestmögliche Detektion von Hagelschäden wird erzielt, wenn die Differenz zwischen minimaler und maximaler Wahrscheinlichkeit möglichst groß ist. Dies ist für eine Betrachtung mit einem Suchradius von 5 km und einem Schwellenwert für die Schadenfrequenz von 0,1% gegeben. Dort ist die Schadenwahrscheinlichkeit für HK=0 km mit 0,22 relativ gering, das Maximum wird bei einem HK=8 km mit einem Wert von 0,72 erreicht, was eine Differenz von 0,5 ergibt. Betrachtet man die Werte beispielsweise für einen Suchradius von 10 km und berücksichtigt keinen Mindestwert für die Schadenfrequenz, beträgt die Spanne zwischen minimaler und maximaler Schadenwahrscheinlichkeit lediglich 0,4. Dies entspricht einer geringeren Detektionsgüte.

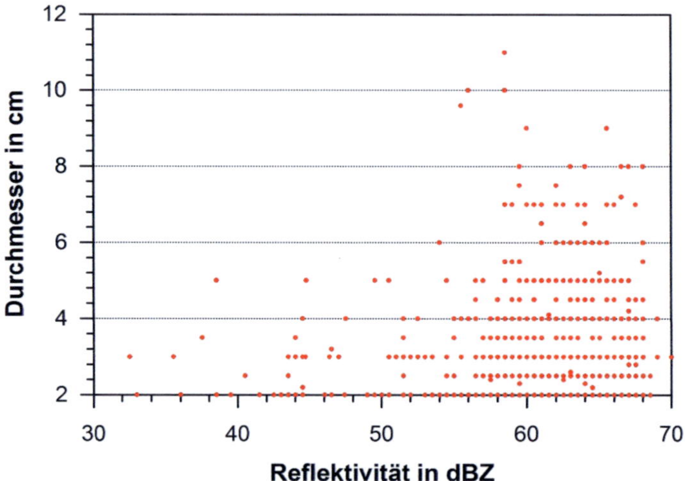

Abb. 5.36: Zusammenhang zwischen dem in der ESWD aufgeführten Hagelkorndurchmesser und der maximalen Radarreflektivität aus 2D-Radardaten im Umkreis von 10 km um das Ereignis.

5.9 Zusammenhang der Hagelkorngröße mit dem Hagelkriterium

Im folgenden Abschnitt werden Daten aus der European Severe Weather Database (ESWD) mit den Radardaten kombiniert. Die Analyse erfolgte für alle Ereignisse in Deutschland im Zeitraum von 2005 bis 2011. Für jedes in der ESWD aufgeführte Hagelereignis mit aufgeführter Korngröße wurden die Radardaten im einem Gebiet von $10 \times 10 \text{ km}^2$ um den Ort des Ereignisses untersucht. Ist am entsprechenden Tag in diesem Gebiet um den Ort der Beobachtung kein Radarecho aufgetreten, wird das Maximum des Vortags oder des Folgetags in diesem Gebiet verwendet. Dadurch werden nächtliche Ereignisse, die nicht genau einem Tag zugeordnet werden können, besser berücksichtigt. In der ESWD werden nur Ereignisse mit einem Mindestdurchmesser der Hagelkörner von 2 cm aufgeführt.

In Abbildung 5.35 ist für jedes beobachtete Ereignis der gemeldete Hagelkorndurchmesser und das maximale HK im Umfeld des Ereignisses aufgetragen. Dabei ist erkennbar, dass größere Korndurchmesser eher bei höheren Werten des HK aufgetreten sind. Jedoch treten auch einige Ereignisse mit Korndurchmessern bis 5 cm auf, ohne dass ein Radarecho zugeordnet werden konnte. Der Grund hierfür können ausgefallene Radaranlagen, Fehler in den Radardaten oder aber auch Ungenauigkeiten in den Beobachtungsdaten sein, wie sie beispielsweise auch in den Versicherungsdaten der GV auftreten (siehe auch Abschnitt 5.8).

Bis auf wenige Ausreißer treten sehr große Hagelkörner mit einem Durchmesser von über 6 cm meist in Verbindung mit hohen Werten des HK auf. Im Bereich des größten in Deutschland erfassten Hagelkorns mit einem Durchmesser von 11 cm trat ein HK von 8 km auf. Höhere HK-Werte als etwa 8-9 km lassen nicht mehr auf größere Korndurchmesser schließen, da in diesem Bereich das HK durch verschiedene Faktoren keine sinnvolle Aussage mehr liefern kann (siehe Abschnitt 4.4.2).
Da auch bei einem relativ niedrigen HK zwischen 0 und etwa 3 km schon günstige Wachstumsbedingungen für Hagel in der Atmosphäre vorhanden sind, tritt auch hier Hagel mit Korngrößen von bis zu 6 cm auf. Das bestätigen auch Ergebnisse von Waldvogel et al. (1979) und Witt et al. (1998), nach denen Hagel ab einem HK von 1,4 km bzw. 1,6 km möglich ist.

Bei Betrachtung der 2D Radardaten ergibt sich die in Abbildung 5.36 dargestellte Verteilung. Dort ist eine deutliche Häufung von Hagelereignissen mit großen Korngrößen bei hohen Werten der Radarreflektivität erkennbar. Die meisten großen Korndurchmesser treten in Verbindung mit Reflektivitätswerten von über 55 dBZ auf. Beim größten erfassten Hagelkorn beträgt die detektierte Radarreflektivität 59 dBZ. Höhere Reflektivitätswerte als 71 dBZ sind bei den untersuchten Ereignissen nicht aufgetreten. Bei Werten unter 45 dBZ treten dagegen kaum Hagelereignisse auf. In der ESWD sind jedoch auch Beobachtungen aufgeführt, die wie oben schon beschrieben, mit keinem Radarsignal in Verbindung gebracht werden können.

Die Streuung der Hagelkorndurchmesser ist bei hohen Werten der Radarreflektivität sehr hoch. So treten beispielsweise in Verbindung mit Werten um 60 dBZ Hagelkorndurchmesser von 2 bis 11 cm auf. Je niedriger die beobachtete maximale Reflektivität ist, umso geringer wird diese Streuung. Dementsprechend werden im Zusammenhang mit einer Reflektivität von 45 dBZ nur Korngrößen zwischen 2 und 5 cm beobachtet.

Insgesamt kann aus den Untersuchungen ein Zusammenhang zwischen Radarsignal und beobachteten Hagelkorndurchmessern abgeleitet werden. Ungenauigkeiten, sowohl in den ESWD-Beobachtungsdaten als auch in den Radardaten, lassen jedoch keine eindeutige Zuordnung zu. Es ist aber deutlich erkennbar, dass sehr große Hagelkörner fast immer in Verbindung mit hohen Werten der Radarreflektivität und des Hagelkriteriums auftreten.

6 Zusammenfassung und Bewertung der Ergebnisse

In der vorliegenden Arbeit wurde die räumliche und zeitliche Variablität von Hagelgewittern in Deutschland untersucht. Dazu wurde eine Klimatologie der Hagelgewitter in Deutschland für einen Zeitraum von 7 Jahren erstellt. Hagelereignisse wurden aus der Kombination verschiedener Beobachtungsdaten detektiert und daraus flächendeckende Verteilungen der Anzahl und Intensität berechnet. Einen großen Teil der Arbeit stellt die Entwicklung von Methoden zur Detektion von Hagel aus meteorologischen Beobachtungsdaten in hoher räumlicher und zeitlicher Auflösung dar. Desweiteren erfolgte eine Analyse und Diskussion der meteorologischen Umgebungsbedingungen und der orografischen Gegebenheiten, die zur Auslösung von Hagelgewittern führen können.

Hagelgewitter werden aufgrund ihrer geringen räumlichen Ausdehnung und ihrer teilweise kurzen Lebensdauer von konventionellen meteorologischen Beobachtungssystemen nur unzulänglich erfasst. Flächendeckende Informationen, wie Radar- und Blitzdaten, erfüllen sowohl in ihrer räumlichen als auch in ihrer zeitlichen Auflösung die Voraussetzungen, solche Gewittersysteme zu detektieren. Jedoch kann aus den einzelnen Datensätzen kein eindeutiger Zusammenhang zu Hagel abgeleitet werden. Schadendaten von Versicherungen auf der anderen Seite lassen eine Identifikation von Hagelschäden am Boden zu, sind aber begrenzt auf bebaute Regionen und erheblich von der vorherrschenden Regulierungspraxis abhängig. Daher wurden in dieser Arbeit verschiedene Beobachtungen auf sinnvolle Weise miteinander kombiniert, um daraus Hagelereignisse statistisch wiederzugeben.

Zur Auswertung wurden als wichtigste Datengrundlage zwei- und dreidimensionale Radardaten des Radarverbunds des Deutschen Wetterdienstes (DWD) verwendet. Die Daten standen jeweils für das Sommerhalbjahr für den Zeitraum von 2005 bis 2011 in einer räumlichen Auflösung von 1 km (2D) bzw. 2 km (3D) und in einer zeitlichen

Auflösung von 5 min (2D) bzw. 15 min (3D) zur Verfügung. Die 3D-Daten der einzelnen Radarstationen wurden zu einem deutschlandweiten Komposit zusammengefasst. Zunächst musste eine umfangreiche Korrektur von Fehlern und Störechos durchgeführt werden. Dabei wurden einzelne Pixel mit sehr hoher Radarreflektivität und Echos, die nur in einem Zeitschritt auftraten, eliminiert. Auch erfolgte eine Korrektur der Radarechos mit Blitzdaten, da bei den zu detektierenden Gewittern auch immer Blitze mit auftreten. In einem weiteren Schritt wurden Methoden entwickelt um Hagel in den vorliegenden Radardaten zu erkennen. Zum Abgleich, ob Hagel tatsächlich aufgetreten ist, wurden Schadendaten einer Gebäudeversicherung (GV) sowie der Vereinigten Hagel VVaG (VH) verwendet. Die Datensätze beinhalten Gebäudeschäden in den Bundesländern Baden-Württemberg, Hessen und Thüringen (GV) sowie Schäden in der Landwirtschaft in ganz Deutschland (VH).

Die bestmöglichen Detektionsmethoden für Hagelschäden aus Radardaten wurde durch die Kombination der Radardaten mit den Schadendaten und einer anschließenden kategorischen Verifikation ermittelt. Dabei erfolgte eine Untersuchung verschiedener Gütemaße (Heidke Skill Score, Fehlalarmrate und Entdeckungswahrscheinlichkeit). Die beste Übereinstimmung zwischen Radardaten und Schadendaten wurde mit den 3D-Radardaten unter Verwendung eines Hagelkriteriums (HK, vgl. Waldvogel et al., 1978) erreicht, das die vertikale Ausdehnung des Bereichs zwischen der Nullgradgrenze und der Höhe einer Radarreflektivität von 46 dBZ berücksichtigt. Die besten Ergebnisse zeigten sich für einen Abstand von HK>3,5 km.

Zur Detektion von Hagel aus 2D-Radardaten erwies sich das Kriterium nach Mason (1971) als bestes Verfahren. Ein geeigneter und auf die vorliegenden Schadendaten angepasster Schwellenwert für die Radarreflektivität Z ist hierbei Z>55 dBZ.

Zur Untersuchung des maximalen HK bzw. der maximalen Reflektivität für jeden Tag musste eine Advektionskorrektur der Radardaten erfolgen, da bei schnell ziehenden Gewittersystemen und kleiner Ausdehnung der konvektiven Zellen aufgrund der zeitlichen Auflösung der Radardaten von 5 bzw. 15 min kein flächendeckendes Radarsignal entlang der Gewitterzugbahn abgeleitet werden konnte.

Nach sämtlichen Korrekturen der Daten und der flächendeckenden Berechnung des HK für den gesamten Zeitraum erfolgte eine Untersuchung der Anzahl der Radar-Hageltage

(Tage mit HK>3,5 km) in Deutschland in einer sehr hohen räumlichen Auflösung von 1×1 km^2. Dabei zeigte sich eine starke Variabilität innerhalb des Untersuchungsgebietes. Während im Norden Deutschlands gar keine oder nur sehr wenige Radar-Hageltage auftraten, wurden in manchen Regionen in der Mitte und im Süden Deutschlands im Untersuchungszeitraum über 30 Tage detektiert. Die größten Maxima ergaben sich für Nordhessen südwestlich von Kassel, Baden-Württemberg, südlich von Stuttgart, und über dem Alpenvorland. Mehrere lokale Maxima traten beispielsweise über dem Taunus und nordöstlich von Frankfurt am Main sowie auf der Ostseite des Harzes auf. Zwischen den Maxima sind teilweise sehr hohe Gradienten sichtbar, was auf kleinräumige und lokale Effekte bei der Auslösung der Hagelgewitter hindeutet.

Durch die Verwendung eines höheren Schwellenwerts für das HK, ab dem ein Tag als Radar-Hageltag gilt, konnten sehr starke Hagelelreignisse detektiert werden. Die Verteilung der Tage mit HK>6 km zeigt ein ähnliches Bild wie bei HK>3,5 km. Die Regionen mit einer großen Anzahl an Radar-Hageltagen sind dabei ebenfalls erkennbar, jedoch treten in einigen Regionen, beispielsweise über dem Südschwarzwald oder dem Osten Bayerns, nur wenige oder gar keine starken Ereignisse auf.

Darüber hinaus wurde die Verteilung der Radar-Hageltage in Deutschland im Zusammenhang mit verschiedenen meteorologischen Randbedingungen untersucht. Dabei zeigte sich, dass die meisten Radar-Hageltage (>80%) im Zusammenhang mit einer südwestlichen Anströmung auftraten. Deutlich weniger Radar-Hageltage wurden bei einer Südost- und einer Nordwestströmung detektiert, wobei bei Südostanströmung die meisten Radar-Hageltage im Westen Deutschlands, bei einer Nordwestströmung die meisten Tage in den östlichen Landesteilen beobachtet wurden. In Verbindung mit einer Nordostströmung traten über ganz Deutschland die wenigsten Radar-Hageltage auf. Als Information über die Anströmrichtung an den jeweiligen Tagen wurde die vom DWD ermittelte objektive Wetterlagenklassifikation verwendet. Diese enthält unter anderem auch die Feuchtigkeit der vorherrschenden Luftmasse. Fast alle detektierten Radar-Hageltage sind bei einer feuchten Luftmasse aufgetreten, nur im Süden Deutschlands wurden einzelne Ereignisse bei einer als trocken eingestuften Wetterlage detektiert.

Für die Untersuchung der Anzahl der Radar-Hageltage in Zusammenhang mit dem Konvektionspotential wurde die konvektive verfügbare potentielle Energie (CAPE) aus

ERA-Interim Reanalysedaten berücksichtigt. Dabei zeigte sich, dass vorwiegend im Südwesten Deutschlands, aber auch über einigen Mittelgebirgen wie Rhön und Spessart die meisten Radar-Hageltage bei hohen CAPE-Werten von über 1000 J kg^{-1} aufgetreten sind. Im gesamten Norden und Osten Deutschlands sowie im äußersten Westen, im östlichen Bayern und über dem Alpenvorland wurden die Hagelereignisse eher bei geringeren CAPE-Werten unter 1000 J kg^{-1} detektiert. Die Klimatologie der CAPE zeigte im Osten Deutschlands deutlich geringere Werte des Medians im Vergleich zum Südwesten.

Aufgrund der hohen räumlichen Variabilität in der Anzahl der Radar-Hageltage ist ein Einfluss der Orografie auf die Auslösung und Verstärkung von Gewittern naheliegend. Die Untersuchung des Zusammenhangs mit der Orografie zeigt häufig ein Maximum an Radar-Hageltagen auf der Ostseite der Mittelgebirge. Bei einer mittleren südwestlichen Anströmrichtung entspricht dies der Leeseite der Hindernisse. Die Untersuchung der Froudezahl, die ein Maß für die Strömungsverhältnisse über einem Hindernis ist und aus Radiosondendaten bestimmt wurde, brachte jedoch keine eindeutigen Ergebnisse, die auf eine systematische Um- oder Überströmung der Gebirge und eine damit verbundene leeseitige bodennahe Strömungskonvergenz hindeuten. Mit den vorliegenden Messdaten war eine genaue Betrachtung der Strömung in hoher räumliche Auflösung jedoch nicht möglich. Studien der Strömung im Bereich der Mittelgebirge mit einem numerischen Wettervorhersagemodell könnte die durch die Orografie auftretenden Effekte und ihren Einfluss auf die Konvektion besser erfassen und möglicherweise eine Erklärung für die Gebiete mit hoher Anzahl an Radar-Hageltagen liefern.

Aus der Kombination der Radardaten mit den Schadendaten der Versicherung konnten in weiteren Untersuchungen für bestimmte Werte des HKs Schadenwahrscheinlichkeiten abgeleitet werden. Dabei zeigte sich, dass bei höheren HK-Werten auch mit größerer Wahrscheinlichkeit Hagelschäden in der näheren Umgebung aufgetreten sind. Wurde beispielsweise mit dem Radar ein HK>7 km detektiert, sind mit einer Wahrscheinlichkeit von 88% Schäden im Umkreis von 10 km aufgetreten. Dieses Verfahren könnte zukünftig zur Abschätzung von Schäden in Echtzeit verwendet werden.

In weiteren Analysen wurde das aus den Radardaten berechnete HK mit Beobachtungen von Hagelkorndurchmessern aus der European Severe Weather Database (ESWD) verglichen. Dabei konnte zwar festgestellt werden, dass große Korndurchmesser nur bei höheren Werten des HK auftraten, jedoch nicht umgekehrt aus dem HK auf eine bestimmte Mindestgröße geschlossen werden kann. Entsprechend traten auch geringe Korngrößen in Verbindung mit hohen HK-Werten auf.

Für die vorliegende Arbeit wurde erstmalig eine Analyse der Hagelgefährdung in Deutschland in hoher räumlicher Auflösung erstellt. Besonders durch die Radardaten, die beim DWD nur als fertige Produkte archiviert sind, entstehen jedoch erhebliche Ungenauigkeiten. Die vertikale Auflösung der 3D-Daten beträgt lediglich 1000 m. Die Radarreflektivität liegt außerdem dabei nur in wenigen Klassen vor, die jeweils einen Bereich von 9 dBZ umfassen. Auch die zeitliche Auflösung von 15 min bei den 3D-Daten ist zur Erfassung schnell ziehender, kleinräumiger Gewittersysteme sehr gering. Ein weiteres Problem stellen die relativ häufigen Ausfälle von Radaranlagen dar. Teilweise waren Radarstationen ganzjährig außer Betrieb, was zu einer geringeren oder fehlenden Abdeckung in dem entsprechenden Gebiet geführt hat. Kürzere Lücken in den Datensätzen waren zwar bekannt, konnten in dieser Arbeit aufgrund ihrer Vielzahl nicht vollständig berücksichtigt werden. Daher ist es nicht auszuschließen, dass in der Klimatologie der Radar-Hageltage auftretende Minima teilweise auch ihre Ursachen in der lückenhaften Datenbasis haben. Die Ausfallzeiten der Radare betreffen jedoch nur ungefähr 2 bis 8% alles möglichen Tage, was zu einer abgeschätzen Unsicherheit von maximal 10% führen kann wodurch die räumliche Verteilung fast nicht beeinflusst wird .
Gerade in den 2D-Radardaten sind häufig Störechos aufgetreten. Diese haben trotz Korrektur bei der Betrachtung der Radar-Hageltage mit Z>55 dBZ besonders im Umfeld der Radarstandorte zu einer Überschätzung der Anzahl im Vergleich zu den 3D-Daten geführt.
Generell ist aufgrund der technischen Möglichkeiten und der angewendeten Berechnungsverfahren (Mie-Streuung gegenüber Rayleigh-Näherung) eine Detektion von Hagel mit einem Radar nur mit eingeschränkter Genauigkeit möglich. Auch die Dämpfung des Radarsignals bei einem Starkniederschlagsereignis an der Radarstation kann die Statistik beeinflussen. Solche Effekte sind jedoch systematisch nicht zu erfassen.

Trotz der sehr kurzen Datenbasis von nur sieben Jahren, relativ ungenau vorliegenden Radardaten, vielen Fehlern in den Messdaten und einer großen Unsicherheit in den Versicherungsdaten, die zum Abgleich verwendet wurden, sind die Ergebnisse relativ robust. Beispielsweise zeigt sich in der räumlichen Verteilung der Radar-Hageltage ein guter Zusammenhang mit der Verteilung der Blitzdichte nach Damian (2011) oder der Analyse der Konvektionsparameter nach Mohr (2013). Für die Region Stuttgart ist die Verteilung der Hageltage sehr ähnlich zu Puskeiler (2009) bzw. Kunz und Puskeiler (2010), obwohl dort andere Methoden angewendet wurden. Auch ein Vergleich mit Untersuchungen von Satellitendaten (Bedka, 2011) zeigt ähnliche großräumige Strukturen. Daher kann davon ausgegangen werden, dass den Ergebnissen die bestmögliche mit diesen Daten erreichbare Genauigkeit zugrunde liegt.

Auf Basis der in dieser Arbeit gewonnenen Erkenntnisse ist für die Zukunft die Entwicklung eines Hagelschadenmodells geplant, mit dem die räumliche Variabilität des Hagelrisikios in hoher räumlicher Auflösung beschrieben werden kann.

Eine Verbesserung der Ergebnisse ist zukünftig durch die Betrachtung eines längeren Zeitraums zu erreichen. Auch durch die Verwendung von Radar-Rohdaten, die in höherer Auflösung vorliegen, könnte eine genauere Detektion von Hagel erfolgen.

7 Literaturverzeichnis

Atlas, D., 1964: Advances in radar meteorology. *Adv. Geophys.*, **10**, 317–488.

Auer, A., 1972: Distribution of Graupel and Hail With Size. *Mon. Wea. Rev.*, **100**, 325–328.

Auer, A., 1994: Hail recognition through the combined use of radar reflectivity and cloud-top temperatures. *Mon. Wea. Rev.*, **122(9)**, 2218–2221.

Bartels, H., 2005: Projekt RADVOR-OP. Tech. Rep., *Deutscher Wetterdienst.* 123S.

Battan, L., S. Browning, und B. Herman, 1970: Tables of the radar cross section of dry and wet ice spheres. *Tech. Rep. University of Arizona*, **21**, 11ff.

Beard, K. und H. Ochs, 1986: Charging mechanisms in clouds and thunderstorms. The Earths Electrical Environment. *National Academic Press, Washington*, 289S.

Bedka, K., 2011: Overshooting cloud top detections using MSG SEVIRI Infrared brightness temperatures and their relationship to severe weather over Europe. *Atmos. Res.*, **99**, 175–189.

Berger, K., 1975: Development and properties of positive lightning flashes at Mount S. Salvatore with a short view to the problem of aviation protection. *Conference on Lightning and Static Electricity, 14-17 April, Abingdon, England.*

Berger, K., 1977: The earth flash. Lightning: Physics of Lightning. *Academic Press, London*, 119S.

Bertram, I., 2005: Bestimmung der Wasser- und Eismasse hochreichender konvektiver Wolken anhand von Radardaten, Modellergebnissen und konzeptionellen Betrachtungen. Dissertation, Universität Karlsruhe (TH). 223S.

Bigg, E. und C. Stevenson, 1970: Comparison of concentrations of ice nuclei in different parts of the world. *J. Rech. Atmos.*, **4**, 41–58.

Bilham, E. und E. Relf, 1937: The Dynamics of large Hailstones. *Quart. J. Roy. Meteor. Soc*, **63**, 149–162.

Bissolli, P. und E. Dittmann, 2001: The objective weather type classification of the German Weather Service and its possibilities of application to environmental and meteorological investigations. *Meteor. Z.*, **10**, 253–260.

Blahak, U., 2005: Analyse des Extinktionseffektes bei Niederschlagsmessungen mit einem C-Band Radar anhand von Simulation und Messung. Dissertation, Universität Karlsruhe (TH). 309S.

Bluestein, H. B. und C. R. Parks, 1983: A synoptic and photographic climatology of low-precipitation severe thunderstorms in the Southern Plains. *Mon. Wea. Rev.*, **111**, 2034–2046.

Bluestein, H. B. und M. Weisman, 2000: The interaction of numerically simulated supercells initiated along lines. *Mon. Wea. Rev.*, **128**, 3128–3149.

Brombach, J., 2012: Modifikation der Strömung über Mittelgebirgen und die Auswirkungen auf das Auftreten hochreichender Konvektion. Diplomarbeit, Karlsruher Institut für Technologie (KIT). 104S.

Browning, e. a., 1976: Structure of an evolving hailstorm. Part V: Synthesis and implications for hail growth and hail suppression. *Mon. Wea. Rev.*, **104(5)**, 603–610.

Browning, K., 1966: The lobe structure of giant hailstones. *Quart. J. Roy. Meteor. Soc*, **92**, 1–13.

Browning, K. und G. Foote, 1976: Airflow and hail growth in supercell storms and some implications for hail suppression. *Quart. J. Roy. Meteor. Soc*, **102**, 499–533.

Changnon, S., 1970: Hailstreaks. *J. Atmos. Sci.*, **27**, 109–125.

Changnon, S., 1977: The scales of hail. *J. Appl. Meteor.*, **16**, 626–648.

Changnon, S., 1984: Temporal and spatial variations in hail in the upper Great Plains and Midwest. *J. Climate Appl. Meteor.*, **23**, 1531–1541.

Chen, S. und Y. Lin, 2005: Effects of moist froude number and cape on a conditionally unstable flow over a mesoscale mountain ridge. *Meteorl. Atmos. Phys.*, **88**, 1–21.

Chu, C. und Y. Lin, 2000: Effects of orography on the generation and propagation of mesoscale convective systems in a two-dimensional conditionally unstable flow. *J. Atmos. Sci.*, **57**, 3817–3837.

CORINE, 2000: CORINE Landcover 2000-Daten zur Bodenbedeckung Deutschland. Tech. Rep., Bundesministerium für Umwelt, Naturschutz und Reaktorsicherheit, Umweltbundesamt und DLR. 10S.

Crook, N., 1996: Sensitivity of Moist Convection Forced by Boundary Layer Processes to Low-Level Thermodynamic Fields. *Mon. Wea. Rev.*, **124**, 1767–1785.

Damian, T., 2011: Blitzdichte im Zusammenhang mit Hagelereignissen in Deutschland und Baden-Württemberg. Seminararbeit, Karlsruher Institut für Technologie (KIT). 69S.

David, F. und C. Kottmeier, 1986: Ein Beispiel für eine Hügelüberströmung mit nahezu kritischer Froudezahl. *Meteorol. Rundschau*, **39**, 133–138.

Dee, D. P., S. M. Uppala, und A. Simmons, 2011: The ERA-Interim reanalysis: configuration and performance of the data assimilation system. *Quart. J. Roy. Meteor. Soc*, **137**, 553–597.

Deepen, J., 2006: Schadenmodellierung extremer Hagelereignisse in Deutschland. Diplomarbeit, Universität Münster. 90S.

Dessens, J., 1986: Hail in southwestern France II: Results of a 30-year hail prevention project with silver iodide seeding from the ground. *J. Climate Appl. Meteor.*, **25**, 48–58.

Donavon, R. und K. Jungbluth, 2007: Evaluation of a Technique for Radar Identification of Large Hail across upper Midwest and Central Plains of the United States. *Wea. Forecasting*, **22**, 244–254.

Doswell, C. und P. Markowski, 2004: Is Buoyancy a Relative Quantity? *Mon. Wea. Rev.*, **132**, 853–863.

Doswell III, C., 1996: What is a supercell? *Preprints 19th Conf. on Severe Local Storms, San Francisco.*

Durran, D. und J. Klemp, 1987: Another Look at Downslope Winds. Part II: Nonlinear Amplification beneath Wave-Overturning Layers. *J. Atmos. Sci.*, **44**, 3402–3412.

DWD, 2011: RADOLAN/RADVOR-OP - Beschreibung des Kompositformats. Tech. Rep., *Deutscher Wetterdienst.* 19S.

Dye, J. und D. Breed, 1979: The microstructure of clouds in the high-frequency hail area of Kenya. *J. Appl. Meteor.*, **18**, 95–99.

Eccles, P., 1976: Remote measurement of mass and kinetic energy of hail using dual wavelength radar. *Preprints 17th Weather Radar Conf., Seattle*, 192–199.

ESSL, 2006: ESWD data format specification. Tech. Rep. 2006-01, *ESSL.* 26S.

Fan, J., L. Leung, Z. Li, H. Morrison, H. Chen, Y. Zhou, Y. Qian, und Y. Wang, 2012: Aerosol impacts on clouds and precipitation in eastern China: Results from bin and bulk microphysics. *J. Geophys. Res*, **117**, 1–21.

Farley, R., H. Chen, H. Orville, und M. Hjelmfelt, 2004: Numerical simulation of hail formation in the 28 June 1989 Bismarck thunderstorm Part II, cloud seeding results. *Atmos. Res.*, **71**, 81–113.

Findeisen, W., 1940: Über die Entstehung der Gewitterelektrizität. *Meteor. Z.*, **57(6)**, 201.

Finke, U. und T. Hauf, 1996: The characteristics of lightning occurrence in Southern Germany. *Beitr. Phys. Atmosph.*, **69**, 361–374.

Forger, D., 2011: Zellverfolgung mit Blitzdaten. Masterarbeit, Hochschule Mannheim. 58S.

Foris, D., T. Karacostas, A. Flocas, und T. Makrogiannis, 2006: Hailstorm in the region of central Macedonia, Greece: a kinematic study. *Meteor. Z.*, **15**, 317–326.

Féral, L., H. Sauvageot, und S. Soula, 2003: Hail Detection Using S- and C-Band Radar Reflektivity Difference. *J. Atmos. Oceanic Technol.*, **20**, 233–248.

Galli, G., 1998: Products of the Swiss weather radars: generation, algorithms and archival. *Proc. Final Int. Seminar, Locarno.*

Geer, I. W., 1996: Glossary of Weather and Climate. *American Meteorological Society, Boston.* 272S.

Gerstengarbe, F.-W. und P. Werner, 1993: Katalog der Großwetterlagen Europas nach Paul Hess und Helmuth Brezowski. *Berichte des Deutschen Wetterdienstes*, **113**, 249S.

Giaiotti, D., S. Nordio, und F. Stel, 2003: The climatology of hail in the plain of Friuli Venezia Giulia. *Atmos. Res.*, **67-68**, 247–259.

Gölz, I., 2011: Analyse der vorkonvektiven Strömungsbedingungen an Hagelschaden-tagen über Süddeutschland. Seminararbeit, Karlsruher Institut für Technologie (KIT). 61S.

Gravenhorst, G. und M. Corrin, 1969: Some further studies of 'doped' silver iodide as an ice nucleant, Proceedings of the International Conference on Condensation and ice nuclei. *Prague and Vienna, Academia Prague*, 206ff.

Grenier, J.-C., P. Admirat, und S. Zair, 1983: Hailstone Growth Trajectories in the Dynamic Evolution of a Moderate Hailstorm. *J. Climate Appl. Meteor.*, **22**, 1008–1021.

Handwerker, J., 2002: Cell tracking with TRACE3D - a new algorithm. *Atmos. Res.*, **61**, 15–34.

Hannesen, R., 1998: Analyse konvektiver Niederschlagssysteme mit einem C-Band Dopp-lerradar in orographisch gegliedertem Gelände. Dissertation, Universität Karlsruhe (TH). 119S.

Hasel, M., 2006: Strukturmerkmale und Modelldarstellung der Konvektion über Mittel-gebirgen. Dissertation, Universität Karlsruhe (TH). 190S.

Heidke, P., 1926: Berechnung des Erfolges und der Güte der Windstärkenvorhersage im Sturmwarnungsdienst. *Geogr. Ann.*, **8**, 301–349.

Heymsfield, A., A. Jameson, und H. Frank, 1980: Hail Growth Mechanisms in a Colorado Storm: Part II: Hail Formation Processes. *J. Atmos. Sci.*, **37**, 1779–1807.

Höhn, M., 2012: Analyse des Gebäudealters und der Baustruktur bei Hagelschäden in Baden-Württemberg aus dem Jahr 2011. Studienarbeit, Karlsruher Institut für Technologie (KIT).

Hohl, R., H.-H. Schiesser, und D. Aller, 2002: Hailfall: the relationship between radar-derived hail kinetic energy and hail damage to buildings. *Atmos. Res.*, **1**, 177–207.

Hollemann, I., 2001: Hail detection using single-polarization radar. Tech. Rep., *Ministerie van Verkeer en Waterstaat, Koninklijk Nederlands Meteorologisch Instituut (KNMI)*. 72S.

Holton, J., 2004: An introduction to Dynamic Meteorology. *Elsevier Academic Press, Seattle*, 535S.

Houze, R., 1993: Cloud dynamics. *Academic Press, San Diego*, 573S.

Houze, R., M. Biggerstaff, S. Rutledge, und B. Smull, 1989: Interpretation of Doppler weather radar displays of midlatitude mesoscale convective systems. *Bull. Amer. Meteor. Soc.*, **70**, 608–619.

Houze, R., W. Schmid, R. Fovell, und H. Schiesser, 1993: Hailstorms in Switzerland: Left Movers, Right Movers and False Hooks. *Mon. Wea. Rev.*, **121**, 3345–3370.

Huggel, A., W. Schmid, und A. Waldvogel, 1996: Raindrop Size Distributions and Radar Bright Band. *J. Appl. Meteor.*, **35**, 1688–1701.

Joss, J. und A. Waldvogel, 1990: Precipitation measurements und hydrology: a review. *Radar in Meteorology*, Amer. Meteor. Soc., 577–606.

Kalthoff, N., H. Binder, H. Kossmann, R. Vögtlin, U. Corsmeier, F. Fiedler, und H. Schlager, 1998: Temporal evolution and spatial variation of the boundary layer over complex terrain. *Atmos. Environ.*, **32**, 1179–1194.

Kapsch, M., 2011: Longterm variability of hail-related weather types in an ensemble of regional climate models. Diplomarbeit, Karlsruher Institut für Technologie (KIT). 129S.

Kapsch, M., M. Kunz, R. Vitolo, und T. Economou, 2012: Long-term trends of hail-related weather types in an ensemble of regional climate models using a Bayesian approach. *J. Geophys. Res.*, **117**, 16ff.

Klemp, J., 1987: Dynamics of tornadic thunderstorms. *Ann. Rev. Fluid Mech.*, **19**, 369–402.

Klemp, J. und R. Rotunno, 1983: A study of the tornadic region within a supercell thunderstorm. *J. Atmos. Sci.*, **40**, 359–377.

Knight, C. und N. Knight, 1970: The Falling Behavior of Hailstones. *J. Atmos. Sci.*, **27**, 672–681.

Knight, C. und N. Knight, 2001: Severe Convective Storms, Vol. 28, Kap Hailstorms. *Meteor. Monogr.*,Amer. Meteo. Soc., USA, 223–248.

Kolb, H., 1973: Hagelbekämpfung in Südafrika - ein kurzer Überblick über Forschung und Praxis. *Wetter und Leben*, **25**, 203–211.

Kossmann, H., 1998: Einfluss orografisch induzierter Transportprozesse auf die Struktur der atmosphärischen Grenzschicht und die Verteilung von Spurengasen. Dissertation, Universität Karlsruhe (TH). 189S.

Kossmann, H., R. Vögtlin, U. Corsmeier, B. Vogel, F. Fiedler, H. Binder, N. Kalthoff, und F. Beyrich, 1998: Aspects of the convective boundary layer structure over complex terrain. *Atmos. Environ.*, **32**, 1323–1348.

Kotinis-Zambakas, S., 1998: Average spatial patterns of hail days in Greece. *J. Climate*, **2**, 508–511.

Kottmeier, C., et al., 2008: Mechanisms initiating deep convection over complex terrain during COPS. *Meteor. Z.*, **17**, 931–948.

Krider, E., 1986: Physics of Lightning. The Earths Electrical Environment, *National Academic Press, Washington*, 90–113.

Kugel, P., 2012: Anwendung verschiedener Verfahren zur Detektion von Hagel aus dreidimensionalen C-Band Radardaten. Diplomarbeit, Karlsruher Institut für Technologie (KIT). 100S.

Kunz, M., 2007: The skill of convective parameters and indices to predict isolated and severe thunderstorms. *Nat. Hazards Earth Syst. Sci.*, **7**, 327–342.

Kunz, M., 2011: Amplification of atmospheric processes over low mountain ranges and their relevance for severe weather events. Habilitationsschrift, Karlsruher Institut für Technologie (KIT).

Kunz, M., 2012: Meteorologische Naturgefahren, Skript zur Vorlesung, Karlsruher Institut für Technologie (KIT). 136S.

Kunz, M., J. Handwerker, S. Mohr, M. Puskeiler, B. Mühr, M. Schmidberger, und R. Langner, 2011: Meteorological analysis of the extraordinary hailstreak on 26 May 2009. *European Conference on Severe Storms (ECSS), 03-07 Oct 2011, Palma de Mallorca, Spain.*

Kunz, M. und M. Puskeiler, 2010: High-resolution Assessment of the Hail Hazard over Complex Terrain from Radar and Insurance Data. *Meteor. Z.*, **19**, 427–439.

Kunz, M., M. Schmidberger, und M. Puskeiler, 2012: Projekt HARIS-SV (Hagelgefährdung und Hagelrisiko SV Sparkassenversicherung), Abschlussbericht Teil 1. 76S.

Kurz, M., 1986: Die Entwicklung der Wetterlage des Münchner Hagelunwetter vom 12. Juli 1984. *Berichte des Deutschen Wetterdienstes*, **170**.

Lemon, L. und C. Doswell III, 1979: Severe thunderstorm evolution and mesocyclone structure as related to tornadogenesis. *Mon. Wea. Rev.*, **107**, 1184–1197.

Lesins, G. und R. List, 1986: Sponginess and drop shedding of gyrating hailstones in a pressure-controlled icing wind tunnel. *J. Atmos. Sci.*, **43**, 2813–2825.

Lilly, D., 1983: Dynamics of rotating thunderstorms. *Mesoscale Meteorology-Theories, Observations and Models*, 531–544.

Lin, Y., R. Deal, und M. Kulie, 1998: Mechanisms of cell regeneration, development, and propagation withina two-dimensional multicell storm. *J. Atmos. Sci.*, **55**, 1867–1886.

Lin, Y. und L. Joyce, 2001: A further study of the mechanisms of cell regeneration, propagation, and development within two-dimensional multicell storms. *J. Atmos. Sci.*, **58**, 2957–2988.

List, R. und E. Lozowski, 1970: Pressure Perturbations and buoyancy in convective clouds. *J. Atmos. Sci.*, **27**, 168–170.

Lugauer, M. und P. Winkler, 2005: Thermal circulation in South Bavaria, climatology and synoptic aspects. *Meteorol. Z.*, **14**, 15–30.

Lyra, G., 1943: Theorie der stationären Leewellenströmung in freier Atmosphäre. *J. Appl. Math. Mech.*, **23**, 1–28.

Macklin, W. und F. Ludlam, 1960: The fallspeed of hailstones. *Imperial College, London*, **1**, 72–80.

Magono, C. und K. Kikuchi, 1965: On the positive electrification of snow crystals in the process of their melting (II). *Meteorol. Soc. Japan*, **43**, 331–342.

Makitov, V., 2007: Radar measurements of integral parameters of hailstorms used on hail suppression projects. *Atmos. Res.*, **83**, 380–388.

Mallafré, M., T. Ribas, M. Botija, und J. Sánchez, 2009: Improving hail identification in the Ebro Valley region using radar observations: Probability equations and warning thresholds. *Atmos. Res.*, **93**, 474–482.

Markowski, P. und Y. Richardson, 2010: Mesoscale Meteorology in Midlatitudes. *John Wiley & Sons, Ltd, London*, 407S.

Marshall, J. und W. M. Palmer, 1948: The distribution of raindrops with size. *J. Meteor.*, **5**, 165–166.

Mason, B., 1971: The physics of clouds. *Oxford University Press, Oxford.* 540S.

Matson, R. J. und A. W. Huggins, 1980: The direct measurement of the sizes, shapes and kinematic of falling hailstones. *J. Atmos. Sci.*, **37**, 1107–1125.

McMaster, H., 2001: Hailstorm Risk Assessmant in Rural New South Wales. *Nat. Hazards* , **24**, 187–196.

Mie, G., 1908: Beiträge zur Optik trüber Medien, speziell kolloidaler Metalllösungen. *Ann. Phys.*, **25(4)**, 377–445.

Miles, J. und H. Huppert, 1969: Lee waves in a stratified flow. Part 4. Perturbation approximations. *J. Fluid Mech.*, **35**, 497–525.

Mohr, S. und M. Kunz 2013: Recent trends and variabilities of convective parameters relevant for hail events in Germany and Europe. *Atmos. Res.*, **123**, 211–228.

Mohr, S., 2013: Änderung des Gewitter- und Hagelpotentials im Klimawandel. Dissertation, Karlsruher Institut für Technologie (KIT). 238S.

Morgan, G., 1873: A general description of the hail problem in the Po valley of northern Italy. *J. Appl. Meteor.*, **12**, 338–353.

Nelson, S. und S. Young, 1979: Characteristics of Oklahoma Hailfalls and Hailstorms . *J. Appl. Meteor.*, **18**, 339–347.

Neuper, M., 2012: Untersuchung der vierdimensionalen Entwicklung schwerer Einzelgewitter anhand von Radardaten. Diplomarbeit, Karlsruher Institut für Technologie (KIT). 200S.

Niall, S. und K. Walsh, 2005: The impact of climate change on hailstorms in southeastern Australia. *Int. J. Climate*, **25**, 1933–1952.

Noppel, H., U. Blahak, A. Seifert, und K. Beheng, 2010: Simulations of a hailstorm and the impact of CCN using an advanced two-moment cloud microphysical scheme. *Atmos. Res.*, **96**, 286–301.

Pierrehumbert, R. und B. Wyman, 1985: Upstream Effects of Mesoscale Mountains. *J. Atmos. Sci.*, **42**, 977–1003.

Pocakal, D., 2003: Comparison of hail characteristics in NW Croatia for two periods. *Nat. Hazards*, **29**, 543–552.

Pocakal, D., Z. Vecenaj, und J. Stalec, 2009: Hail characteristics of different regions in continetal part of Croatia based on influence of orography. *Atmos. Res.*, **93**, 516–525.

Potapov, E., G. Burundukov, I. Garaba, und V. Petrov, 2007: Hail modification in the Republic of Moldova. *Mon. Wea. Rev.*, **32**, 1241–1260.

Pruppacher, H. R. und J. D. Klett, 1997: Microphysics of clouds and precipitation. *Luwer Academic Publishers, Dordrecht.* 954S.

Puskeiler, M., 2009: Analyse der Hagelgefährdung durch Kombination von Radardaten und Schadendaten für Südwestdeutschland. Diplomarbeit, Universität Karlsruhe (TH). 106S.

Queney, P., 1948: The problem of air flow over mountains: A summary of theoretical studies. *Bull. Amer. Meteor. Soc.*, **23**, 81ff.

Rasmussen, R. und A. Heymsfield, 1987: Melting and Shedding of Graupel and Hail. Part I: Model Physics. *J. Atmos. Sci.*, **44**, 2754–2763.

Rauber, R., J. Walsh, und D. Charlevoix, 1999: Severe and Hazardous Weather. *Kendall / Hunt Publishing Company, Chicago.* 616S.

Raymond, D. und M. Wilkening, 1982: Flow and mixing in New Mexico mountain cumuli. *J. Atmos. Sci.*, **39**, 2211–2228.

Reap, R. und D. MacGorman, 1989: Cloud-to-Ground Lightning: Climatological Characteristics and relationship to Model Fields, Radar Observations, and Severe Local Storms. *Mon. Wea. Rev.*, **117**, 518–535.

Reynolds, S., M. Brook, und M. Foulks Gourley, 1957: Thunderstorm Charge Separation. *J. Atmos. Sci.*, **14**, 426–436.

Roberts, P. und J. Hallets, 1968: A laboratory study of the ice nucleating properties of some mineral particulates. *Quart. J. Roy. Meteor. Soc*, **94**, 25–34.

Roedel, W., 2000: Physik unserer Umwelt, Die Atmosphäre. *Springer, Berlin.* 589S.

Rust, W., 1986: Positive cloud-to-ground lightning. The Earths electrical environment. *National Academic Press, Washington,* 41–45.

Saltikoff, E., J. Tuovinen, J. Kotro, T. Kuitunen, und H. Hohti, 2010: A Climatological Comparison of Radar and Ground Observations of hail in Finland. *J. Appl. Meteor. Clim.,* **49**, 101–114.

Sauvageot, H., 1992: Radar Meteorology. *Arteck House, Norwood.* 366S.

Schiesser, H.-H., 1990: Berichte des beratenden Organs für Fragen der Klimaänderung: 2.6 Hagel, 65–68.

Schuster, S. S., R. J. Blong, und K. J. McAneney, 2006: Relationship between radar-derived hail kinetic energy and damage to insured buildings for severe hailstorms in Eastern Australia. *Atmos. Res.,* **81**, 215–235.

Sekhon, R. und R. Srivastava, 1970: Snow Size Spectra and Radar Reflectivity. *J. Atmos. Sci.,* **27**, 299–307.

Sekhon, R. und R. Srivastava, 1971: Radar Data Observations of Drop-Size Distributions in a Thunderstorm. *J. Atmos. Sci.,* **28**, 983–994.

Simeonov, P., 1996: An overview of crop hail damage and evaluation of hail suppression efficiency in Bulgaria. *J. Appl. Meteor.,* **92**, 45–66.

Sioutas, M., T. Meaden, und J. Webb, 2009: Hail frequency, distribution and intensity in Northern Greece. *Atmos. Res.,* **93**, 526–533.

Smart, J. und R. Alberty, 1985: The NEXRAD hail algorithm applied to Colorado thunderstorms. *14th Conf. on Severe Local Storms, Indianapolis, IN, Amer. Meteor. Soc,* 244–247.

Smith, P., 1984: Equivalent Radar Reflectivity Factors for Snow and Ice Particles. *J. Clim. Appl. Meteor.,* **23**, 1258–1260.

Smith, P., C. Myers, und H. Orville, 1975: Radar reflectivity factor calculations in numerical cloud models using bulk parametrization of precipitation. *J. Appl. Meteor.*, **14**, 1156–1165.

Smith, R., 1979: The influence of mountains on the atmosphere. *Adv. Geophys.*, **21**, 87–230.

Smith, R., 1989: Hydrostatic airflow over mountains. *Adv. Geophys*, **31**, 1–41.

Smolarkiewicz, P. und R. Rotunno, 1988: Low Froude Number Flow Past Three-Dimensional Obstacles. Part I: Baroclinically Generated Lee Vortices. *J. Atmos. Sci.*, **46**, 1154–1164.

Sánchez-Diezma, R., I. Zawadzki, und D. Sempere-Torres, 2000: Identification of the bright band through the analysis of volumetric radar data. *J. Geophys. Res.*, **105**, 2225–2236.

Snyder, W. H., R. Thompson, R. E. Eskridge, R. E. Lawson, I. P. Castro, J. T. Lee, J. C. R. Hunt, und Y. Ogawa, 1985: The structure of strongly stratified flow over hills: Dividing-streamline concept. *J. Fluid Mech.*, **152**, 249–288.

Straub, W., 2007: Der Einfluss von Gebirgswellen auf die Initiierung und Entwicklung konvektiver Wolken. Dissertation, Universität Karlsruhe (TH). 288S.

Stucki, M. und T. Egli, 2007: Synthesebericht: Elementarschutzregister Hagel, Untersuchungen zu Hagelgefahr und zumn Widerstand der Gebäudehülle. Tech. Rep., *Präventionsstiftung der Kantonalen Gebäudeversicherung, Bern*. 36S.

Stull, R. B., 1988: An Introduction to Boundary Layer Meteorology. *Kluwer Academic Publishers, Dordrecht*. 673S.

SV, 2008: 250 Jahre SV Sparkassenversicherung, Jubiläumsbuch, 2008. 104S.

Toth, J. und R. Johnson, 1985: Summer Surface Flow characteristics over northeast Colorado. *Mon. Wea. Rev.*, **113(9)**, 1458–1469.

Tuovinen, J., A. Punkka, J. Rauhala, H. Hohti, und D. Schultz, 2009: Climatology of Severe Hail in Finland: 1930-2006. *Mon. Wea. Rev.*, **137**, 2238–2249.

Vinet, F., 2001: Climatology of hail in France. *Atmos. Res.*, **56**, 309–323.

Waldvogel, A., B. Federer, und P. Grimm, 1979: Criteria for the detection of hail cells. *J. Appl. Meteor.*, **18**, 1521–1525.

Waldvogel, A., B. Federer, und W. Schmid, 1978: The Kinetic Energy of Hailfalls. Part II: Radar and Hailpads. *J. Appl. Meteor.*, **17**, 1680–1693.

Weisman, M. und J. Klemp, 1982: The dependence of numerically simulated convective storms on vertical windshear and buoyancy. *Mon. Wea. Rev.*, **110**, 504–520.

Weisman, M. und J. Klemp, 1984: The structure and classification of numerically simulated convective storms in directionally varying wind shears. *Mon. Wea. Rev.*, **112**, 2479–2498.

Weissmann, M., F. Braun, L. Gantner, G. Mayr, S. Rahm, und O. Reitebuch, 2005: The Alpine mountain-plain circulation: Airborne Doppler lidar measurements and numerical simulations. *Mon. Wea. Rev.*, **133**, 3095–3109.

Wicker, L. und R. Wilhelmson, 1995: Simulation and analysis of tornado development and decay within a three-dimensional supercell thunderstorm. *J. Atmos. Sci.*, **52**, 2675–2703.

Wieringa, J. und I. Hollemann, 2006: If cannons cannot fight hail, what else? *Meteor. Z.*, **15**, 659–669.

Williams, E., V. Mushtak, D. Rosenfeld, S. Goodman, und D. Boccippio, 2005: Thermodynamic conditions favorable to superlative thunderstorm updraft, mixed phase microphysics and lightning flash rate. *Atmos. Res.*, **76**, 288–306.

Williams, E., et al., 1999: The behavior of total lightning activity in severe Florida thunderstorms. *Atmos. Res.*, **51**, 245–265.

Wilson, C., 1921: Investigations on lightning discharges and on the electric field of thunderstorms. *Philosophical Transactions of the Royal Society of London.*, **221**, 73–115.

Winkler, P., M. Lugauer, und O. Reitebuch, 2006: Alpines Pumpen. *promet*, **32**, 34–42.

Witt, A., M. Eilts, G. Stumpf, J. Johnson, E. Mitchell, und K. Thomas, 1998: An enhanced hail detection algorithm for the WSR-88D. *Wea. Forecast*, **13(2)**, 286–303.

Xu, K. und D. Randall, 2001: Updraft and downdraft statistics of simulated tropical and midlatitude cumulus convection. *J. Atmos. Sci.*, **58**, 1630–1649.

Zhang, C. und Q. Zhang, 2008: Climatology of Hail in China: 1961-2005. *J. Appl. Meteor.*, **47**, 795–804.

Zimmerli, P., 2005: Hagelstürme in Europa - neuer Blick auf ein bekanntes Risiko. *Swiss Re, Zürich*. 7S.

Zipser, E. und K. Lutz, 1994: The vertical Profile of Radar Reflectivity of Convective Cells: A Strong Indicator of Storm Intensity and Lightning Probability? *Mon. Wea. Rev.*, **122**, 1751–1759.

8 Danksagung

Am Ende dieser Arbeit möchte ich allen danken, die mich in den letzten Jahren unterstützt haben. Allen voran ein rießiges Dankeschön an meinen Betreuer und Korreferenten Michael Kunz, der seit meiner Diplomarbeit unsere 'Hagelgruppe' aufgebaut hat, viele Ideen und Gedanken in die Arbeit mit eingebracht hat und jederzeit für Fragen und Diskussionen bereit stand. Auch für seine zahlreichen Tipps, seine lockere Art und die dadurch entstandene sehr gute Stimmung in unserer Arbeitsgruppe bin ich sehr dankbar. Danke auch dafür, dass er mir immer Freiräume gelassen hat, so dass ich doch den ein oder anderen Tag an der Flugschule verbringen konnte.
Ebenfalls vielen Dank an den Referenten Herrn Prof. Dr. Kottmeier, der diese Arbeit überhaupt ermöglicht hat und trotz seiner wenigen verfügbaren Zeit meine Arbeit immer interessiert mitverfolgt und betrachtet hat.

Vielen, vielen Dank an meine lieben Kollegen aus der Arbeitsgruppe: Sanna Mohr für die Hilfe bei kleineren und größeren Problemen und die Unterstützung beim Erstellen der Arbeit, Manuel Schmidberger für die Bereitstellung der TRACE3D-Daten und die Hilfe beim Programmieren, sowie Bernhard, Hans und Heinz Jürgen. Meinen Zimmerkollegen Sanna, Meike, Manuel und Heinz Jürgen danke ich für die gute Stimmung und natürlich für das Ertragen zahlreicher Telefongespräche... Der Dank gilt ebenfalls allen anderen aus dem 13. Stock für die nette Arbeitsatmosphäre, diverse Kaffeerunden und die schönen Skiurlaube, Herrn Brückel für die technische Unterstützung und natürlich Frau Birnmeier, Frau Stenschke und Frau Schönbein für die verwaltungstechnischen Angelegenheiten. Danke auch an Jan Handwerker für die anfängliche Hilfestellung bei den Radardaten. Danke an die Diplomanden und Seminararbeiter unserer Arbeitsgruppe.

Besonders wichtig für die Arbeit waren die zur Verfügung stehenden Datensätze. Deshalb geht ein großes Dankeschön an Herrn Dr. Michael Völter, Herrn Christian Theysohn und Frau Melinda Angermann. Ebenso vielen Dank und an die Vereinigte Hagel VVaG, dort besonders an Herrn Dr. Langner, für die gute Zusammenarbeit und die Bereitstellung der Versicherungsdaten, an den Deutschen Wetterdienst für die unkomplizierte Bereitstellung der Radardaten und an die Firma Siemens, ganz besonders an Herrn Thern, für die Überlassung der Blitzdaten.

Zum Schluss gilt ein ganz besonderer Dank meinen Eltern, die mich die ganze Zeit immer unterstützt haben!

Danke!

Wissenschaftliche Berichte des Instituts für Meteorologie und Klimaforschung des Karlsruher Instituts für Technologie (0179-5619)

Bisher erschienen:

Nr. 1: *Fiedler, F. / Prenosil, T.*
Das MESOKLIP-Experiment. (Mesoskaliges Klimaprogramm im Oberrheintal).
August 1980

Nr. 2: *Tangermann-Dlugi, G.*
Numerische Simulationen atmosphärischer Grenzschichtströmungen über langgestreckten mesoskaligen Hügelketten bei neutraler thermischer Schichtung.
August 1982

Nr. 3: *Witte, N.*
Ein numerisches Modell des Wärmehaushalts fließender Gewässer unter Berücksichtigung thermischer Eingriffe.
Dezember 1982

Nr. 4: *Fiedler, F. / Höschele, K. (Hrsg.)*
Prof. Dr. Max Diem zum 70. Geburtstag.
Februar 1983 (vergriffen)

Nr. 5: *Adrian, G.*
Ein Initialisierungsverfahren für numerische mesoskalige Strömungsmodelle.
Juli 1985

Nr. 6: *Dorwarth, G.*
Numerische Berechnung des Druckwiderstandes typischer Geländeformen.
Januar 1986

Nr. 7: *Vogel, B.; Adrian, G. / Fiedler, F.*
MESOKLIP-Analysen der meteorologischen Beobachtungen von mesoskaligen Phänomenen im Oberrheingraben.
November 1987

Nr. 8: *Hugelmann, C.-P.*
Differenzenverfahren zur Behandlung der Advektion.
Februar 1988

Nr. 9: *Hafner, T.*
Experimentelle Untersuchung zum Druckwiderstand der Alpen.
April 1988

Nr. 10: *Corsmeier, U.*
Analyse turbulenter Bewegungsvorgänge in der maritimen
atmosphärischen Grenzschicht.
Mai 1988

Nr. 11: *Walk, O. / Wieringa, J.(eds)*
Tsumeb Studies of the Tropical Boundary-Layer Climate.
Juli 1988

Nr. 12: *Degrazia, G. A.*
Anwendung von Ähnlichkeitsverfahren auf die turbulente Diffusion
in der konvektiven und stabilen Grenzschicht.
Januar 1989

Nr. 13: *Schädler, G.*
Numerische Simulationen zur Wechselwirkung zwischen Landober-
flächen und atmophärischer Grenzschicht.
November 1990

Nr. 14: *Heldt, K.*
Untersuchungen zur Überströmung eines mikroskaligen Hindernisses
in der Atmosphäre.
Juli 1991

Nr. 15: *Vogel, H.*
Verteilungen reaktiver Luftbeimengungen im Lee einer Stadt –
Numerische Untersuchungen der relevanten Prozesse.
Juli 1991

Nr. 16: *Höschele, K.(ed.)*
Planning Applications of Urban and Building Climatology – Proceedings
of the IFHP / CIB-Symposium Berlin, October 14-15, 1991.
März 1992

Nr. 17: *Frank, H. P.*
Grenzschichtstruktur in Fronten.
März 1992

Nr. 18: *Müller, A.*
Parallelisierung numerischer Verfahren zur Beschreibung von
Ausbreitungs- und chemischen Umwandlungsprozessen in der
atmosphärischen Grenzschicht.
Februar 1996

Nr. 19:   *Lenz, C.-J.*
Energieumsetzungen an der Erdoberfläche in gegliedertem Gelände.
Juni 1996

Nr. 20:   *Schwartz, A.*
Numerische Simulationen zur Massenbilanz chemisch reaktiver
Substanzen im mesoskaligen Bereich.
November 1996

Nr. 21:   *Beheng, K. D.*
Professor Dr. Franz Fiedler zum 60. Geburtstag.
Januar 1998

Nr. 22:   *Niemann, V.*
Numerische Simulation turbulenter Scherströmungen mit einem
Kaskadenmodell.
April 1998

Nr. 23:   *Koßmann, M.*
Einfluß orographisch induzierter Transportprozesse auf die Struktur
der atmosphärischen Grenzschicht und die Verteilung von
Spurengasen.
April 1998

Nr. 24:   *Baldauf, M.*
Die effektive Rauhigkeit über komplexem Gelände – Ein Störungs-
theoretischer Ansatz.
Juni 1998

Nr. 25:   *Noppel, H.*
Untersuchung des vertikalen Wärmetransports durch die Hangwind-
zirkulation auf regionaler Skala.
Dezember 1999

Nr. 26:   *Kuntze, K.*
Vertikaler Austausch und chemische Umwandlung von Spurenstoffen
über topographisch gegliedertem Gelände.
Oktober 2001

Nr. 27:   *Wilms-Grabe, W.*
Vierdimensionale Datenassimilation als Methode zur Kopplung zweier
verschiedenskaliger meteorologischer Modellsysteme.
Oktober 2001

Nr. 28: *Grabe, F.*
Simulation der Wechselwirkung zwischen Atmosphäre, Vegetation und Erdoberfläche bei Verwendung unterschiedlicher Parametrisierungsansätze.
Januar 2002

Nr. 29: *Riemer, N.*
Numerische Simulationen zur Wirkung des Aerosols auf die troposphärische Chemie und die Sichtweite.
Mai 2002

Nr. 30: *Braun, F. J.*
Mesoskalige Modellierung der Bodenhydrologie.
Dezember 2002

Nr. 31: *Kunz, M.*
Simulation von Starkniederschlägen mit langer Andauer über Mittelgebirgen.
März 2003

Nr. 32: *Bäumer, D.*
Transport und chemische Umwandlung von Luftschadstoffen im Nahbereich von Autobahnen – numerische Simulationen.
Juni 2003

Nr. 33: *Barthlott, C.*
Kohärente Wirbelstrukturen in der atmosphärischen Grenzschicht.
Juni 2003

Nr. 34: *Wieser, A.*
Messung turbulenter Spurengasflüsse vom Flugzeug aus.
Januar 2005

Nr. 35: *Blahak, U.*
Analyse des Extinktionseffektes bei Niederschlagsmessungen mit einem C-Band Radar anhand von Simulation und Messung.
Februar 2005

Nr. 36: *Bertram, I.*
Bestimmung der Wasser- und Eismasse hochreichender konvektiver Wolken anhand von Radardaten, Modellergebnissen und konzeptioneller Betrachtungen.
Mai 2005

Nr. 37: *Schmoeckel, J.*
Orographischer Einfluss auf die Strömung abgeleitet aus Sturmschäden im Schwarzwald während des Orkans „Lothar".
Mai 2006

Nr. 38:   *Schmitt, C.*
Interannual Variability in Antarctic Sea Ice Motion: Interannuelle
Variabilität antarktischer Meereis-Drift.
Mai 2006

Nr. 39:   *Hasel, M.*
Strukturmerkmale und Modelldarstellung der Konvektion über
Mittelgebirgen.
Juli 2006

Ab Band 40 erscheinen die Wissenschaftlichen Berichte des Instituts für Meteo-
rologie und Klimaforschung bei KIT Scientific Publishing (ISSN 0179-5619).
Die Bände sind unter www.ksp.kit.edu als PDF frei verfügbar oder als
Druckausgabe bestellbar.

Nr. 40:   *Lux, R.*
Modellsimulationen zur Strömungsverstärkung von orographischen
Grundstrukturen bei Sturmsituationen. (2007)
ISBN 978-3-86644-140-8

Nr. 41:   *Straub, W.*
Der Einfluss von Gebirgswellen auf die Initiierung und Entwicklung
konvektiver Wolken. (2008)
ISBN 978-3-86644-226-9

Nr. 42:   *Meißner, C.*
High-resolution sensitivity studies with the regional climate model
COSMO-CLM. (2008)
ISBN 978-3-86644-228-3

Nr. 43:   *Höpfner, M.*
Charakterisierung polarer stratosphärischer Wolken mittels hochauflö-
sender Infrarotspektroskopie. (2008)
ISBN 978-3-86644-294-8

Nr. 44:   *Rings, J.*
Monitoring the water content evolution of dikes. (2009)
ISBN 978-3-86644-321-1

Nr. 45:   *Riemer, M.*
Außertropische Umwandlung tropischer Wirbelstürme: Einfluss auf
das Strömungsmuster in den mittleren Breiten. (2012)
ISBN 978-3-86644-766-0

Nr. 46:   *Anwender, D.*
Extratropical Transition in the Ensemble Prediction System of the ECMWF:
Case Studies and Experiments. (2012)
ISBN 978-3-86644-767-7

Nr. 47:   *Rinke, R.*
Parametrisierung des Auswaschens von Aerosolpartikeln durch
Niederschlag. (2012)
ISBN 978-3-86644-768-4

Nr. 48:   *Stanelle, T.*
Wechselwirkungen von Mineralstaubpartikeln mit thermodynamischen
und dynamischen Prozessen in der Atmosphäre über Westafrika. (2012)
ISBN 978-3-86644-769-1

Nr. 49:   *Peters, T.*
Ableitung einer Beziehung zwischen der Radarreflektivität, der
Niederschlagsrate und weiteren aus Radardaten abgeleiteten
Parametern unter Verwendung von Methoden der multivariaten
Statistik. (2012)
ISBN 978-3-86644-323-5

Nr. 50:   *Khodayar Pardo, S.*
High-resolution analysis of the initiation of deep convection forced
by boundary-layer processes. (2012)
ISBN 978-3-86644-770-7

Nr. 51:   *Träumner, K.*
Einmischprozesse am Oberrand der konvektiven atmosphärischen
Grenzschicht. (2012)
ISBN 978-3-86644-771-4

Nr. 52:   *Schwendike, J.*
Convection in an African Easterly Wave over West Africa and the
Eastern Atlantic: A Model Case Study of Hurricane Helene (2006)
and its Interaction with the Saharan Air Layer. (2012)
ISBN 978-3-86644-772-1

Nr. 53:   *Lundgren, K.*
Direct Radiative Effects of Sea Salt on the Regional Scale. (2012)
ISBN 978-3-86644-773-8

Nr. 54:   *Sasse, R.*
Analyse des regionalen atmosphärischen Wasserhaushalts unter
Verwendung von COSMO-Simulationen und GPS-Beobachtungen. (2012)
ISBN 978-3-86644-774-5

Nr. 55: *Grenzhäuser, J.*
Entwicklung neuartiger Mess- und Auswertungsstrategien für ein
scannendes Wolkenradar und deren Anwendungsbereiche. (2012)
ISBN 978-3-86644-775-2

Nr. 56: *Grams, C.*
Quantification of the downstream impact of extratropical transition
for Typhoon Jangmi and other case studies. (2013)
ISBN 978-3-86644-776-9

Nr. 57: *Keller, J.*
Diagnosing the Downstream Impact of Extratropical Transition
Using Multimodel Operational Ensemble Prediction Systems. (2013)
ISBN 978-3-86644-984-8

Nr. 58: *Mohr, S.*
Änderung des Gewitter- und Hagelpotentials im Klimawandel. (2013)
ISBN 978-3-86644-994-7

Nr. 59: *Puskeiler, M.*
Radarbasierte Analyse der Hagelgefährdung in Deutschland. (2013)
ISBN 978-3-7315-0028-5